高等学校计算机专业"十二五"规划教材

计算机组成与维护

（第二版）

王战伟　主　编

王香宁　副主编

西安电子科技大学出版社

内 容 简 介

本书详细介绍了计算机组成与维护的知识。首先介绍了计算机的基本知识;然后全面地介绍了计算机硬件部件的组成、工作原理、分类、性能指标、选购、使用等知识;接着介绍了计算机的组装、BIOS 设置、软件的安装、系统优化、安全防护、系统维护和故障排除;最后介绍了笔记本电脑和平板电脑的组成、分类、选购和使用等知识。

本书可以作为高等院校学生学习计算机知识的教材,也适合作为成人教育及计算机维护培训教材,还可作为广大计算机爱好者和计算机用户的自学参考书。

图书在版编目(CIP)数据

计算机组成与维护/王战伟主编. — 2 版. —西安:西安电子科技大学出版社,2015.5(2017.11 重印)
高等学校计算机专业"十二五"规划教材
ISBN 978–7–5606–3630–6

Ⅰ. ① 计⋯　Ⅱ. ① 王⋯　Ⅲ. ① 电子计算机—组装—高等学校—教材
② 计算机维护—高等学校—教材　Ⅳ. ① TP30

中国版本图书馆 CIP 数据核字(2015)第 076368 号

策　　划　陈婷
责任编辑　陈婷　蓝芳　伍娇
出版发行　西安电子科技大学出版社（西安市太白南路 2 号）
电　　话　(029)88242885　88201467　邮　　编　710071
网　　址　www.xduph.com　　　　　电子邮箱　xdupfxb001@163.com
经　　销　新华书店
印刷单位　陕西华沐印刷科技有限责任公司
版　　次　2015 年 5 月第 2 版　2017 年 11 月第 4 次印刷
开　　本　787 毫米×1092 毫米　1/16　印张 20.5
字　　数　485 千字
印　　数　9001～12 000 册
定　　价　42.00 元
ISBN 978 – 7 – 5606 – 3630 – 6 / TP
XDUP 3922002–4

第 二 版 前 言

随着计算机软硬件技术的飞速发展和计算机价格的逐步下降，计算机已走入越来越多的家庭，广大计算机用户在使用和选购计算机的过程中，迫切需要掌握计算机组成与维护的基本知识与技术。在日常教学和生活中笔者了解到，无论是广大普通计算机用户，还是计算机专业学生或非计算机专业学生，甚至是部分研究生，虽然已经使用计算机多年，但对计算机基本知识和基本技术的掌握还不是很理想，而现今的学习和生活迫切需要他们掌握计算机基本知识。针对这一情况，笔者根据最新的计算机技术，总结了多年从事计算机教学、实验和实践的经验，并结合广大学生和计算机爱好者的需要编写了本书。

本书内容分为四篇。第一篇计算机的组成(包含第 1 章)，内容包括计算机的发展、组成、分类、选购和维护，是本书的综述部分；第二篇计算机组成部件(包含 2～9 章)，详细介绍了计算机各部件的组成、分类、性能指标、选购和维护；第三篇计算机组装与维护(包含 10～15 章)，内容包括计算机的组装、设置 BIOS 参数、软件的安装、系统优化、安全防护、系统维护和故障排除；第四篇笔记本电脑和平板电脑(包含第 16 章)，介绍了笔记本电脑和平板电脑的发展、组成、分类、选购和维护等知识。在每章后面给出了实验和习题，方便读者的实践和对知识的巩固。

本书既有理论支持，又有实际范例，既利于教学，又便于自学，适合作为高等院校计算机基础知识的教材、各种计算机维护培训班的培训资料，同时也可作为广大计算机爱好者和计算机用户使用与维护计算机的参考书。

本书由郑州大学王战伟主编，宝鸡职业技术学院王香宁任副主编，郑州大学钱晓捷主审。本书的第 1～9 章由王战伟编写，第 10～16 章由王香宁编写，全书由王战伟统编定稿。

本书免费为教师提供教学课件、教学大纲、实验大纲、习题答案、补充资料等。若有需要，敬请联系编者(王战伟：iezwwang@zzu.edu.cn)或登录作者的计算机组成与维护网下载，网址：http://teachers.zzu.edu.cn/teacher/Default.aspx?alias=teachers.zzu.edu.cn/teacher/personal/wzw23。

由于编者水平有限，书中难免有不足和疏漏之处，望读者多提宝贵意见和建议。

作　者

2015 年 1 月

第 一 版 前 言

当前，计算机技术飞速发展，计算机知识及教育也应与时俱进，不断推陈出新——增加新知识，删除陈旧内容。为此，作者结合计算机技术的发展，根据几年来高等学校计算机教学的实际，针对广大计算机用户选购、组装、维护、应用和解决一些常见计算机故障的需要，融合多年教学和实验、实践的经验，编写了本书。

本书内容分为四篇。第一篇计算机系统(包含第 1 章)，内容包括计算机的发展、组成、分类、性能指标、选购方法和维护，这些内容为后续内容作了理论铺垫；第二篇计算机组成部件(包含第 2~11 章)，详细介绍计算机各部件的组成、工作原理、分类、性能指标、选购、使用等；第三篇计算机的组装与维护(包含第 12~17 章)，内容包括计算机的组装、BIOS 的设置、软件的安装、计算机的测试与维护、计算机系统优化与安全防护、计算机故障的排除等；第四篇笔记本电脑(包含第 18 章)，介绍了笔记本电脑的相关知识。

本书系统性强，条理清楚，讲解深入浅出、图文并茂，以基本部件的结构、选购和维修为主体，结合当前微机市场的最新硬件产品进行讲解，理论联系实际。

通过本书的学习，再配以一定的实践环节，将使学生对计算机系统有一个全面的了解，同时能掌握计算机常用部件的选购策略、组装技巧以及常见故障的检测与维护技能。

本书由郑州大学王战伟主编，郑州大学谭新莲、中国人民解放军空军第一航空学院王洲伟、宝鸡职业技术学院王香宁任副主编，郑州大学钱晓捷主审。本书的第 1~6 章由王战伟编写，第 7~10 章由谭新莲编写，第 11~14 章由王香宁编写，第 15~18 章由王洲伟编写，全书由王战伟统稿。在本书的编写过程中，中国人民解放军空军第一航空学院王振文老师给予了很大的帮助，在此表示感谢！

为了更好地服务于广大读者，作者根据自己多年的教学实践经验，结合本书内容提供一批辅助教学资料，包括教学课件、教学大纲、实验大纲、自测题目、相关图片、补充资料等。若有需要，敬请联系作者(王战伟：iezwwang@zzu.edu.cn)或登录计算机组成与维护网 http://teachers.zzu.edu.cn/Teacher/personal/wzw23。

由于作者水平有限，书中难免会有疏漏之处，恳请广大读者批评指正。

作　者
2009 年 5 月

目　　录

第一篇　计算机的组成

第二篇　计算机组成部件

第三篇　计算机组装与维护

第四篇 笔记本电脑和平板电脑

第一篇

计算机的组成

　　本篇介绍计算机系统的组成，主要介绍计算机硬件的组成部件的基本知识，这些知识是后续篇章的基础和灵魂。通过本篇的学习，希望大家对计算机的组成有一个初步的了解。

第 1 章　计算机的组成

计算机(Computer)俗称电脑，是一种用于高速计算的电子计算机器，它既可以进行数值计算，又可以进行逻辑计算，还具有存储记忆功能，是能够按照程序运行，自动、高速处理海量数据的现代化智能电子设备。本章主要介绍计算机的基本知识，包括计算机的发展、组成、分类以及计算机的选购和维护。

1.1　计算机的发展

计算机的诞生和发展是 20 世纪最伟大的科学技术成就，可以说计算机是当代社会、科学和经济发展的奠基石。现代社会人们的生活越来越离不开计算机了。图 1-1 所示为华硕台式计算机。

图 1-1　华硕台式计算机

计算机为什么会有如此神奇的力量呢？它究竟是什么样子呢？它又是如何被发明的呢？下面我们就先来了解一下计算机的发展历程。

计算机从 20 世纪 40 年代诞生至今，已发展了近 70 年，经历了五代。

1. 第一代：电子管计算机

1946 年，世界上第一台电子数字积分式计算机——ENIAC 在美国宾夕法尼亚大学莫尔学院诞生。ENIAC 犹如一个庞然大物，重达 30 吨，占地 170 平方米，内装 18 000 个电子管，但其运算速度比当时最好的机电式计算机快 1000 倍。

电子管计算机采用磁鼓作存储器。磁鼓是一种高速运转的鼓形圆筒，表面涂有磁性材料，根据每一点的磁化方向来确定该点存储的信息。第一代计算机由于采用电子管，因而体积大、耗电多、运算速度较低、故障率较高而且价格极贵。本阶段，计算机软件尚处于初始发展期，符号语言已经出现并应用于科学计算。

2. 第二代：晶体管计算机

1947 年，肖克利、巴丁、布拉顿三人发明了晶体管。晶体管比电子管功耗少、体积小、重量轻、工作电压低、工作可靠性好。1954 年，贝尔实验室制成了第一台晶体管计算机——TRADIC，使计算机体积大大缩小。

1957 年，美国研制成功了全部使用晶体管的计算机，第二代计算机诞生了。第二代计算机的运算速度比第一代计算机提高了近百倍。

第二代计算机的逻辑部件主要采用晶体管，内存储器主要采用磁芯，外存储器主要采用磁盘，输入和输出方面有了很大的改进，价格大幅度下降。在程序设计方面，出现了一些通用的算法和语言，其中影响最大的是 FORTRAN 语言。ALGOL 和 COBO 语言随后也相继出现，操作系统的雏形开始形成。

3. 第三代：中、小集成电路计算机

20 世纪 60 年代初期，美国的基尔比和诺伊斯发明了集成电路，引发了电路设计革命。随后，集成电路的集成度以每 3～4 年提高一个数量级的速度增长。

1962 年 1 月，IBM 公司采用双极型集成电路，生产了 IBM360 系列计算机。DEC 公司先后生产了数千台 PDP 小型计算机。

第三代计算机用中、小规模集成电路(MSI、SSI)作为逻辑元件，使用范围更广，尤其是一些小型计算机在程序设计技术方面形成了三个独立的系统：操作系统、编译系统和应用程序，总称为软件。值得一提的是，操作系统中"多道程序"和"分时系统"等概念的提出，结合计算机终端设备的广泛使用，使得用户可以在自己的办公室或家中使用远程计算机。

4. 第四代：大规模与超大规模集成电路计算机

出现集成电路后，其唯一的发展方向是扩大规模。大规模集成电路(LSI)可以在一个芯片上容纳几百个元件。到了 20 世纪 80 年代，超大规模集成电路(VLSI)出现，它在芯片上容纳了几十万个元件，后来的 VLSI 将集成元件数扩充到百万级。可以在硬币大小的芯片上容纳如此数量的元件，使得计算机的体积和价格不断下降，而功能和可靠性不断增强。

第四代计算机以大规模集成电路作为逻辑元件和存储器，使计算机向着微型化和巨型化两个方向发展。

5. 第五代：甚大规模集成电路计算机

第五代计算机是指用甚大规模集成电路(ULSI)作为电子器件制成的计算机。1990 年后，计算机开始向第五代发展，其主要标志有两个：一个是单片集成电路规模达 100 万晶体管以上；另一个是超标量技术的成熟和广泛应用。目前 CPU 的集成度达到上亿，而且有多个核心。

从第一代到第五代，计算机的体系结构都是相同的，即都由控制器、存储器、运算器和输入输出设备组成，称为冯·诺依曼体系结构。

1.2 计算机系统的组成

计算机是一个由很多协同工作的部分组成的系统。如图 1-2 所示，计算机系统分为硬件和软件。硬件是支持软件工作的基础，没有足够的硬件支持，软件也就无法正常工作；软件随硬件技术的迅速发展而发展。正是软件的不断发展与完善，导致软件对硬件的要求

越来越高，从而促进了硬件的发展，两者的关系可谓唇齿相依，缺一不可。

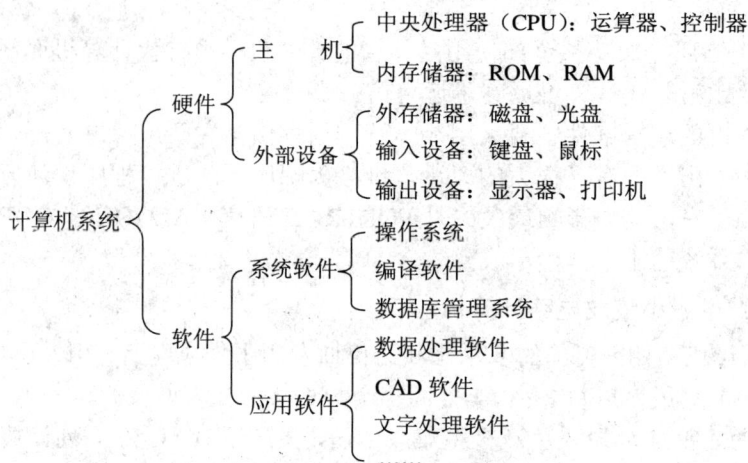

```
                                    ┌ 中央处理器（CPU）：运算器、控制器
                          ┌ 主  机 ┤
                          │        └ 内存储器：ROM、RAM
                  ┌ 硬件 ┤        ┌ 外存储器：磁盘、光盘
                  │       └ 外部设备┤ 输入设备：键盘、鼠标
                  │                └ 输出设备：显示器、打印机
        计算机系统┤                ┌ 操作系统
                  │       ┌ 系统软件┤ 编译软件
                  │       │        └ 数据库管理系统
                  └ 软件 ┤        ┌ 数据处理软件
                          └ 应用软件┤ CAD 软件
                                    │ 文字处理软件
                                    └ ……
```

图 1-2　计算机系统的组成

1. 硬件

所谓硬件(Hardware)，是指构成计算机的物理设备，即由机械、光、电、磁器件构成的具有计算、控制、存储、输入和输出功能的实体部件。它们主要由各种各样的电子器件和机电装置组成。按其作用和功能，可将硬件系统分为主机和外部设备。硬件系统的组成如图 1-3 所示。

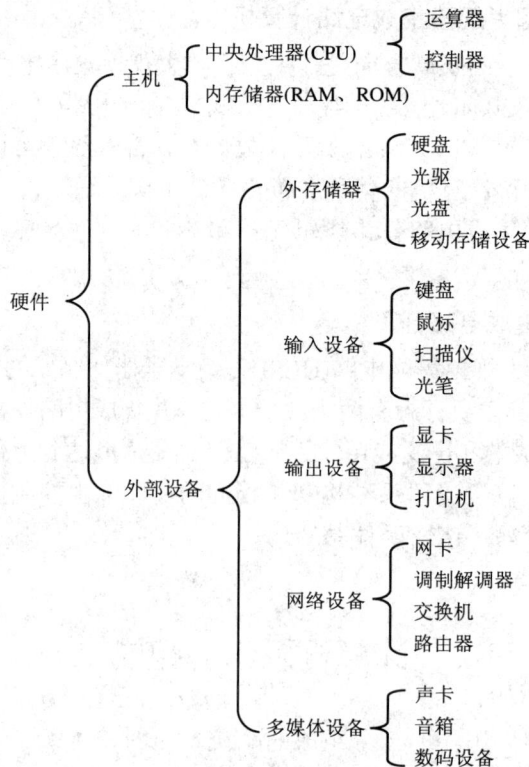

```
              ┌ 主机 ┬ 中央处理器(CPU) ┬ 运算器
              │       │                └ 控制器
              │       └ 内存储器(RAM、ROM)
              │              ┌ 硬盘
              │      ┌ 外存储器┤ 光驱
              │      │        │ 光盘
              │      │        └ 移动存储设备
              │      │        ┌ 键盘
        硬件 ┤      │ 输入设备┤ 鼠标
              │      │        │ 扫描仪
              │      │        └ 光笔
              │      │        ┌ 显卡
              │ 外部设备 输出设备┤ 显示器
              │      │        └ 打印机
              │      │        ┌ 网卡
              │      │ 网络设备┤ 调制解调器
              │      │        │ 交换机
              │      │        └ 路由器
              │      │        ┌ 声卡
              └      └ 多媒体设备┤ 音箱
                                 └ 数码设备
```

图 1-3　计算机硬件系统

(1) 主机。主机是安装在一个主机箱内所有部件的统一体，其中除了功能意义上的主机以外，还包括电源和若干构成系统所必不可少的外部设备和接口部件。主机是计算机最主要的设备，其作用是对数据进行处理并输出结果，一般由主板、中央处理器、内存储器、外存储器(如硬盘和光驱)、各种功能的扩展卡(如显卡、声卡、网卡等)、电源和机箱等组成。

(2) 外部设备。外部设备(或外围设备，简称"外设")就是除了主机以外的所有设备。外部设备的作用是辅助主机的工作，为主机提供足够大的外部存储空间，提供与主机进行信息交换的各种手段。

计算机的常用外设通常包括键盘、鼠标、显示器、打印机、扫描仪、音箱等，它们通过机箱后面的电缆线与主机相连。

2. 软件

软件(Software)是指由系统软件和应用软件组成的计算机软件，如计算机的操作系统、各种硬件驱动程序、各式各样的应用软件和工具软件等。软件的作用是既要保证计算机硬件的正常工作，又要使计算机硬件的性能得到充分发挥，且要为计算机用户提供一个比较直观、方便和友好的使用界面。软件的组成如图 1-4 所示。

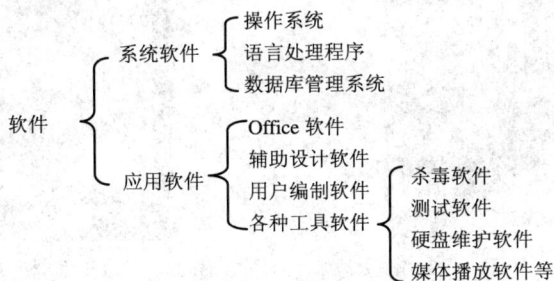

图 1-4　计算机软件系统

计算机软件都是由计算机语言编制而成的程序。由于软件的功能各有不同，因此可将其分为系统软件和应用软件两大类。

(1) 系统软件。系统软件是指控制和协调计算机及外部设备，支持应用软件开发和运行的系统，是无需用户干预的各种程序的集合，主要功能是调度、监控和维护计算机系统；负责管理计算机系统中各种独立的硬件，使得它们可以协调工作。系统软件使得计算机使用者和其他软件将计算机当作一个整体而不需要顾及到底层每个硬件是如何工作的。

系统软件中最主要的是操作系统，其他还有语言处理程序、系统实用程序、各种工具软件和数据库管理软件等。操作系统(OS)是对所有软硬件资源进行管理、调度及分配的核心软件，用户操作计算机实际上是通过使用操作系统来进行的，它是所有软件的基础和核心。

(2) 应用软件。应用软件是用户可以使用的各种程序设计语言，以及用各种程序设计语言编制的应用程序的集合。应用软件是为满足用户不同领域、不同问题的应用需求而编制的。它可以拓宽计算机系统的应用领域，放大硬件的功能。随着计算机应用领域的日益扩展，应用软件也越来越多，例如办公软件 Office、文件压缩软件 WinRAR、绘图软件

Photoshop 和 AutoCAD 等。应用软件可以分为 Office 软件、辅助设计软件、用户编制软件和各种工具软件。

1.3　计算机的硬件组成

计算机的硬件部件有主板、CPU、存储器、输入设备、输出设备、多媒体设备、网络设备、电源和机箱。

1. 主板

如图 1-5 所示，主板安装在机箱内，是计算机最基本的也是最重要的部件之一。几乎所有计算机部件都直接或间接连接到主板上。主板的性能关系到整个计算机系统运行的速度和稳定性。主板一般为矩形电路板，上面安装了计算机的主要电路系统，有 BIOS 芯片、I/O 控制芯片、键盘和面板控制开关接口、指示灯插接件、扩充插槽、主板及插卡的直流电源供电接插件等元件。

图 1-5　华硕 Rampage Ⅲ Extreme 主板　　　图 1-6　Intel 酷睿 i7 980X 六核 CPU

2. CPU

如图 1-6 所示，CPU 是一块超大规模的集成电路，是一台计算机的运算核心和控制核心，主要包括运算器(ALU)和控制器(CU)两大部件，此外还包括若干个寄存器和高速缓冲存储器及实现它们之间联系的数据总线、控制总线及状态总线。它与内存和输入/输出设备合称为电子计算机三大核心部件。

3. 存储器

存储器(Memory)是计算机系统中的记忆装置，用来存放程序和数据。计算机中全部信息，包括输入的原始数据、计算机程序、中间运行结果和最终运行结果都保存在存储器中。计算机根据控制器指定的位置存入和取出信息。有了存储器，计算机才有记忆功能，才能保证正常工作。计算机的存储器分为内存储器和外存储器。

内存储器简称内存，又称"主存储器"(如图 1-7 所示)，是指主板上的存储部件，用来存放当前正在执行的数据和程序，但仅用于暂时存放程序和数据，一旦关闭电源或断电，数据会丢失。内存是衡量计算机性能的标准之一，其容量与性能往往是计算机整体性能的一个决定因素。

外存储器在计算机系统中通常是作为后备存储器使用的，用于扩充存储器的容量和存储当前暂时不用的信息。目前计算机所使用的外存储器主要有硬盘(如图 1-8 所示)、光盘和移动存储设备等。

硬盘、光驱是计算机系统中最主要的外部存储设备,它们是系统装置中重要的组成部分,通过主板上的适配器与主板相连接。

图 1-7 宇瞻 6 GB DDR3 1600 内存

图 1-8 希捷 Barracuda XT 系列 2000 G 硬盘

4. 输入设备

输入设备(Input Device)是人或外部与计算机进行交互的一种装置,用于把原始数据和处理这些数据的程序输入到计算机中。键盘、鼠标、摄像头、扫描仪、光笔、手写输入板、游戏杆、语音输入装置等都属于输入设备。

键盘(如图 1-9 所示)是计算机最重要的外部输入设备。用户依靠键盘向计算机输入程序、数据和各种指令来操作计算机。

鼠标(如图 1-10 所示)是一种屏幕标定装置,它在图形处理方面的功能要比键盘强得多,现在很多操作都通过鼠标来完成。

扫描仪(如图 1-11 所示)是一种将书面的文字、图片转换成数字信号并保存到计算机中的设备。

图 1-9 罗技无线键盘   图 1-10 罗技无线鼠标   图 1-11 爱普生 V500 扫描仪

5. 输出设备

输出设备(Output Device)是计算机的终端设备,用于接收计算机数据并输出显示、打印,控制外围设备操作等,也是把各种计算结果数据或信息以数字、字符、图像、声音等形式表示出来的设备。常见的输出设备有显卡、显示器、打印机、绘图仪、影像输出系统、语音输出系统、磁记录设备等。

显卡(如图 1-12 所示)工作在 CPU 与显示器之间,控制计算机的图形输出,负责将 CPU 送来的影像数据处理成显示器可以接收的信号,再送到显示器形成图像。

图 1-12 影驰 GTX470 黑将显卡

显示器(如图 1-13 所示)是计算机系统中最主要的输出设备，是一种将电信号设备转换为可见光信号的设备。

打印机(如图 1-14 所示)是计算机系统的主要输出设备之一，能将计算机输出的信息以单色或彩色的字符、汉字、表格和图像等印刷在纸上。打印机主要有针式打印机、喷墨打印机和激光打印机三种。

图 1-13 三星 S24C370HL 显示器

图 1-14 佳能 3500 激光打印机

6. 多媒体设备

计算机的多媒体设备包括声卡(如图 1-15 所示)和音箱(如图 1-16 所示)。

图 1-15 创新声卡

图 1-16 漫步者音箱

声卡是实现声波与数字信号相互转换的硬件电路，负责将来自话筒、光盘的原始声音信号加以转换，输出到耳机、音箱等设备。

音箱主要用于计算机发音或播放音乐，是一种声音还原设备，它将电信号还原为声音信号，再发出声音。

7. 网络设备

网络设备是连接到网络中的物理实体，是网络中的通信线路连接起来的各种设备的总称。常用的网络设备有网卡、交换机和路由器。网卡是网络接口卡，通常插在计算机的扩展槽上，通过网线与网络上的其他计算机交换数据。

交换机(如图 1-17 所示)是局域网组网的主要设备；路由器(如图 1-18 所示)用于连接不同网络。

图 1-17　D-Link 交换机　　　　　　　　图 1-18　TP-LINK 路由器

8. 电源和机箱

计算机的电源和机箱通常是组合在一起的，用户也可以根据需求单独购买。

电源(如图 1-19 所示)是计算机的动力核心，负责向计算机中所有的部件提供电源。电源是安装在一个金属壳体内的独立部件，它的作用是为系统装置的各种部件提供工作所需的电源。

机箱(如图 1-20 所示)主要给计算机的主要部件提供安装空间，同时它还能防压、防冲击、防尘、防电磁干扰。

图 1-19　Tt 金刚 600 强力版电源　　　　　　图 1-20　威盛 3050 机箱

1.4　计算机的分类

计算机种类很多，可以从不同的角度进行分类。按照计算机原理分类，可分为数字式电子计算机、模拟式电子计算机和混合式电子计算机。按照计算机用途分类，可分为通用计算机和专用计算机。按照计算机性能分类，可分为巨型机、小巨型机、大型机、小型机、工作站和个人计算机六大类。

我们常用的个人计算机有台式机、笔记本电脑、平板电脑和一体电脑等几种。

1. 台式机

最初的微型计算机都是台式机，至今它仍是微型计算机的主要形式。

如图 1-21 所示，台式机需要放置在桌面上，它的主机、键盘和显示器都是互相独立的，通过电缆和插头连接在一起，其特点是：价格便宜、部件标准化程度高、系统扩充维护维修方便、便于用户自己组装。按机箱的放置形式台式机又可分为立式机和卧式机。台式机适合在相对固定的场合使用，至于选择卧式还是立式，则可根据自己的喜好和工作环境确定。

图 1-21　戴尔 Inspiron 灵越 660S-D678

2. 笔记本电脑

笔记本电脑(如图 1-22 所示)可以随身携带。它把主机、硬盘驱动器、键盘和显示器等部件组装在一起，体积只有手提包大小，并能用蓄电池供电，可以随身携带。

随着计算机技术的发展，笔记本电脑的价格越来越接近台式机，已经逐步走进寻常人家。笔记本电脑又分为商务本、上网本、学生本、游戏本和超极本等，下面主要介绍上网本和超极本。

(1) 上网本。上网本(Netbook)就是轻便和低配置的笔记本电脑，具备上网、收发邮件以及即时信息(IM)等功能，并可以实现流畅播放流媒体和音乐。上网本强调便携性，多用于在出差、旅游甚至公共交通上的移动上网。

图 1-22　Acer 宏碁笔记本电脑

上网本主要以上网为主，可以支持网络交友、网上冲浪、听音乐、看照片、观看流媒体、即时聊天、收发电子邮件、基本的网络游戏等。而普通笔记本电脑则可以安装高级复杂的软件、下载、存储、播放 CD/DVD、进行视频会议、打开编辑大型文件、多任务处理以及体验更为丰富的游戏等。

(2) 超极本。"超极本"是 2011 年 5 月由英特尔提出的概念，主导笔记本更轻更薄，且具有超长的待机时间和高性能。我们知道随着苹果平板电脑以及安装 Android 系统的平板电脑市场规模逐渐壮大，越来越侵蚀笔记本电脑市场，严重影响到英特尔笔记本市场前景，为了保持英特尔产品的市场优势，英特尔推出超极本电脑。

其实严格来说超极本依然是笔记本，只是超极本是笔记本的升级版本，两者之间的区别是：超极本采用更小巧、功耗更低的超极本专用处理器，超极本另外一个特点是处理器低功耗，性能却不低，也就是低功耗高性能。另外超极本增加了不少最新主流技术，如支持手写，触摸屏触控等功能。超极本拥有更长的待机时间，并且支持手写，重量更轻、

图 1-23　微软 Surface Pro 2(64 GB/专业版)

集成度更高，性能更出色。

3. 一体电脑

随着主机尺寸的缩小，电脑厂商开始把主机集成到显示器中，从而形成一体电脑
(All-In-One)，缩写为 AIO。

如图 1-24 所示，AIO 相较传统台式机有着连线少、体积小、集成度更高的优势，价格也并无明显变化，厂商可以设计出极具个性的产品。AIO 可以说是与笔记本和传统台式机并列的一条新兴产品。一体电脑具有如下特性：

图 1-24　惠普 HP Pavilion 23-b251cn
All-In-One 一体电脑

(1) 基本用途：可以看电视、上网、办公并且电视、电脑互不干扰。

(2) 一般配置：采用 Intel 或 AMD 主流处理器，个别采用笔记本处理器，支持高清解码的显卡，视频能力较强。装备 DDR2 或 DDR3 高速内存，性能更强、功耗更低，同时配备 7200 转大容量高速硬盘。

(3) 自由链接：采用 Wi-Fi 无线网络技术，比上一代提供更可靠、更快的连接速度和更大的传输范围，轻松实现家庭无线组网。

(4) 蓝牙无线传输：一些产品采用了 Bluetooth2.1+EDR 版本的最新蓝牙技术。

(5) 吸入式光驱：与传统的托盘式设计相比，吸入式的设计有效地阻挡了光储存产品的大敌(灰尘)，延长了其使用寿命，保障了其安全性。

(6) 多功能遥控器(有些一体机配置)：配备的四合一遥控器是业界首次把"运动感应"遥控器进行游戏的方式应用到家用个人电脑当中。

(7) VOIP 电话：四合一遥控器可通过蓝牙接受 VoIP 语音，方便与亲朋好友进行网络聊天。

(8) 主要特点：有无线键盘鼠标和强大的遥控功能，内置摄像头，麦克风和扬声器。直接可以进行网页浏览、播放电视节目、调整声音大小、关机等操作。纤巧机身、简约时尚、体积小、低功耗、环保无噪音、无辐射。

(9) 键盘鼠标：四合一遥控器可以替代标准鼠标，站在远离电脑 3～5 米的距离便可随心操控电脑。

(10) 摄像头：标配 130 W 或 200 W 像素的高感光摄像头，不仅具备了强大的视频娱乐功能，同时还具备了安全易用、应用领先的人脸识别功能，带来了更加丰富和安全的娱乐应用。还能进行视力保护和亮度自动调节功能。

(11) 触摸：多点触摸式技术是一体电脑的一大亮点。依靠多点触控技术，用户能够以直观的手指操作(拖拉、撑开、合拢、旋转)来实现图片的切换、移位、放大缩小和旋转，实现文档、网页的翻页及文字缩放。

多点触摸技术的加入增强了一体电脑的核心竞争力，成为一体电脑的发展契机，也为未来的一体电脑产品指明了一个方向。

4. 平板电脑

如图 1-25 所示,平板电脑(Tablet Personal Computer) 简称 Tablet PC、Flat Pc、Tablet、Slates,是一种小型、方便携带的个人电脑,以触摸屏为基本的输入设备。它的触摸屏允许用户通过触控笔或数字笔来进行作业而不是传统的键盘或鼠标。用户可以通过内建的手写识别、屏幕上的软键盘、语音识别来代替一个真正的键盘。

平板电脑由比尔·盖茨提出,支持来自 Intel、AMD 和 ARM 的芯片架构。从微软提出的平板电脑概念产品上看,平板电脑就是一款无需翻盖、没有键盘、小到放入女士手袋,但功能完整的计算机。

平板电脑的主要特点是显示器可以随意旋转,一般采用液晶屏幕,并且都是带有触摸识别的液晶屏,可以

图 1-25 苹果 ipad Air 平板本电脑

用电磁感应笔手写输入。平板电脑集移动商务、移动通信和移动娱乐为一体,具有手写识别和无线网络通信功能,被称为笔记本电脑的终结者。平板式电脑本身内建了一些新的应用软件,用户只要在屏幕上书写,即可将文字或手绘图形输入计算机。

1.5　计算机的选购

选购计算机的关键是应该满足使用者的使用需求,在这个前提下,根据计算机性能的优劣、价格的高低、商家服务质量的好坏等具体问题来最终决定计算机的配置方案,即确定计算机硬件的构成情况。

1.5.1　选购原则

确定配置方案时,必须考虑以下几个要点:

1. 明确使用者购买计算机的目的

购买计算机之前,首先必须明确拟购计算机的用途,做到有的放矢,只有明确用途,才能建立正确的选购思路,而不是先去想应该购买品牌机还是兼容机、台式机还是笔记本的问题。通常可根据要求将情况划分为以下四种:

(1) 经济家用型。在家里上网、在线游戏娱乐、看 DVD、文字处理等。

(2) 办公实用型。主要用于办公,要求较强的是图文处理、编程、文件共享、资料存储等。

(3) 游戏娱乐型。经常运行大型的 3D 游戏、看高清影片、聆听高品质音乐等。

(4) 高端发烧型。高端发烧型用户追求较高的配置、较大的屏幕和较快的速度等,而且大多喜欢 DIY(Do It Yourself),DIY 的目的是为了进行测试、超频、改装、实验、挖掘性能极限等非常规操作。

综上所述,购买什么样的计算机首先应该由用户购买计算机的用途来决定,价钱并不是最重要的因素。盲目地追求高档豪华配置而不能充分地发挥其强大的性能实际上是一种

浪费，为了省钱而去购买性能过于低下的计算机则会导致无法满足使用需要。确定配置的正确观点是够用、好用并且保证质量。

2. 确定购买计算机的预算

确定预算也是购机方案的重要一步，购机的预算根据不同用途、不同时期以及当时的市场行情会有所不同，因此确定预算应该根据当时的具体情况而定。

3. 确定购买品牌机还是兼容机

如果用户是一个计算机的初学者，掌握的计算机知识有限，身边也没有可以随时请教的老师，购买品牌机不失为一个比较合适的选择。相反，如果用户已经掌握了一定的计算机知识，并且希望自己的计算机可以随时根据自己的需要进行升级，那么兼容机则是更好的选择。

4. 购买台式机还是笔记本

很多人在购买计算机的时候，不知道该买笔记本电脑还是应该买台式机。于是没有充分地考虑就选择其一，在以后的使用中可能发现购买的并不合适。那么，怎样决定该购买笔记本电脑还是台式机呢？一般来说有以下几个必须考虑的因素：应用场合、价格承受能力、对性能要求程度。

首先，我们来看应用场合。如果计算机的主要用途是移动办公或者用户可能经常外出，那么笔记本电脑无疑是最好的选择。台式机无论如何都无法满足"动"的要求，但是，如果只是普通用户，台式机则是较好的选择。

其次，我们来看看价格的因素。笔记本电脑的价格相比台式机来说还是要高出很多，超出不少人的承受能力。很多想配置笔记本电脑的人都是因为笔记本的价格而放弃，虽然市场上也有价格偏低的笔记本电脑，但价格与质量、服务总是捆绑在一起，低端笔记本电脑的性能总是无法让人满意。

然后，我们再来谈一谈性能要求，相同档次的笔记本电脑与台式机比起来性能还是有一定的差距，并且笔记本电脑的升级性很差，并且价格不菲。对于希望不断升级计算机，以满足更高性能要求的用户来说，笔记本电脑是无法实现这一点的，除非另购新机。

在充分考虑以上三点之后，根据具体的情况就可以决定是选择台式机还是笔记本电脑了。

最后，我们要谈的便是售后服务。如果用户希望得到优质的售后服务，必须付出相应的报酬，这是市场经济的要求。然而，国内用户目前还普遍不清楚服务的价值所在，这对在国外占相当比重的计算机服务业来说并不是一件好事。计算机的售后服务、兼容性修正等问题需要资金才能正常运作，如果这些服务得不到可靠的保障，用户本身的利益才是最后真正的牺牲品。

5. 合理评估，正确升级

如果一台旧计算机在满足当前应用方面出现了问题并且希望继续使用的话，此时就需要对其进行升级，可以更换合适的 CPU 和内存，一般不推荐对长期使用的计算机用超频的方法提高性能，特别是对一些旧计算机，超频更容易引起故障。

1.5.2　选购建议

下面给出台式机和笔记本配置供选购参考。

1．台式机

图 1-26 所示为联想 Idea Centre K450 (i5 4430)台式机。

基本参数

产品类型：家用台式机，游戏台式机

操作系统：Windows 8

处理器

CPU 系列：英特尔 酷睿 i5 4 代系列

CPU 型号：Intel 酷睿 i5 4430

CPU 频率：3 GHz

最高睿频：3200 MHz

总线：5.0 GT/s

三级缓存：6 MB

核心代号：Haswell

核心/线程数：四核心/四线程

制造工艺：22 nm

图 1-26　联想 Idea Centre K450(i5 4430)
电脑

存储设备

内存容量：8 GB

内存类型：DDR3

硬盘容量：1 TB

硬盘描述：7200 转，SATA2

光驱类型：DVD-ROM

显卡/声卡

显卡类型：独立显卡

显卡芯片：NVIDIA GeForce GT 630

显存容量：2 GB

DirectX：DirectX 11

音频系统：集成 7.1 声卡

显示器

显示器尺寸：23 英寸

显示器分辨率：1920 × 1080

显示器描述：FHD 宽屏

网络通信

有线网卡：1000 Mbps 以太网卡

无线网卡：802.11 b/g/n 无线网卡

机身规格

机箱类型：立式

机箱颜色：黑色

前面板 I/O 接口：USB2.0 + USB3.0，1 × 9 合 1 读卡器，1 × 耳机输出接口，1 × 麦克风输入接口

背板 I/O 接口：USB2.0 + USB3.0，1 × HDM，1 × RJ45(网络接口)，1 × 电源接口

其他参数

随机附件：有线鼠标，有线键盘

其他特点：散热双重控温、硬盘防震、电源稳压设计

PC 电脑附件

包装清单：主机 × 1

保修卡 × 1

说明书 × 1

驱动光盘 × 1

显示器 × 1

数据线 × 1

电源 × 1

键鼠套装 × 1

保修信息

保修政策：全国联保，享受三包服务

质保时间：2 年

质保备注：整机 2 年(显示器 15 个月)

2. 笔记本

图 1-27 所示为惠普 Folio 9470m(E7M32PA)笔记本电脑。

基本参数

产品类型：商用

产品定位：商务办公本

操作系统：预装 Windows 8 64 bit

主板芯片组：Intel HM87

处理器

CPU 系列：英特尔 酷睿 i5 3 代系列

CPU 型号：Intel 酷睿 i5 3337U

CPU 主频：1.8 GHz

最高睿频：2700 MHz

总线规格：DMI 5 GT/s

三级缓存：3 MB

核心架构：Ivy Bridge

核心/线程数：双核心/四线程

制造工艺：22 nm

指令集：AVX，64 bit

图 1-27　惠普 Folio 9470m(E7M32PA)
笔记本电脑

功耗：17 W

存储设备

内存容量：4 GB(4 GB × 1)

内存类型：DDR3 1600 MHz

插槽数量：2 × SO-DIMM

最大内存容量：8 GB

硬盘容量：500 GB

硬盘描述：7200 转

光驱类型：无内置光驱

显示屏

触控屏：不支持触控

屏幕尺寸：14 英寸

显示比例：16∶9

屏幕分辨率：1366 × 768

屏幕技术：LED 背光，防眩光屏

显卡

显卡类型：核芯显卡

显卡芯片：Intel GMA HD 4000

显存容量：共享内存容量

显存类型：无

DirectX：11

多媒体设备

摄像头：集成摄像头

音频系统：内置音效芯片

扬声器：立体声扬声器

麦克风：内置麦克风

网络通信

无线网卡：支持 802.11 b/g/n 无线协议

有线网卡：1000 Mb/s 以太网卡

蓝牙：支持，蓝牙 4.0 模块

I/O 接口

数据接口：3 × USB3.0

视频接口：VGA，Display Port

音频接口：耳机/麦克风二合一接口

其他接口：RJ45(网络接口)，电源接口

读卡器：多合 1 读卡器

扩展插槽：Express Card

输入设备

指取设备：触摸板

键盘描述：防渗漏键盘，背光键盘，全尺寸键盘

人脸识别：支持智能人脸识别功能

电源描述

电池类型：4 芯锂电池，5200 毫安

续航时间：具体时间视使用环境而定

电源适配器：100 V～240 V 45 W　自适应交流电源超便携适配器

外观

笔记本重量：1.63 kg

长度：338 mm

宽度：231 mm

厚度：18.9 mm

外壳材质：镁铝合金

外壳描述：银灰色

其他

附带软件：随机软件

安全性能：安全锁孔

其他特点：TPM 安全芯片

笔记本附件

包装清单：笔记本主机 × 1

电源适配器 × 1

电源线 × 1

说明书 × 1

保修卡 × 1

保修信息

保修政策：全球联保，享受三包服务

质保时间：1 年

1.6　计算机的维护

在计算机的使用中，做好维护是提高计算机使用效率和延长计算机使用寿命的重要措施，应该引起使用者的足够重视。计算机维护包括两个方面：一是硬件的维护，二是软件的维护。

1.6.1　计算机硬件的维护

对硬件的维护，有很多操作者并不十分注重，其实硬件的维护比软件的维护更重要。

软件一旦出现故障，最后的一招就是重装操作系统和各类软件。而硬件一旦出现故障，可不见得那么轻松了，说不定还会更换部件。如果平时经常注重对硬件的维护，计算机将会为我们服务更长时间。

从以下几方面来维护电脑的硬件：

(1) 保持安置计算机的房间环境整洁、干燥、清洁。尤其是电脑桌要经常清洁，及时擦除灰尘和其他污渍。电脑桌上千万不要堆放其他无关的东西，如：锐器、钝器、茶杯、果壳等，茶水之类如果不小心碰倒在桌上，必将带来灾难。及时消除这些隐患，给你的计算机安全带来保障。

(2) 正确开机(先开外设电源，最后开主机电源)，关机一定要让系统自动关闭。不要以为计算机用完后，像关闭其他电器一样切断电源开关就可以了，这样你就犯了一个大错，这样关机对计算机的损伤是很严重的，日积月累必将导致系统的崩溃和硬件的损坏。

(3) 当计算机在使用中出现意外断电或死机及系统非正常退出时，应尽快对硬盘进行扫描维护，及时修复文件或硬盘簇的错误。在这种情形下硬盘的某些文件或簇链接会丢失，给系统造成潜在的危险，如不及时扫描修复，会导致某些程序紊乱，有时甚至会影响系统的稳定运行。

(4) 清除显示器和打印机中的灰尘。显示器千万不要轻易拆开，可以用干净的软布轻擦屏幕或用吸尘器轻吸灰尘，切忌用湿布擦洗。

(5) 清理键盘和鼠标。键盘和鼠标可用湿布或蘸少量酒精进行清洗，须注意清洗完毕后必须晾干后方可与主机连接。

1.6.2　计算机软件的维护

软件的使用和维护很重要，而且现在大多时候计算机出现故障都是软件故障，对软件在日常的使用和维护中要注意以下几点：

1. 合理选择软件

不要拿来软件就往计算机里安装，也不要频繁地安装和卸载各类软件。软件虽多，但从使用经验来说还是要注重够用、实用。软件多了，并不一定用得着，软件装得少，也并不能说计算机发挥不了作用，其实很多软件是中看不中用的。

2. 维护操作系统

操作系统是控制和指挥计算机各个设备和软件资源的系统软件，一个安全、稳定、完整的操作系统对系统的稳定工作和使用寿命是非常重要的。维护操作系统应做到以下两步：

(1) 经常对系统进行查毒、杀毒。使用杀毒软件杀毒，每月至少查杀两次，确保计算机在没有病毒的干净环境下工作。特别是使用来历不明的外来盘时，一定要先查毒一次，安装或使用后再查毒一遍，以免那些隐藏在压缩程序或文件里的病毒有机可乘。

(2) 定期清理磁盘。定期对磁盘进行清理、维护和碎片整理，彻底删除一些无效文件、垃圾文件和临时文件。这样使得磁盘空间及时释放，磁盘空间越大，系统操作性能越稳定，特别是 C 盘的空间尤为重要。

系统维护的操作最好每月能保证两次，通过以上几步的维护，相信计算机工作时一定会非常稳定和安全，不必担心系统出故障了。

实验一　了解计算机硬件的组成和连接

本实验要求通过打开一台计算机的机箱盖来了解计算机硬件的组成，学会连接计算机外部线缆。

对普通计算机用户来说，最基本的要求就是熟悉计算机的硬件组成，掌握计算机外部线缆的连接，也就是了解主板、内存、硬盘、光驱、电源等硬件，学会将主机与显示器、键盘、鼠标、打印机、扫描仪等之间通过线缆连接起来。计算机外部线缆的连接步骤是：连接显示器、连接键盘和鼠标、连接主机电源、连接其他设备、开机测试。

1. 打开机箱熟悉硬件

(1) 关闭主机和外设电源开关，拔出电源线插头，松开螺钉将显示器数据线拔出；

(2) 拔掉鼠标、键盘、打印机、音箱、摄像头、扫描仪、网卡等外设连线；

(3) 拧掉机箱螺钉，打开机箱，可以看到主机内的电源、主板、内存、硬盘、光驱等以及它们之间的连接；

(4) 查看主机电源线、硬盘光驱数据线和电源线与机箱面板按钮连线等。

2. 连接显示器

(1) 连接信号线。显示器背后有一根显示器信号线，用来连接显示卡的信号输出接口。末端是一个 3 排 15 针的 D 形插头，将它插到机箱后面显示卡的 15 孔 D 形插座上。

(2) 连接电源线。显示器的电源线也有两种：一种是直接连接市电插座的三针插头；一种是连接机箱电源插座的三孔插头。将电源插头一端与电源连接好，另一端连接到显示器背后的电源插孔中。

3. 连接键盘、鼠标

现在的键盘和鼠标的接口是 PS/2 或 USB，不同用途的 PS/2 插头外形一样，不容易辨认，但对于符合规范的主板，键盘接口是紫色的，鼠标接口是绿色的，应注意区分。USB 插头可接任何一个 USB 接口。

4. 连接主机电源

在连接主机电源之前，再检查一遍各种设备的连接是否正确，尤其是电源线的连接。确认无误后，将主机电源线一端插在机箱后面的电源插孔内，另一端插在市电插座上，最后再按动主机面板上的电源开关。有些 ATX 电源上还有一个开关，在开机之前，需要先打开此开关。

5. 连接其他设备

连接打印机、扫描仪等设备，目前这些设备大多使用 USB 接口，所以可以方便连接。

6. 开机测试

打开计算机开关后，计算机中的设备开始运转，其中 CPU 风扇、电源风扇会发出"嗡嗡"的声音，并且可听到硬盘电动机加电的声音，光驱也开始预检。当听到小扬声器"嘟"的一声后，显示器屏幕上出现系统提示信息，表明可以正确启动，此时检查一下电源灯和硬盘灯是否工作正常，如果正常则表示开机任务圆满完成。

如果没有出现上述现象，则需要重新检查设备的连接情况，并予以纠正，直至正常工作。

习　题

1. 填空题

(1) 计算机系统是由_____和_____两部分组成。

(2) 计算机常见的输入设备有_____、_____、_____、_____等。

(3) 计算机常见的输出设备有_____、_____、_____、_____、_____、_____等。

(4) 计算机常见的网络设备有_____、_____、_____等。

(5) 常用的个人计算机有_____、_____、_____、_____等。

2. 选择题

(1) 下面哪个不是外存储器_____。

　　A. 硬盘　　　　B. 内存　　　　　C. 光驱　　　　　D. 软驱

(2) 计算机中的软件系统最重要的是_____，它是计算机能正常工作的核心。

　　A. 操作系统　　　B. 数据库系统　　C. 应用软件　　D. 开发软件

(3) 计算机的硬件系统分为_____。

　　A. 主机　　　B. 系统软件　　　　C. 应用软件　　　　D. 外设

3. 判断题

(1) 主机是计算机最主要的设备。　　　　　　　　　　　　　　　(　　　　)

(2) 系统软件是指那些建立在系统软件之上的专门用于解决某类应用的软件，也叫实用程序。　　　　　　　　　　　　　　　　　　　　　　　　　　　(　　　　)

(3) 平板电脑由史蒂夫·乔布斯提出，支持来自 Intel、AMD 和 ARM 的芯片架构。
　　　　　　　　　　　　　　　　　　　　　　　　　　　　　(　　　　)

(4) 开机的顺序是先主机后外设。　　　　　　　　　　　　　　　(　　　　)

(5) 系统软件中最主要的是操作系统。　　　　　　　　　　　　　(　　　　)

4. 问答题

(1) 计算机系统由哪些部分组成？

(2) 计算机硬件部件有哪些？

(3) 如何选购计算机？

5. 操作题

(1) 了解当前市场主流计算机配件的配置和价格。

(2) 按照所学内容维护一下自己的计算机。

(3) 动手实践一下计算机外部线缆的连接：显示器的连接，连接键盘和鼠标，连接主机电源，开机测试。

第二篇

计算机组成部件

　　本篇主要介绍计算机硬件的组成部件，详细介绍组成计算机的各个部件的组成、分类、性能指标和使用等知识。通过本篇的学习希望读者对计算机硬件组成部件有一个详细的了解。

第2章 主 板

主板(Main Board)也叫母板(Mother Board)或者系统板(System Board)，一般为矩形电路板，上面安装了计算机的主要电路系统，主要包括 BIOS 芯片、I/O 控制芯片、键盘和面板控制开关接口、指示灯插接件、扩充插槽、主板及插卡的直流电源供电接插件等元件。本章主要介绍主板的组成、分类、性能指标及主板的选购和维护。

2.1 主板的组成

主板的平面是一块 PCB 印刷电路板，有四层板、六层板、八层板和十层板。为了节约成本，有的主板为四层板：主信号层、接地层、电源层、次信号层。而六层板增加了辅助电源层和中信号层。六层 PCB 的主板抗电磁干扰能力更强，主板也更加稳定。下面，分别介绍主板的内部组成和外部接口。

2.1.1 主板的内部组成

如图 2-1 所示，主板的内部主要由 PCB 基板、CPU 插槽、内存插槽、扩展插槽、硬盘接口、基本输入输出系统(BIOS)、互补金属氧化物半导体存储器(CMOS RAM)、电池、电源插槽、芯片组等部件组成。

图 2-1 主板的内部组成

1. PCB 基板

主板的基板使用的都是 PCB(Printed Circuit Board，印制电路板)板，PCB 板是由绝缘而且不易弯曲的材料做成，不会受潮，而且柔韧性非常强。PCB 是由几层树脂材料黏合在一起的。

PCB 板在表面可以看到的细小线路材料是铜箔，原本铜箔是覆盖在整个 PCB 板上的，而在制造过程中部分被蚀刻处理掉，留下来的部分就变成网状的细小线路了。这些线路被称作导线或布线，用来提供 PCB 板上零件的电路连接。通常 PCB 板的颜色都是绿色或是棕色，这是阻焊漆的颜色。阻焊漆是绝缘的防护层，可以保护铜线，也可以防止零件被焊到不正确的地方。

在每一层 PCB 上都密布有信号线，一般的 PCB 有四层，最上和最下的两层是信号层，中间两层是接地层和电源层。将接地层和电源层放在中间，这样便可以容易地对信号线做出修正。而一些要求较高的主板的线路板可达到六、八层或更多。

多层板的电路连接是通过埋孔和盲孔技术，主板和显示卡大多使用四层的 PCB 板，有些是采用六、八层，甚至十层以上的 PCB 板。要想看出 PCB 有多少层，通过观察导孔就可以辨识，因为在主板和显示卡上使用的四层板是第一、第四层走线，其他几层另有用途(地线和电源)。所以，同双层板一样，导孔会打穿 PCB 板。如果有的导孔在 PCB 板正面出现，却在反面找不到，那么就一定是六或八层板了。如果 PCB 板的正反面都能找到相同的导孔，自然就是四层板了。

2. CPU 插槽

如图 2-2 和图 2-3 所示，CPU 插槽用于安装和固定 CPU 的专用扩展槽。

图 2-2　LGA 1155 插槽　　　　　　　图 2-3　Socket AM3+ 插槽

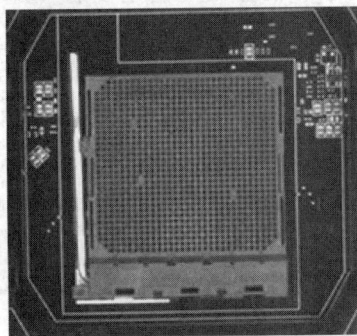

CPU 经过这么多年的发展，采用的接口方式有引脚式、卡式、触点式、针脚式等。不同类型的 CPU 具有不同的 CPU 插槽，因此选择 CPU，就必须选择带有与之对应插槽类型的主板。主板 CPU 插槽类型不同，在插孔数、体积、形状都有变化，所以不能互相接插。现在市场上的 CPU 接口大多是针脚式和触点式。

3. 内存插槽

内存插槽的作用是主板上用来安装内存的地方，如图 2-4 所示。内存有 DDR、DDR2 和 DDR3 内存条，相应的内存插槽也有三种。DDR 有 184 个接触点，DDR2 和 DDR3 都有 240 个接触点。虽然这三种内存插槽的长度相同，但它们与内存条接触点的数量和防插错隔板的位置不同。

由于主板芯片组不同，其支持的内存类型也不同，不同的内存插槽在引脚数量、额定电压和性能方面有很大的区别，在安装内存时一定要谨慎。

图 2-4　内存插槽

4. 扩展插槽

扩展插槽是主板与其他一些扩展功能卡的接口。计算机的扩展硬件很多，且功能不一，主板上相应的也提供了这些接口，这些接口有 PCI-Express 插槽、SATA 插槽。

(1) PCI-Express 总线扩展插槽。PCI-Express 是最新的总线和接口标准，原来的名称为"3GIO"，是由英特尔提出的。很明显英特尔的意思是它代表着下一代 I/O 接口标准，交由 PCI-SIG 认证发布后才改名为"PCI-Express"。这个新标准全面取代了 PCI 和 AGP，实现了总线标准的统一。它的主要优势就是数据传输速率高，最高可达到 10 GB/s 以上，而且还有相当大的发展潜力。

PCI-Express 是新一代的图形显卡接口技术规范(简称 PCI-E)，PCI-E 插槽即显卡插槽，如图 2-5 所示，根据其传输速度的不同可分为 1×、4×、8× 和 16×，其中 1× 模式可为高级网卡、声卡提供 255 MB/s 的传输速度。16× 模式可为支持 PCI-Express 插槽的显卡提供 5 GB/s 的传输速度。

(2) SATA 插槽。使用 SATA(Serial ATA)插槽的硬盘又叫串口硬盘，Serial ATA 仅用 4 根针脚就能完成所有的工作，分别用于连接电源、连接地线、发送数据和接收数据。

Serial ATA 1.0 定义的数据传输率为 150 MB/s，Serial ATA 2.0 的数据传输率为 300 MB/s，Serial ATA 3.0 将实现 600 MB/s 的数据传输率。如图 2-6 所示，SATA 接口插槽带有防插错设计，可以很方便地拔、插。SATA 接口的设备与 IDE 设备不同，没有主、从之分。

图 2-5　PCI-E 插槽

图 2-6　SATA 接口

5. BIOS 芯片

BIOS 是英文"Basic Input Output System"的缩略语，直译过来后中文名称就是"基本输入输出系统"。它的全称应该是 ROM-BIOS，意思是只读存储器基本输入输出系统。其实，它是一组固化到计算机内主板上一个 ROM 芯片上的程序，保存着计算机最重要的基本输入输出的程序、系统设置信息、开机上电自检程序和系统启动自举程序。BIOS 芯片就是保存 BIOS 信息的存储器。

常见的 BIOS 芯片有 Award、AMI、Phoenix、MR 等，在芯片上都能见到厂商的标记。

6. 主板芯片组

芯片组(Chipset)是主板的核心组成部分，如果说中央处理器(CPU)是整个计算机系统的心脏，那么芯片组将是整个身体的躯干。主板的芯片组由北桥芯片和南桥芯片组成，两者共同组成主板的芯片组。

北桥芯片(North Bridge)是主板芯片组中起主导作用部分，也称为主桥(Host Bridge)。一般来说，芯片组的名称就是以北桥芯片的名称来命名的，例如英特尔 845E 芯片组的北桥芯片是 82845E，875P 芯片组的北桥芯片是 82875P，等等。

北桥芯片主要负责实现与 CPU、内存、AGP 接口之间的数据传输，同时还通过特定的数据通道和南桥芯片相连接。北桥芯片的封装模式最初使用 BGA 封装模式，到现在 Intel 的北桥芯片已经转变为 FC-PGA 封装模式，不过为 AMD 处理器设计的主板北桥芯片到现在依然还使用传统的 BGA 封装模式。

相比北桥芯片来讲，南桥芯片主要负责和 IDE 设备、PCI 设备、声音设备、网络设备以及其他的 I/O 设备的沟通，南桥芯片到目前为止还只能见到传统的 BGA 封装模式一种。

另外，除了传统的南北桥芯片的分类方法外，现在还能够见到一体化的设计方案，这种方案经常在 SIS 的芯片组上见到，将南北桥芯片合为一块芯片，这种设计方案有着独到之处。

7. 显示芯片

显示芯片是指主板板载的显示芯片，有显示芯片的主板不需要独立显卡就能实现普通的显示功能，以满足一般的家庭娱乐和商业应用，节省用户购买显卡的开支。

板载显示芯片可以分为两种类型：整合到北桥芯片内部的显示芯片以及板载的独立显示芯片。市场中大多数板载显示芯片的主板都是前者；而后者则比较少见。

主板板载显示芯片的历史已经非常悠久了，从较早期 VIA 的 MVP4 芯片组到后来英特尔的 810 系列，815 系列，845GL/845G/845GV/845GE，865G/865GV 以及 910GL/915G/915GL/915GV 等芯片组都整合了显示芯片。而英特尔也正是依靠了整合的显示芯片，才占据了图形芯片市场的较大份额。

各大主板芯片组厂商都有整合显示芯片的主板产品，而所有的主板厂商也都有对应的整合型主板。英特尔平台方面整合芯片组的厂商有英特尔、VIA、SIS、ATI 等，AMD 平台方面整合芯片组的厂商有 VIA、SIS、NVIDIA 等。从性能上来说，英特尔平台方面显示芯片性能最高的是 945 G 芯片组，而 AMD 平台方面显示芯片性能最高的是 NVIDIA 的 C61P 芯片组。

8. 声卡控制芯片

常见的声卡控制芯片(如图 2-7 所示)有 ALC650/655/850/861/883/888/889、AD1888/1980/ 1981B/1985、CMI8738、CMI9739A、ALC202A、VT1616 等。有些主板还设计了 S/PDIF 接口，这样就使集成声卡真正实现了 S/PDIF In/Out 功能。对于集成了 AC'97 软声卡的主板，一般在 PCI 插槽上端的主板上能看到一块小小的 AC'97 芯片。

AC'97 的全称是 Audio CODEC'97，这是一个由英特尔、雅玛

图 2-7 声音控制芯片

哈等多家厂商联合研发并制定的一个音频电路系统标准。它并不是一个实实在在的声卡种类，只是一个标准。其最新的版本已经达到了 2.3。现在市场上能看到的大部分的声卡都符合 AC'97 标准，厂商也习惯用 AC'97 的标准来衡量声卡，因此很多的主板产品，不管采用的是何种声卡芯片或声卡类型，都称为 AC'97 声卡。

9. 网卡控制芯片

网卡控制芯片(如图 2-8 所示)是指整合了网络功能的主板所集成的网卡芯片。随着局域网的普及，许多主板上集成了具备网卡功能的芯片，同时在后侧 I/O 面板中也有一个 RJ-45 网卡接口。

板载网卡芯片以速度来分可分为 10/100 Mbps 自适应网卡和千兆网卡，以网络连接方式来分可分为普通网卡和无线网卡，以芯片类型来分可分为芯片组内置的网卡芯片和主板所附加的独立网卡芯片。板载网卡芯片主要生产商是英特尔、3Com、Realtek、VIA 和 SIS 等。

图 2-8　网卡控制芯片

常见的网络芯片主要有以下三个厂家。

(1) Realtek 公司的 RTL8201CL 网络控制芯片：较为常见的网络芯片，支持 10/100 Mbit/s 自适应的以太网网络。RTL8111B 网络控制芯片支持 10/100/1000 Mbit/s。

(2) VIA 的 VT6103L 网络控制芯片：支持 10/100 Mbps 的网络连接能力。

(3) Marvell 的 88E1111 网络控制芯片：是一款支持 10/100/1000 Mbit/s 以太网功能的高性能芯片，支持铜缆 1000BASE-T 的 SFP 模块，提供热交换和即插即用功能。

10. 板载 RAID

RAID 是英文 Redundant Array of Inexpensive Disks 的缩写，中文简称为廉价磁盘冗余阵列。RAID 就是一种由多块硬盘构成的冗余阵列。虽然 RAID 包含多块硬盘，但是在操作系统下是作为一个独立的大型存储设备出现。利用 RAID 技术于存储系统的好处主要有以下三种：

(1) 通过把多个磁盘组织在一起作为一个逻辑卷提供磁盘跨越功能。

(2) 通过把数据分成多个数据块(Block)并行写入/读出多个磁盘以提高访问磁盘的速度。

(3) 通过镜像或校验操作提供容错能力。

最初开发 RAID 的主要目的是节省成本，当时几块小容量硬盘的价格总和要低于大容量的硬盘。目前来看 RAID 在节省成本方面的作用并不明显，但是 RAID 可以充分发挥出多块硬盘的优势，实现远远超出任何一块单独硬盘的速度和吞吐量。除了性能上的提高之外，RAID 还可以提供良好的容错能力，在任何一块硬盘出现问题的情况下都可以继续工作，不会受到损坏硬盘的影响。

RAID 技术分为几种不同的等级，分别可以提供不同的速度、安全性和性价比。根据实际情况选择适当的 RAID 级别可以满足用户对存储系统可用性、性能和容量的要求。常用的RAID 级别有以下几种：NRAID、JBOD、RAID0、RAID1、RAID0+1、RAID3、RAID5 等。

11. SATA 控制芯片

现在，虽然很多南桥芯片都直接提供了对 SATA 硬盘的支持，但是还有一些主板的南

桥并不支持 SATA。因此,这些主板往往会通过集成第三方芯片来提供 SATA 接口。常见的
SATA 控制芯片有 Silicon Image 公司的 Sil3114CT176、Sil3112ACT144,SiS 公司的 SiS180
等。SATA 控制芯片能提供多个 SATA 接口,具有 RAID 功能的 SATA 控制器可把几个硬盘
组成磁盘阵列以提高系统性能和稳定性。

12. 电源插座

如图 2-9 所示,电源插座是用于连接电源插头的地方,在计算机的内部硬件中,除了
硬盘、光驱是由电源直接供电外,其他设备都需要通过主板供电,目前主板上的电源插座
分为主电源插座、辅助供电插座和 CPU 风扇供电插座。

图 2-9 电源插座

2.1.2 主板上的外部接口

随着主板技术的增加,主板上集成的接口越来越多,ATX 主板的后侧 I/O 背板上的外
部设备接口有键盘接口、鼠标接口、COM 接口、PRN 接口、USB 接口、IEEE 1394 接口、
RJ45 网络接口、MIDI/Game 接口、Mic 接口、Line In 音频输入接口、Line Out 音频输出接
口、S/PDIF Out 光纤接口、HDMI 等。现在主板上自带的 I/O 接口背板中的接口越来越齐
全。接口品种越多表示该主板的功能越强。主板 I/O 的外部接口如图 2-10 所示。

图 2-10 主板的外部接口

1. VGA 接口

VGA(Video Graphics Array)是 IBM 于 1987 年提出的一个使用模拟信号的计算机显示标
准。VGA 接口即计算机采用 VGA 标准输出数据的专用接口。
如图 2-11 所示,VGA 接口共有 15 针,分成 3 排,每排 5
个孔,是显卡上应用最为广泛的接口类型,绝大多数显卡都
带有此种接口。它传输红、绿、蓝模拟信号以及同步信号(水
平和垂直信号)。整合了显示芯片的主板上具有 VGA 接口。
它是显卡输出模拟信号的接口,也叫 D-Sub 接口。

图 2-11 VGA 接口

2. DVI 接口和 HDMI 接口

DVI(Digital Visual Interface,数字视频接口)和 HDMI(High Definition Multimedia

Interface，高清晰多媒体接口)是较新的数字视频传输标准接口。

DVI 接口即数字视频接口，如图 2-12 所示。DVI 接口主要连接 LCD 等数字显示设备。DVI 接口有两种，一种是 DVI-D 接口，只能接收数字信号；另外一种是 DVI-I 接口，可同时兼容模拟和数字信号，通过转换接头可连接到 VGA 接口上。目前多数主板上配备的是 DVI-I 接口。

HDMI 接口提供高达 5 GB/s 的数据传输带宽，可以传送无压缩的音频信号及高分辨率视频信号，几乎成为液晶电视等高清显示设备的必备接口，如图 2-13 所示。

图 2-12　DVI 接口　　　　　　　图 2-13　HDMI 接口

3. 音频接口

音频接口可将计算机、录像机等的音频信号输入进来，通过自带扬声器播放，还可以通过音频输出接口，连接功放、外接喇叭。简单来说，音频接口是连接麦克风和其他声源与计算机的设备，其在模拟和数字信号之间起到了桥梁连接的作用。音频接口通常与前置麦克风、线路输入和其他一系列的输入设备配合使用。音频接口主要用于连接耳机、音箱、麦克风等，独立声卡或集成声卡的主板上都有这些接口，如图 2-14 所示。

图 2-14　音频接口

下面就来为大家解释一下各个不同颜色的插孔用途。

(1) 音源输入端口(蓝色)：用于可将录音机、音响等的音频输出端连接到此音频输入端口。

(2) 音频输出端口(绿色)：用于连接耳机或者音箱等的音频接收设备。

(3) 侧边环绕喇叭接头(灰色)：在八声道音效设置下，用于可以连接侧边环绕喇叭。

(4) 后置环绕喇叭接头(黑色)：在四声道/六声道/八声道音效设置下，用于可以连接后置环绕喇叭。

(5) 中置/重低音喇叭接头(橙色)：在六声道/八声道音效设置下，用于可以连接中置/重低音喇叭。

(6) 麦克风端口(粉红色)：此端口用于连接到麦克风。

4. USB 接口

USB 是英文 Universal Serial BUS 的缩写，中文含义是"通用串行总线"。它不是一种新的总线标准，而是应用在 PC 领域的接口技术。USB 是一个外部总线标准，用于规范计算机与外部设备的连接和通讯。USB 接口支持设备的即插即用和热插拔功能。USB 用一个 4 针插头作为标准插头，采用菊花链形式可以把所有的外设连接起来，最多可以连接 127 个外部设备，并且不会损失带宽。

USB 具有传输速度快(USB1.1 是 12 Mb/s，USB2.0 是 480 Mb/s，USB3.0 是 5 Gb/s)、使用方便、支持热插拔、连接灵活、独立供电等优点，可以连接鼠标、键盘、打印机、扫描仪、摄像头、闪存盘、MP3 机、手机、数码相机、移动硬盘、外置光驱、USB 网卡、ADSL Modem、Cable Modem 等几乎所有的外部设备。

5. E-SATA 接口

E-SATA 接口的全称是 External Serial ATA(外部串行 ATA)，是 SATA 接口的外部扩展规范。换言之，E-SATA 是外置的 SATA 规范，它把主板的 SATA 接口连接到 E-SATA 接口上，E-SATA 接口与普通 SATA 硬盘相连，如图 2-15 所示。

SATA 2.0 接口的最大能传输率为 3 Gbit/s，远远超过 USB2.0 和 IEEE1394 等外部传输技术的速度。

图 2-15　E-SATA 接口

6. PS/2 接口

PS/2 接口是常见的键盘和鼠标接口，最初是 IBM 公司的专利，俗称"小口"。它是一种鼠标和键盘的专用接口，图 2-16 所示是一种 6 针的圆形接口。但鼠标只使用其中的 4 针传输数据和供电，其余 2 个为空脚。需要注意的是，在连接 PS/2 接口鼠标时不能错误地插入键盘 PS/2 接口。一般情况下，符合 PC99 规范的主板，其鼠标的接口为绿色、键盘的接口为紫色，另外也可以从 PS/2 接口的相对位置来判断：靠近主板 PCB 的是键盘接口，其上方的是鼠标接口。

图 2-16　PS/2 接口

7. RJ-45 接口

RJ-45 通常用于计算机网络数据传输，接头的线有直通线、交叉线两种。现在一般的集成网卡的主板上都有 RJ-45 接口，它主要是我们上网时连接网线用的。RJ-45 接口应用于以双绞线为传输介质的以太网中。网卡上自带两个状态指示灯，通过这两个指示灯可判断网卡的工作状态，如图 2-17 所示。

8. Display Port 接口

Display Port 也是一种高清数字显示接口标准，如图 2-18 所示，可以连接电脑和显示器，也可以连接电脑和家庭影院。2006 年 5 月，视频电子标准协会(VESA)确定了 1.0 版标准，并在半年后升级到 1.1 版，提供了对 HDCP 的支持。作为 HDMI 和 UDI 的竞争对手和 DVI 的潜在继任者，Display Port 赢得了 AMD、

图 2-17　RJ-45 接口

图 2-18　Display Port 接口

Intel、NVIDIA、戴尔、惠普、联想、飞利浦、三星等业界巨头的支持，而且它是免费使用的，不像 HDMI 那样需要高额授权费。AMD 公司将开始支持 Display Port，以代替 HDMI。

从性能上讲，Display Port 1.1 最大支持 10.8 Gb/s 的传输带宽，而最新的 HDMI 1.3 标准也仅能支持 10.2 G/s 的带宽；另外，Display Port 可支持 WQXGA+ (2560×1600)、QXGA(2048×1536)等分辨率及 30/36bit(每原色 10/12bit)的色深，1920×1200 分辨率的色彩支持到了 120/24Bit，超高的带宽和分辨率完全足以适应显示设备的发展。

(1) 高带宽。Display Port 问世之初，它可提供的带宽就高达 10.8 Gb/s。即便最新发布的 HDMI 1.3 所提供的带宽(10.2 Gb/s)也稍逊于 Display Port 1.0。Display Port 可支持 WQXGA+ (2560×1600)、QXGA(2048×1536)等分辨率及 30/36 bit(每原色 10/12 bit)的色深，充足的带宽保证了今后大尺寸显示设备对更高分辨率的需求。

(2) 最大程度整合周边设备。和 HDMI 一样，Display Port 也允许音频与视频信号共用一条线缆传输，支持多种高质量数字音频。但比 HDMI 更先进的是，Display Port 在一条线缆上还可实现更多的功能。在四条主传输通道之外，Display Port 还提供了一条功能强大的辅助通道。该辅助通道的传输带宽为 1 Mb/s，最高延迟仅为 500 μs，可以直接作为语音、视频等低带宽数据的传输通道，另外也可用于无延迟的游戏控制。可见，Display Port 可以实现对周边设备最大程度的整合、控制。

(3) 内外接口通吃。Display Port 的外接型接头有两种：一种是标准型，类似 USB、HDMI 等接头；另一种是低矮型，主要针对连接面积有限的应用，比如超薄笔记型电脑。两种接头的最长外接距离都可以达到 15 米，传输距离要强于 HDMI 接口，并且接头和接线的相关规格已为日后升级做好了准备，即便未来 Display Port 采用新的 2X 速率标准(21.6 Gb/s)，接头和接线也不必重新进行设计。

除实现设备与设备之间的连接外，Display Port 还可用作设备内部的接口，甚至是芯片与芯片之间的数据接口。比如，Display Port 就"图谋"取代 LCD 中液晶面板与驱动电路板之间主流接口——LVDS(Low Voltage Differential Signaling，低压差分信号)接口的位置。Display Port 的内接接头仅有 26.3 mm 宽、1.1 mm 高，比 LVDS 接口小 30%，但传输率却是 LVDS 的 3.8 倍。

2.2 主板的分类

生产主板时都必须遵循行业规定的技术结构标准，以保证主板在安装时的兼容性和互换性。主板结构标准主要分为 AT、Baby AT、ATX、Micro ATX 、BTX 和 NLX 等类型。目前，仍然使用的主板结构标准有 ATX、Micro ATX、NLX、BTX 等，其中用得最多的是 ATX 和 Micro ATX 结构。标准 ATX 主板俗称大板，有 6～8 个扩展插槽；Micro ATX 俗称小板，有 3～4 个扩展插槽。

1. ATX 主板

ATX 主板广泛应用于家用计算机，比 AT 主板设计更为先进、合理，与 ATX 电源结合得更好，ATX 主板比 AT 主板要大一点，软驱和 IDE 接口都被移到了主板中间，键盘和鼠标接口也由 COM 接口换成了 PS/2 接口，并且直接将 COM 接口、打印接口和 PS/2 接口集成在主板上。ATX 主板结构如图 2-19 所示。

2. Micro ATX 主板

Micro ATX 板就是俗称的小板，Micro ATX 主板是 ATX 规格的一种改进，它已成为市场主板结构的主流。该主板尺寸更小，降低了主板的制造成本，但也相应减少了主板上的 I/O 扩展槽。它采用了新的设计标准，减少了电源消耗，从而节约能源。Micro ATX 主板结构如图 2-20 所示。

图 2-19　ATX 主板　　　　　　　　　　图 2-20　Micro ATX 主板

3. BTX 主板

BTX 是 Balanced Technology Extended(可扩展平衡技术)的缩写，在这个全新的规范中对于 PC 的机箱、电源、主板布局等都做出了新的统一规定。BTX 主板如图 2-21 所示。

BTX 是英特尔提出的新型主板架构，是 ATX 结构的替代者，这类似于前几年 ATX 取代 AT 和 Baby AT 一样。革命性的改变是新的 BTX 规格能够在不牺牲性能的前提下做到最小的体积。新架构对接口、总线、设备将有新的要求。

4. Mini-ITX 主板

Mini-ITX 板型俗称袖珍板，Mini-ITX 是由 VIA(威盛电子)定义和推出的一种结构紧凑的微型化的主板设计规范，已被各家厂商广泛应用于各种商业和工业应用中。它是用来设计用于小空间小尺寸的专业计算机的，如用在汽车、置顶盒以及网络设备中的计算机，但 Mini-ITX 主板也可用于制造瘦客户机，如图 2-22 所示。

图 2-21　BTX 主板　　　　　　　　　　图 2-22　Mini-ITX 主板

5. E-ATX 主板

E-ATX 服务器/工作站主板，是专用于服务器/工作站的主板产品，板型为较大的 ATX，EATX 或 WATX，要使用专用的服务器机箱电源，如图 2-23 所示。

图 2-23　E-ATX 主板

2.3　主板的性能指标

主板的性能指标包括了芯片组、主板的结构、支持 CPU 的类型、对内存的支持、对显卡的支持、扩展性能与外围接口、BIOS 性能和前端总线频率等。

1. 芯片组

芯片组是主板的最重要的核心部件，CPU 通过芯片组对板上的各个部件进行控制。它包括内存控制器、Cache 控制器、DMA 控制器、中断控制器、CPU 到总线的桥和电源管理单元等，它决定着主板的很多重要性能和参数，并且发展得极为迅速。主板芯片组的型号决定了主板的主要性能，如支持 CPU 的类型、FSB 频率、内存类型和速度等，所以常把采用某型号芯片组的主板称为该型号的主板。

2. 主板的结构

目前主要的主板结构是 ATX 结构，此类结构把 CPU 靠近电源，可由电源风扇辅助散热，并将串口、并口、PS/2 口、USB、RJ45 接口、音频接口等都集成在主板上，从而减少了传输信号衰减。

3. 支持 CPU 的类型

CPU 插座类型的不同是区分主板类型的主要标志之一，尽管主板型号众多，但总的结构是很类似的，只是在诸如 CPU 插座等细节上有所不同，它们分别与对应的 CPU 搭配。

(1) CPU 平台：主要分为 Intel 和 AMD 两种。

(2) CPU 类型：CPU 的种类很多，不同主板支持不同 CPU。

(3) CPU 插槽：不同主板对应不同的 CPU 插槽。

(4) CPU 数量：一般主板支持一颗 CPU，也有支持多个 CPU 的主板。

4. 对内存的支持

主板内存插槽的类型决定了主板所支持的内存类型，也就决定了主板所能采用的内存类型，插槽的线数与内存条的引脚数一一对应。主板上一般有 2~4 个内存插槽，表现了其不同程度的扩展性。

5. 对显卡的支持

主板上的 AGP 插槽是显卡的专用插槽，PCI-Express 扩展槽可以插入 PCI-Express 接口的显卡。

6. 扩展性能与外围接口

主板上还有 SATA 插槽和 PCI-Express 扩展槽，它们标志了主板的扩展性能。它们是目前用于设备扩展的主要接口标准，SATA 插槽用来连接 SATA 设备，声卡、网卡、内置 Modem 等设备主要都接在 PCI-Express 插槽上。

7. BIOS 性能

BIOS 是集成在主板 CMOS 芯片中的软件，主板上的这块 CMOS 芯片保存有计算机系统最重要的基本输入输出程序、系统 CMOS 设置、开机上电自检程序和系统启动程序。现在市场上的主板使用的主要是 Award、AMI、Phoenix 等几种 BIOS。

8. 前端总线(FSB)频率

前端总线的英文名字是 Front Side Bus，通常用 FSB 表示，是将 CPU 连接到北桥芯片的总线。计算机的前端总线频率是由 CPU 和北桥芯片共同决定的。

前端总线(FSB)频率(即总线频率)是直接影响 CPU 与内存直接数据交换速度。有一个公式可以计算，即数据带宽 = (总线频率 × 数据带宽) / 8，数据传输最大带宽取决于所有同时传输的数据的宽度和传输频率。例如，现在的支持 64 位的至强 Nocona，前端总线是 800 MHz，按照公式，它的数据传输最大带宽是 6.4 GB/s。外频与前端总线(FSB)频率的区别：前端总线的频率指的是数据传输的速度，外频是 CPU 与主板之间同步运行的速度。

2.4　主板的选购

主板的性能关系着整台计算机工作的稳定性，主板在计算机中的作用相当重要，因此选购主板也绝不能马虎。

2.4.1　如何选购主板

一般来说，选购主板时要综合考虑如下因素。

1. 考虑用途

选购主板首先要考虑用途，同时要注意主板的扩充性和稳定性。比如说，对一般的办公处理来说，如没有较高的娱乐性要求，则可选购一款性能适中的主板；而对于游戏发烧友，则需要选择高性能主板。

2. 主板布局结构

主板布局结构很重要，更小的空间里放上同样多的扩展位，还要维持稳定性及限制干扰。至于如何鉴别是否是公版设计，那就要看对芯片组的掌握程度。例如，某芯片组提供6个PCI插槽，主板虽然采用此芯片组，但只提供了4个PCI插槽，这就是非公版设计。

3. 主板布线设计

主板布线设计也要重视，北桥芯片到CPU、内存、显卡插槽的距离相等是主板布线设计的基本要求，即所谓的"时钟线等长"。作为CPU与内存连接桥梁的北桥芯片在布局上很有讲究，现在一些有研发实力的主板厂商在北桥芯片安排布局上采用旋转45°的巧妙设计，不但缩短了北桥与CPU、内存槽、AGP槽之间的走线长度，而且使时钟线等长。

4. 主板的做工

主板的做工主要是指PCB的做工和SMT(表面贴装)元器件的做工。质量有保证的PCB板的色彩基本保持一致，光洁度好，看起来油光发亮的一般质量就比较好。PCB板层数一般的标准是四层、六层板，当然六层板质量更好。

5. 主板的性能指标

主板厂家研发的强弱也可以从主板的技术性能来体现。主板的特色技术主要体现在：超频稳定性能、安全稳定性能、方便快捷性能、升级扩充性能和其他技术性能。

6. 主板产品的售后服务

性能再好的主板也难免会出现问题，所以主板厂家是否提供良好的售后服务也非常重要。最好选择可以在所在地调换产品的商家，这样就可以及时地解决所出现的问题。

7. 选购主流品牌

主板厂商主要有华硕(ASUS)、微星(MSI)、技嘉(GIGABYTE)、升技、梅捷、精英、浩鑫、建基、钻石、磐英等，尽量选择主流品牌。

2.4.2 一款主板简介

下面我们来了解一下华硕P8B75-V主板，如图2-24所示。

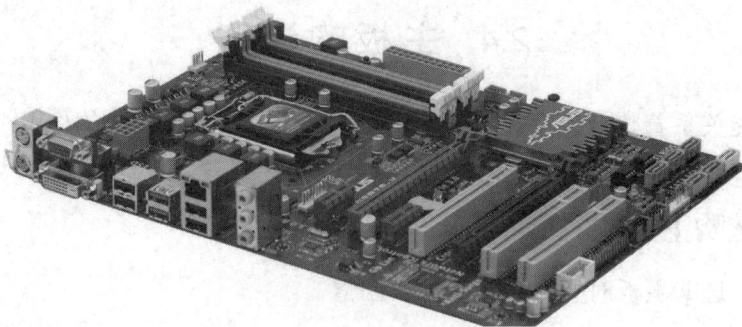

图2-24 华硕P8B75-V主板

性能指标如下：

主板芯片

集成芯片：声卡/网卡

芯片厂商：Intel

主芯片组：Intel B75

芯片组描述：采用 Intel B75 芯片组

显示芯片：CPU 内置显示芯片(需要 CPU 支持)

音频芯片：集成 Realtek　ALC887 8 声道音效芯片

网卡芯片：板载 Realtek　RTL8111E 千兆网卡

处理器规格

CPU 平台：Intel

CPU 类型：Core i7/Core i5/Core i3/Pentium/Celeron

CPU 插槽：LGA 1155

CPU 描述：支持 Intel 22/32 nm 处理器

支持 CPU 数量：1 颗

内存规格

内存类型：DDR3

内存插槽：4 × DDR3 DIMM

最大内存容量：32GB

内存描述：支持双通道 DDR3　2200(超频)/2133(超频)/2000(超频)/1866(超频)/
1600/1333/1066MHz 内存

扩展插槽

显卡插槽：PCI-E 3.0 标准，PCI-E 2.0 标准

PCI-E 插槽：2 × PCI-E X16 显卡插槽，2 × PCI-E X1 插槽

PCI 插槽：3 × PCI 插槽

SATA 接口：5 × SATA II 接口；1 × SATA III 接口

I/O 接口

USB 接口：8 × USB2.0 接口(4 内置 + 4 背板)；4 × USB3.0 接口(2 内置 + 2 背板)

外接端口：1 × DVI 接口，1 × VGA 接口

PS/2 接口：PS/2 鼠标，PS/2 键盘接口

其他接口：1 × RJ45 网络接口

板型

主板板型：ATX 板型

外形尺寸：30.5 cm × 21.9 cm

软件管理

BIOS 性能：64 Mb Flash ROM，UEFI AMI BIOS，PnP，DMI2.0，WfM2.0，SM BIOS
2.6，ACPI 2.0a，多国语言 BIOS，ASUS EZ Flash 2，ASUS Crash Free BIOS 3，F12 Print Screen
功能，F3 Shortcut　功能和华硕 DRAM SPD(Serial Presence Detect)内存信息

其他参数

多显卡技术：支持 AMD Cross FireX/Lucid Logix　Virtu MVP 技术

音频特效：不支持 HIFI

电源插口：一个 8 针，一个 24 针电源接口

供电模式：4 + 1 + 1 相

其他性能：支持 Intel Turbo Boost 2.0 技术

其他特点：支持 Windows 7/Windows 8 操作系统

主板附件

包装清单：华硕主板 × 1，使用手册 × 1，I/O 挡板 × 1 SATA　6.0 GB/s 数据线 × 2

保修信息

保修政策：全国联保，享受三包服务

质保时间：3 年

质保备注：1 年包换良品，3 年保修

2.5　主板的维护

由于主板上连接了很多设备，因此在使用主板的过程中容易出现各种问题。主要包括主板的正确安装、CPU 的正确安装、板卡的正确插拔、正确连接主板内的连线和对主板的清理和维护等。

(1) 主板的正确安装。主板的正确安装是指将主板平稳地安装在机箱内，不能出现形变、主板受力不均匀等现象。

(2) CPU 的正确安装。CPU 的正确安装是指 CPU 正确完整地插入主板的 CPU 插座中，CPU 针脚不出现弯曲、断针等情况，并正确地安装 CPU 散热风扇，保证 CPU 散热正常。

(3) 板卡的正确插拔。板卡的正确插拔是指在板卡的插拔过程中，主板不发生形变，并且不能出现主板的插槽内弹簧接触片脱落等现象。

(4) 正确连接主板内的连线。主板内的连线包括主板电源线、各种存储设备的电源线和数据线、前置 USB 接口和声卡接口的连线、主板上指示灯的连线、主板面板上电源和复位启动连线等。如果连线连接不正常，很可能出现不能启动计算机，甚至烧毁主板的情况。

(5) 对主板进行清理和维护。对主板进行清理和维护，必须保证在完全断掉计算机电源的情况下进行，并且保证双手不带静电，以防止主板上的元件被击穿。还需要注意的是，不能用清洁剂对主板进行清洁，可用干净抹布沾上适量的无水酒精在主板的表面上抹去灰尘即可。

实验二　主板的安装

本实验要求掌握主板的安装。主板的安装过程相对比较简单。安装主板的具体操作如下：

(1) 将机箱放倒，根据主板上螺丝孔的位置将机箱上的膨胀螺钉安装好；

(2) 将主板放置在机箱内，注意让主板的键盘口、鼠标口、USB 接口与机箱背面挡片

的孔对齐，主板要与底板平行，决不能搭在一起，否则容易造成短路；

(3) 把所有的螺钉对准主板的固定孔，依次把每个螺丝安装好，拧紧螺丝；

(4) 将给主板供电的电源插头插在主板上的电源插座上。ATX 电源的插头是防插反设计，如果插反了根本插不进去，所以不必担心因插反而引起烧坏主板的情况。

待主板安装好之后，在主机内剩下的就是 CPU 和散热风扇、内存、各种板卡、连接机箱内部线缆等的安装了。

习　题

1. 填空题

(1) 主板的平面是一块 PCB 印刷电路板，有＿＿＿＿、＿＿＿＿、＿＿＿＿和＿＿＿＿。

(2) 主板的 E-SATA 接口是用来连接＿＿＿＿＿＿＿的。

(3) ＿＿＿＿＿＿＿也称为主桥(Host Bridge)。

(4) 主板的扩展插槽有＿＿＿＿＿＿＿、＿＿＿＿＿＿＿等。

(5) 主板按结构分为＿＿＿＿＿＿＿、＿＿＿＿＿＿＿、＿＿＿＿＿＿＿等。

2. 选择题

(1) 主板上的 PS/2 口是连接＿＿＿＿的接口。

    A. 键盘　　　　B. 鼠标　　　　C. 打印机　　　　D. 扫描仪

(2) 主板上的 USB 接口最多可以连接＿＿＿＿＿个外部设备，并且不会损失带宽。

    A. 126　　　　B. 127　　　　C. 128　　　　D. 256

(3) 主板上的 RJ45 接口是用来连接＿＿＿＿的。

    A. 键盘　　　　B. 鼠标　　　　C. U 盘　　　　D. 网线

3. 判断题

(1) 主板的 CPU 插槽可以接任何针脚或触点相同的 CPU。　　　　(　　)

(2) 前端总线频率就是 CPU 的外频。　　　　(　　)

(3) 清理主板时最好使用清洁剂，这样效果会更好。　　　　(　　)

4. 问答题

(1) 主板内部由哪些部分组成？

(2) 详细说明主板的外部接口及其功能。

(3) 主板的性能指标有哪些？

5. 操作题

(1) 读懂主板的说明书。

(2) 到当地计算机市场了解当前主流主板及芯片组。

(3) 用测试软件测试所用计算机的主板。

第 3 章　CPU

CPU(Central Processing Unit，中央处理器)是一块超大规模的集成电路，是一台计算机的运算核心和控制核心。本章主要介绍 CPU 的发展历程、组成、制造过程、封装、工作原理、性能指标、选购和使用。

计算机的所有工作都由 CPU 进行控制和计算的。CPU 的外形如图 3-1 所示。

CPU 主要包括运算器(ALU，Arithmetic and Logic Unit)和控制器(CU，Control Unit)两大部件。此外，还包括若干个寄存器和高速缓冲存储器及实现它们之间联系的数据、控制及状态的总线。CPU 与内部存储器和输入/输出设备合称为电子计算机三大核心部件。

图 3-1　Intel 酷睿 i7 980X(至尊版)CPU

3.1　CPU 的发展历程

世界上生产通用 CPU 的公司主要有 Intel 公司和 AMD 公司两家。下面我们先从 Intel 公司、AMD 公司的发展介绍 CPU 的发展历程。

3.1.1　Intel CPU 的发展历程

Intel(英特尔)公司是全球最大的半导体芯片制造商，成立于 1968 年，拥有 46 年产品创新和市场领导的历史。1971 年，英特尔推出了全球第一个微处理器。微处理器所带来的计算机和互联网革命，改变了整个世界。在 2013 年世界 500 强排行榜中，英特尔排在第 183 位。

2014 年 2 月 19 日，英特尔推出处理器至强 E7 v2 系列采用了多达 15 个处理器核心，成为英特尔核心数最多的处理器。

2014 年 3 月 5 日，Intel 收购智能手表 Basis Health Tracker Watch 的制造商 Basis Science。

下面，我们就来看一下 Intel 公司 CPU 的发展过程。可以说 CPU 的发展过程就是数据处理位数的变化过程，从最早的 4 位开始，然后是 8 位、16 位、32 位，到了现在的 64 位。

1. 4 位处理器——Intel 4004

1971 年，Intel 公司发明了世界上第一个微处理器 4004，如图 3-2 所示，4 位微处理器，10 μm 的工艺，16 针 DIP 封装，尺寸为 3 × 4 mm，共有 2300 个晶体管，只有 45 条指令，工作频率为 108 kHz，每秒运算 6 万次，4 比特微处理器只能处理 16 位数字，存储空间达到了 640 字节。

图 3-2　Intel4004 处理器

图 3-3　Intel8008 处理器

2. 8 位处理器——Intel 8008/8080/8085

1972 年 Intel 推出了 8008，如图 3-3 所示，是 4004 的拓展。8008 是 8 位微处理器，8008 只有 16 KB 的地址空间。

1974 年 Intel 推出 8080 微处理器，内存 64 KB，而且执行命令速度更快，实现了二进制编码十进制加法操作。当时，摩托罗拉推出的 6800 也有同样的功能。作为重要的微处理器，8080 被配备到 IBM 公司的个人电脑里。而 6800 却被运用到了苹果二代个人电脑上。

1976 年 Intel 公司又生产出增强型 8085 处理器，但这些芯片基本没有改变 8080 处理器的基本特点，都属于第二代微处理器。它们均采用 NMOS 工艺，集成度约 9000 只晶体管，平均指令执行时间为 1 μs～2 μs，采用汇编语言、BASIC、Fortran 编程，使用单用户操作系统。

3. 16 位处理器——8086/80186/80286

1978 年 Intel 推出 16 位微处理器(8086)，如图 3-4 所示，共有 29 000 个晶体管，3 μm 工艺，最大内存空间为 1 MB，工作频率为 4.77 MHz。同年，Intel 又推出 16 位 8088 CPU，如图 3-5 所示。

1980 年 PC 形成市场，IBM 公司推出以 8088 为微处理器的 IBM PC。1980 年诞生的 80186/80188 CPU 与 8086/8088 CPU 的内部结构相似。

1982 年 Intel 公司推出 80286，如图 3-6 所示，基于 x86 体系结构，共有 13 400 个晶体管，1.5 μm 工艺，工作频率为 6～25 MHz。

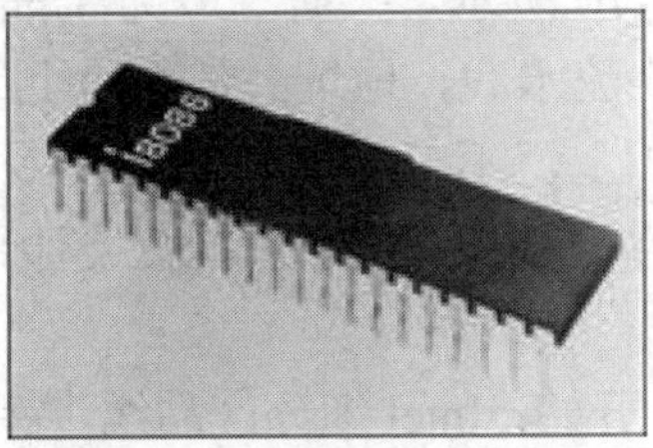

图 3-4　Intel 8086 处理器 　　　　图 3-5　Intel 8088 处理器 　　　　图 3-6　Intel 80286 处理器

1984 年 16 位 PC 市场迅速扩张，IBM 以 Intel 80286 为 CPU 架构，推出了 PC AT。

4. 32 位处理器——80386/80486

1985 年诞生的 80386 CPU(简称 386)，如图 3-7 所示，2 μm 工艺，共有 275 000 个晶体管，32 位，支持最大 4 GB 内存，工作频率从 16 MHz 开始，可外接 64～128 KB。

1989 年 Intel 推出 80486 CPU，如图 3-8 所示，0.8 μm 工艺，共有 120 万个晶体管，支持最大 4 GB 内存。芯片内部包 8 KB Cache 和浮点运算单元 FPU。

图 3-7　Intel80386 处理器

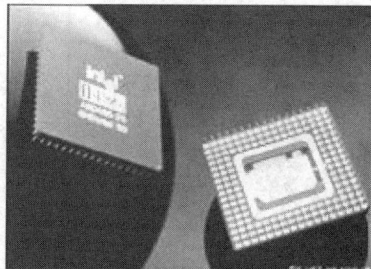

图 3-8　Intel80486 处理器

5. Pentium(奔腾)系列处理器

1993 年 3 月 Intel 推出 Pentium CPU，如图 3-9 所示，共有 310 万个晶体管。采用超标量技术，首次运用两个独立的高线缓存，采用 IA32 架构。第一代 Pentium 产品，工作频率为 60 MHz 和 66 MHz，0.8 μm 工艺。一年后 Intel 推出改良产品，代号 P54C，共有 330 万个晶体管，早期的 Pentium 75/120，采用 0.6 μm 工艺，后期的 Pentium 120，采用 0.35 μm 工艺。

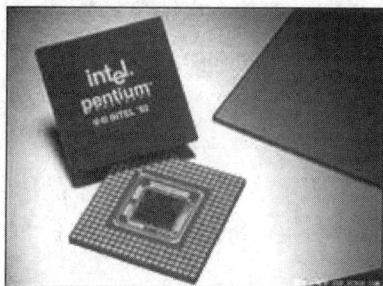

图 3-9　Intel Pentium 处理器

图 3-10　Intel Pentium Pro 处理器

1995 年，Intel 推出 Pentium 系列的改进版本，代号为 P55C，就是 Pentium MMX(多能奔腾)。增加了内片 16 KB 数据缓存和 16 KB 指令缓存、4 路写缓存以及分支预测单元和返回堆技术，新增了 57 条 MMX 多媒体指令。

1995 年 Intel 推出了 Pentium Pro(高能奔腾)CPU，如图 3-10 所示，共有 550 万个晶体管，0.35 μm 工艺，工作频率为 150～200 MHz，带有三条独立流水线，地址总线拓宽到 36 位，支持 64 GB 内存寻址。Intel 首次将二级缓存整合到 CPU 上，不直接处理 x86 指令，而将 CISC 的 x86 指令转换为 CPU 内部微码(类 RISC 指令)再执行，大量采用 RISC 超标量技术。

1997 年推出 Pentium 2 CPU，如图 3-11 所示。从 Pentium 2 开始，Intel 细分产品线，针对市场上的中、低、高端用户，分别推出相应的 Pentium(奔腾)、Celeron(赛扬)、Xeon(至强)。

1999 年推出 Pentium3，如图 3-12 所示，共有 2800 万个晶体管，0.25 μm 工艺，沿用第六代(P2)处理器的系统架构，增加了 SSE(Streaming SIMD Extensions)指令和 MMX 指令。采用 0.25 μm 工艺，时钟频率为 450～600 MHz，采用 Slot 1 封装，512 KB 二级缓存位于电路板上。

图 3-11 Intel PentiumⅡ处理器

图 3-12 Intel Pentium Ⅲ处理器

1999 年 10 月底 Intel 正式发布代号为"Copper mine", 前端总线为 133 MHz, 最高达 1 GHz, 全新的核心设计(内置 256 KB 与 CPU 主频同步运行的二级缓存), 0.18 μm 工艺, 共有 2800 万个晶体管。

2000 年 Intel 推出 Pentium 4 CPU, 如图 3-13 所示, 代号为 Willamette, 基于 Intel 的 Net Burst 微架构, 流水线深度多达二十多级, 支持 SSE2 指令集, 0.18 μm 铝导线工艺, 晶体管数量 4200 万, 核心面积 217 mm^2。

2001 年 Intel 发布了 Itanium(安腾)处理器。Itanium 处理器是 Intel 第一款 64 位元的产品。这是为顶级、企业级服务器及工作站设计的, 在 Itanium 处理器中采用了显示并行指令计算技术(EPIC)。

图 3-13 Pentium 4 处理器

Itanium 2 处理器是以 Itanium 架构为基础所建立与扩充的产品。提供了二进制兼容, 可与专为第一代 Itanium 处理器优化编译的应用程序兼容, 并大幅提升了 50%～100%的效能。Itanium 2 具有 6.4 GB/s 的系统总线带宽、3 MB 的 L3 缓存。

2002 年推出产品代号 Northwood, 主频 2～3.2 G, 0.13 μm 工艺, 晶体管数量 5500 万, 核心面积 146 mm^2。随后, 发布了支持超线程技术的微处理器。Pentium 4 引入了 Net Burst 新结构。

2003 年 Intel 发布了 Pentium M 处理器。Pentium M 处理器基于 P6 构架, 采用适度长度的流水线, 摆脱了 Pentium 4 这样的高主频和复杂设计所带来的问题, 专注于低功耗设计。主频高达 1.60 GHz, 包含各种效能增强功能能力。Pentium M 处理器加上 802.11 的无线 Wi-Fi 技术, 就构成了 Intellection(迅驰)移动运算技术的整套解决方案。

2004 年 2 月 2 日, 英特尔将正式推出采用 90 nm 工艺生产的 Prescott 系列处理器。

2004 年 6 月 Intel 推出了 Socket LGA775 架构的 Pentium 4、Celeron D 及 Pentium 4 EE 处理器和 Socket LGA775 架构处理器。

6. 64 位处理器——Intel Pentium 4 64 位系列

Intel 公司于 2005 年 2 月推出了 64 位处理器, 并冠以 6XX 系列的名称。不仅 Pentium 4 6XX 系列全部具备 64 位技术, 而且在新的 Pentium 4 5XX 系列中也引入 64 位技术, 它们的命名方式是 Pentium 4 5X1, 以后缀为 1 来表示。在入门的 Celeron D 中, 使用 LGA775 封装的产品及最新的双核心 Pentium D 处理器, 也支持 64 位技术。

7. 双核心处理器

所谓双核心处理器, 简单地说就是在一块 CPU 基板上集成两个处理器核心, 并通过并行总线将各处理器核心连接起来。双核心并不是一个新概念，而只是 CMP(Chip Multi Processors，单芯片多处理器)中最基本、最简单、最容易实现的一种类型。

2005 年首颗内含 2 个处理核心的 Intel Pentium D 处理器登场，正式揭开 x86 处理器多核心时代。2005 年推出的 Intel Core 处理器，这是英特尔向酷睿架构迈进的第一步。

2006 年 6 月 Core 架构的问世堪称是英特尔 x86 处理器发展道路上的一个里程碑。Core 架构的诞生，彻底解决了英特尔处理器散热量过高的问题，也标志着主频至上的策略从此被"每瓦性能"的策略所取代。第一代 Core 架构的桌面级处理器核心代号为 Conroe。

酷睿 2 英文 Core 2 Duo，如图 3-14 所示，是英特尔推出的新一代基于 Core 微架构的产品体系统称，于 2006 年 7 月 27 日发布。酷睿 2 是一个跨平台的构架体系，包括服务器版、桌面版、移动版三大领域。其中，服务器版的开发代号为 Woodcrest，桌面版的开发代号为 Conroe，移动版的开发代号为 Merom。

图 3-14 Intel Core 2 Duo

8. 多核心处理器

四核处理器是基于单个半导体的一个处理器上拥有四个一样功能的处理器核心。实际上是将两个 Conroe 双核处理器封装在一起。Intel 在 2006 年底还发布了首款四核处理器：核心代号为 Kentsfield 的 QX6700 和 Q6600。

2007 年 Intel 推出了四核服务器用处理器。英特尔已经推出了若干四核台式机芯片，作为其双核 Quad 和 Extreme 家族的组成部分。在服务器领域，英特尔将在其低电压 3500 和 7300 系列中交付使用不少于具有 9 个四核处理器的 Xeons。

2007 年 11 月英特尔将 Core 架构的制造工艺水平提高到 45 nm，以 Penryn 作为开发代号，桌面级双核处理器的核心代号为 Wolfdale、四核处理器的核心代号为 Yorkfield。相对于前一代产品来说，只是增加了二级缓存的容量，性能有小幅提升，TDP(热功耗)还维持在 65 W 和 95 W 不变。

2008 年 1 月 8 日，英特尔发布移动处理器 Penryn。

Core i 系列诞生了，它的架构代号为 Nehalem。Nehalem 架构处理器的产品代号为 Bloomfield，有别于之前的命名，英文品牌名为 Core i7，但中文品牌名字还叫"酷睿"。初期上市的产品有三款，分别是 Core i7-920、Core i7-940 和 Core i7 Extreme Edition 965。

Core i7(中文：酷睿 i7，内核代号：Bloomfield)处理器是英特尔于 2008 年推出的 64 位四内核 CPU，沿用 i7 920x86-64 指令集，并以 Intel Nehalem 微架构为基础，取代 i7 920 Intel Core 2 系列处理器。Nehalem 曾经是 Pentium 4 10 GHz 版本的代号。Core i7 的名称并没有特别的含义，Intel 表示取 i7 此名的原因只是听起来悦耳，"i"和"7"都没有特别的意思，更不是指第 7 代产品。而 Core 就是延续上一代 Core 处理器的成功，有些人会以"爱妻"昵称之。

还有一款基于 Nehalem 架构的双核处理器，依旧采用整合内存控制器，三级缓存模式，L3 达到 8 MB，支持 Turbo Boost 等技术的新处理器——Core i5，即为酷睿 i5。Core i5 采用的是成熟的 DMI(Direct Media Interface)，相当于内部集成所有北桥的功能，采用 DMI 用于准南桥通信，并且只支持双通道的 DDR3 内存。

　　Core i3 可看作是 Core i5 的进一步精简版，将会采用最新的 32 nm 工艺版本(研发代号为 Clarkdale，基于 Westmere 架构)这种版本。Core i3 最大的特点是整合 GPU(图形处理器)，也就是说 Core i3 将由 CPU + GPU 两个核心封装而成。由于整合的 GPU 性能有限，用户想获得更好的 3D 性能，可以外加显卡。值得注意的是，即使是 Clarkdale，显示核心部分的制作工艺仍会是 45 nm。整合 CPU 与 GPU，这样的计划无论是 Intel 还是 AMD 均很早便提出了，他们都认为整合平台是未来的一种趋势。而 Intel 无疑是走在前面的，集成 GPU 的 CPU 今年已推出，命名为 Core i3。

　　在规格上，Core i3 的 CPU 部分采用双核心设计，通过超线程技术可支持四个线程，三级缓存由 8 MB 削减到 4 MB，而内存控制器、双通道、超线程技术等技术还会保留。同样采用 LGA 1156 接口，相对应的主板是 H55/H57。

　　2008 年 11 月英特尔推出了基于 45 nm 工艺的新架构——Nehalem，发布了 Core i7 965E/920 处理器。从这一代产品开始，英特尔放弃了 Core 2 Duo 的命名方式，改为 Core i7/5/3 的商标，也就是第一代酷睿智能处理器。

　　2009 年 10 月，Intel 发布了基于 Clarkfield 核心的 i7 系列笔记本处理器，包括 i7-920XM Extreme、Core i7-820QM、Core i7-720QM 三个型号，其主频分别为 2.0 GHz、1.73 GHz 和 1.6 GHz。这三款处理器均为四核心、八线程，使用 45 nm 工艺制造，集成最高达 8 M 的三级缓存，搭配使用 1333 MHz 的 DDR3 内存。

　　2010 年年初，基于 Arrandale 核心的 32 nm 酷睿 i5 和 i3 系列处理器发布，翻开了笔记本处理器升级换代的热潮。在命名体系中，M 代表移动处理器，L 为低电压，U 为超低电压。i 系列的处理器主要分为 i3(如图 3-15 所示)、i5(如图 3-16 所示)、i7(如图 3-17 所示)三大类。

图 3-15　i3 处理器　　　　　图 3-16　i5 处理器　　　　　图 3-17　i7 处理器

　　2010 年 1 月 Nehalem 架构迈入了 32 nm 的制造工艺，英特尔称其为 Westmere。

　　2011 年 1 月第二代酷睿智能处理器——Sandy Bridge 问世，虽然这属于一次架构的变化，但是其中也包含了图形芯片的工艺改进，达到了与 CPU 运算单元同步的 32 nm 工艺，同时还获得了一个"核心显卡"的新称谓。

　　Sandy Bridge 依然沿用 Core i7/i5/i3 的商标，只是将数字编号由三位数调整为 2 开头的四位数，以表明其第二代酷睿智能处理器的身份。

　　2012 年 4 月核心代号为 Ivy Bridge 的英特尔 x86 处理器迈入了 22 nm 制造工艺的阶段，也宣布了第三代酷睿智能处理器的问世。

　　2013 年 6 月英特尔发布 Haswell 架构的第四代酷睿智能处理器平台。产品采用全新的架构，接口也变更为 LGA 1150，向下不兼容 LGA 1155 的 Sandy Bridge 和 Ivy Bridge 平台，而面向超极本市场的 Haswell 平台将首次采用单芯片设计。

3.1.2　AMD CPU 的发展历程

AMD(Advanced Micro Devices，超微半导体)公司专门为计算机、通信和消费电子行业设计和制造各种创新的微处理器(CPU、GPU、APU、主板芯片组、电视卡芯片等)、闪存和低功率处理器解决方案，AMD 致力为技术用户——从企业、政府机构到个人消费者——提供基于标准的、以客户为中心的解决方案。AMD 是目前业内唯一一个可以提供高性能 CPU、高性能独立显卡 GPU 芯片、主板芯片组三大组件的半导体公司，AMD 提出 3A 平台的新标志，在笔记本领域有"AMDVISION"标志的就表示该电脑采用 3A 构建方案。

1. AMD 公司早期的处理器

AMD 公司曾有一段和 Intel 公司合作的经历，产品特性如出一辙，同时代的产品基本上大同小异。AMD 公司早期的处理器如图 3-18～图 3-20 所示。AMD 8080(1974 年)、8086(1978 年)、8088(1979 年)、80186(1982 年)、80188、80286 微处理器，使用 Intel 8080 核心。1991 年，推出了 AMD 386 微处理器，核心代号 P9，有 SX 和 DX 之分，是分别与 Intel 80386SX 和 DX 相兼容的微处理器。

图 3-18　AMD 8088	图 3-19　AMD 386DX	图 3-20　AMD 486DX

1993 年，AMD 公司推出 AMD 486DX 微处理器，核心代号 P4，这是 AMD 自行设计生产的第一代 486 产品。AMD 486 的最高频率为 120 MHz，第一次在频率上超越了对手 Intel。

1995 年，AMD 公司推出 AMD 5X86，核心代号 X5，它是 486 级最高频的产品 133 MHz，0.35 μm 制造工艺，内置 16 KB 一级回写缓存。

2. K5

K5 是 AMD 公司第一个独立生产的 x86 级 CPU，发布时间在 1996 年。它是 AMD 的第一款处理器，支持 Socket5 架构，AMD 的 PR 速率为 75～166 MHz，系统总线频率为 55～66 MHz，具有 24 KB 的一级缓存，二级缓存是主板上的。K5 的外观如图 3-21 所示。

K5 的性能非常一般，属于实力比较平均的产品。K5 有着 16 KB 数据 Cache、8 KB 指令 Cache、64 位数据总线、296 针 SPGA 封装。K5 低廉的价格显然比其性能更能吸引消费者，低价是这款 CPU 最大的卖点。

图 3-21　AMD K5 处理器

3. K6

1997 年 4 月，AMD 公司推出 K6，采用 0.35 μm 工艺，基于对 686 处理器的研究开发，新增了 MMX 指令集，一级缓存为 64 KB，如图 3-22 所示。

1998 年 4 月推出 K6-2，支持新的指令集 3D Now! 及 100 MHz 的前端总线频率(FSB)。1999 年 2 月，AMD 推出 K6-3，将二级缓存整合在处理器芯片中，内置二级缓存 256 KB。

1999 年 2 月，K6-3 是 AMD 推出的第一款将二级缓存整合在处理器芯片中的产品，采用 Socket 架构，400 MHz 及 450 MHz，带一级缓存 64 KB，内置二级缓存 256 KB，在主板上的三级缓存 512 KB～2 MB 之间。

图 3-22　AMD K6 处理器

K6-2+ 是 AMD 2000 年推出移动版本 CPU，是第一款基于 Socket7，采用 0.18 μm 工艺，最低时钟频率为 533 MHz，带有与 CPU 同步的 128 KB 二级缓存。

K6-3+ 是 AMD 在 K6-3 后推出的加强性产品，采用 0.18 μm 工艺，并带有 256 KB 二级缓存。

4. K7(Athlon)

1999 年，推出 K7(Athlon)，借鉴了 DEC 公司的 Alpha 处理器结构，新系统总线称为 Alpha EV6 总线，允许主板支持 2 个 CPU，时钟频率为 500 MHz～1.2 GHz 之间。2001 年，推出桌面系统的 Athlon XP 处理器，采用 Palomino 核心，共有 3750 万只晶体管，0.18 μm 铜导线工艺，支持 DDR 内存。2003 年，Athlon XP 处理器采用了 Barton 核心，共有 4530 万个晶体管，0.13 μm 铜导线工艺，带 215 KB 的二级缓存。

2000 年 3 月，AMD 公司领先于 Intel 公司推出了 1GHz 的 Athlon(K7)微处理器，其性能超过了 Pentium Ⅲ。

5. Thunderbird(雷鸟)

Thunderbird(雷鸟)是 AMD 2000 年中发布的 CPU 产品，采用 0.18 μm 工艺，采用 Socket A 架构，二级缓存为 256 KB(与 CPU 同步)，主频为 1 GHz。

Thunderbird 是 AMD 面向高端的 Athlon 系列延续产品，采用 0.18 μm 的制造工艺，共有 Slot A 和 Socket A 两种不同的架构，但它们在设计上大致相同：均内置 128 KB 的一级缓存和 256 KB 的二级缓存，其二级缓存与 CPU 主频速度同步运行；工作电压为 1.70～1.75 V，相应的功耗也比老的 Athlon 要小；集成 3700 万个晶体管，核心面积达到 120 mm^2。

另外，Thunderbird 处理器支持 200 MHz 系统总线频率，提供巨大的带宽，且支持 Alpha EV6 总线协议，具有多重并行 x86 指令解码器。

6. Athlon XP

2001 年 10 月，AMD 推出桌面系统的 Athlon XP 处理器，采用 Palomino 核心，共有 3750 万只晶体管，0.18 μm 铜导线工艺，稳定的 Socket A 架构，支持 DDR 内存。最新的 AMD Athlon XP 处理器已采用了 Barton 核心，共有 4530 万个晶体管，0.13 μm 铜导线工艺，带 215 KB 的二级缓存。AMD Athlon XP 中的 XP 是指 Extreme Performance(卓越性能)。它支持更大的高速缓存、专业 3Dnow! 技术和 Quanti-Speed 架构，如图 3-23 所示。

图 3-23　AMD Athlon XP 处理器

AMD Athlon XP 代号为 Thoroughbred，是 Palomino 的 0.13 μm 制程。AMD 在计划推出的下一代 K8 CPU 中使用相当多的新技术。

7. Duron(毒龙)

如图 3-24 所示，Duron CPU 是 AMD 公司生产的面向低端用户的桌面式处理器，采用 0.13 μm 制造工艺，Socket A 构架，具有 128 KB L1 Cache，64 KB L2 Cache，前端总线频率为 266 MHz。由于 Duron CPU 的频率较低，缓存较小，在和 Intel 低端 CPU 的竞争中，Duron CPU 处于劣势。

Duron 处理器是 AMD 首款基于 Athlon 核心改进的低端处理器，它原来的研发代号称为"Spitfire(烈火)"。Duron 外频也是 200 MHz，内置 128 KB 的一级缓存和 64 KB 的全速

图 3-24 AMD Duron 处理器

二级缓存，它的工作电压为 1.5 V，因而功耗要较 Thunderbird 小。而且它核心面积是 100 mm²，内部集成的晶体管数量为 2500 万个，比 K7 核心的 Athlon 多 300 万个。这些特点符合了 AMD 面对低端市场的策略，即低成本低功耗而又高性能。

8. 64 位处理器——Athlon 64

2003 年 AMD 推出的基于 K8 架构的 Opteron 处理器，采用了相当多的新技术，如：64 位体系架构(为 64 位软件提供特别优化)，跨越了 x86 指令系统的 64 位支持和 4 GB 内存的瓶颈，x86-64 指令集兼容现有 x86-32 指令；SOI 技术(改变 CPU 和内存之间数据之间带宽不足)；集成了内存控制器，改变了 CPU 中南北桥构架，提高了访存的带宽和延迟；采用 HyperTransport 的串行高速直连结构，提高了 I/O 的带宽，并且支持 8 个处理器的直接多片互连，而不需要外用额外的桥接芯片，如图 3-25 所示。

图 3-25 AMD Athlon 64 处理器

图 3-26 AMD 双核处理器

2004 年 AMD 推出了所谓"真双核"的双核 Opteron，基于 K8 架构全新设计。

9. AMD 的双核心处理器

2005 年 5 月，AMD 发布了面向服务器和工作站的企业级 x86 双核计算平台——AMD 双核皓龙处理器 Opteron 和面向桌面型的双核速龙处理器 Athlon 64 X2(包括 4800+、4600+、4400+ 及 4200+ 等)，采用 Socket 939 架构。双核心产品比原有单核心产品的速度大有提升，如图 3-26 所示。

2006 年 4 月，AMD 推出了三款支持 8 路的双核心 Opteron 处理器，最快的一款是 Opteron875，运行主频为 2.2 GHz；其次是 Opteron870，工作主频为 2.0 GHz，第三款就是 Opteron865，工作主频为 1.8 GHz。同时，AMD 还在 2006 年 5 月面对用户推出三款支持两

路的双核心 Opteron 处理器，最快的一款为 Opteron275，工作主频为 2.2 GHz，第二是 Opteron270，工作主频为 2.0 GHz，最慢的一款为 Opteron265，工作主频为 1.8 GHz。

10. AMD 的多核心处理器

2007 年，AMD 公司推出全新的四核心处理器，基于 K10 架构。第一款推出的基于该 K10 微架构的处理器是面向服务器的代号为 Barcelona 的 Opteron 处理器。首款四核心服务器处理器的核心频率达到 2.4～2.7 GHz，如图 3-27 所示。

2008 年 7 月，AMD 发布了全新的移动平台，代号 Puma。平台中的处理器核心代号 Griffin，是 AMD 针对移动平台专门开发的，融合了 K8 和 K10 的特点。具备高性能的 DDR2 800 双通道内存控制器、HT3.0 总线以及高级电源管理等功能。

2008 年 11 月，AMD 高调发布代号为"Shanghai"的新一代处理器家族，主要改进在于采用 45 纳米 SOI 工艺，同时三级缓存加大到 6 MB，但除此之外，K10.5 的内在改进委实不多，它的优点在于弹性极好，衍生出双核、三核、四核以及六核处理器，给用户丰富的选择，如图 3-28 所示。

图 3-27　AMD 四核处理器　　　　图 3-28　AMD 六核处理器

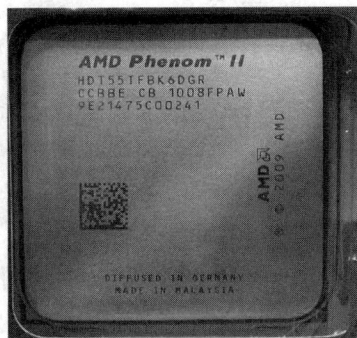

2009 年 1 月，AMD 对 Phenom 品牌处理器进行了升级，发布了代号 K10.5 的 Phenom2 处理器。包括了 Deneb 核心的 4 核版和 Heka 核心的 3 核版。二级缓存扩充到 6 MB，添加了 DDR3 内存支持(初期版本同时支持 DDR2)。

2010 年 4 月下旬发布了两款 Phenom Ⅱ X6 系列六核心桌面处理器，型号分别为 Phenom Ⅱ X6 1055T 和 Phenom Ⅱ X6 1090T 黑盒版。Phenom Ⅱ X6 系列继续采用 Socket AM3 接口，整合双通道内存控制器，同时支持 DDR2 和 DDR3 两种规格内存。Phenom Ⅱ X6 1055T 和 Phenom Ⅱ X6 1090T 的主频分别为 2.8 GHz 和 3.2 GHz。

2011 年 3 月，AMD 终于发布代号为"Bobcat"(山猫)的第一款 Fusion APU 平台，CPU 部分为精简的 x86 核心，GPU 则基于 AMD 的 DirectX 11 Radeon 平台，它所针对的是超轻薄笔记本电脑、上网本等市场，竞争对手是英特尔的 Atom。6 月，代号为 Llano 的主流级 APU 正式发布，这才是 AMD 真正的重头戏! Llano APU 的处理器为 K10.5 架构，CPU 均支持 Turbo Core 动态加速技术；集成的 GPU 则为 Radeon HD 6500——它拥有多达 400 个 SP 单元，同 HD 6570 显卡相当接近。Llano APU 采用 32 nm SOI 工艺制造，芯片集成的晶体管数量高达 14 亿 5 千万个，比英特尔 Sandy Bridge 四核心的 9 亿 9500 万颗晶体管多出近 50%，这其中主要体现了 GPU 的差距。针对不同的市场，Llano APU 分别有 A8(四核心)、A6(四核心)和 A4(双核心)系列等多种配置，并且都有台式机版本和移动版本。

2012 年的国庆节期间，AMD 发布了搭载 HD7000 系列独显核心的 5000 系列 APU，AMD 又发布升级了 HD8000 独显核心的全新至尊 APU 产品。首颗是一款型号为 A10-6800K 的 APU 产品，内部设计有一颗 HD8670D 独显核心，同时拥有高达 4.1 GHz(最高智能超频到 4.4 GHz)的 CPU 核心频率，是全新至尊 APU 产品中的最高规格产品——采用 Richland 核心的 A10-6800K 定位更高，拥有更强的性能和更好的表现，其"至尊"名号也因此而来，如图 3-29 所示。

2013 年 6 月 5 日，在 2013 台北国际电脑展上 AMD 公司发布了 2013 至尊 A 系列加速处理器(APU)，核心代号"Richland"，为个人电脑提供更加卓越的解决方案，包括更强的计算性能、独显性能和可平滑升级的平台。

图 3-29　AMD A10-6800K

在 2013 台北国际电脑展上，AMD 通过发布全新至尊台式机 A 系列 APU，展示了其完整而丰富的 2013APU 产品线，为众多的 OEM 系统提供计算动力，并以新一代的软件和应用，充分利用有史以来最快的 AMD APU 的计算性能。

3.2　CPU 的组成

CPU 经过多年的发展，其物理组成也经过许多变化，现在的 CPU 物理组成可分为内核、基板、填充物、封装以及接口五部分，如图 3-30 所示。基板上还有控制逻辑、贴片电容等。

图 3-30　CPU 的组成

1. 核心

CPU 核心是 CPU 集成电路所在的地方，核心的内部结构更为复杂，包含各种为实现特定功能而设计的硬件单元，每个硬件单元通常由大量的晶体管构成。CPU 的基本运算操作有三种：读取数据、对数据进行处理、然后把数据写回到存储器上。对于由最简单的信息构成的数据，CPU 只需要四个部分来实现它对数据的操作：指令、指令指示器、寄存器和算术逻辑单元，此外，CPU 还包括一些协助基本单元完成工作的附加单元等。

2. 基板

CPU 基板就是印刷电路板，它负责内核芯片和外界的一切通讯，并决定这一块芯片的时钟频率，在它上面，有我们经常在电脑主板上见到的电容、电阻，还有决定了 CPU 时钟频率的电路桥(俗称金手指)，在基板的背面或者下沿，还有用于和主板连接的针脚或者触点接口。

3. 填充物

CPU 内核和 CPU 基板之间往往还有填充物，填充物的作用是用来缓解来自散热器的压力以及固定芯片和电路基板，由于它连接着温度有较大差异的两个部分，所以必须保证十分的稳定，有时填充物质量的优劣就直接影响着整个 CPU 的质量。

4. 封装

设计制作好的 CPU 硅片将通过几次严格的测试，若合格就会送至封装厂切割、划分成用于单个 CPU 的规模并置入到封装中。"封装"不仅是给 CPU 穿上外衣，更是它的保护神，否则 CPU 的核心就不能与空气隔离和避免尘埃的侵害。此外，良好的封装设计还能有助于 CPU 芯片散热，并很好地让 CPU 与主板连接,因此封装技术本身就是高科技产品的组成部分。

5. 接口

计算机的各个配件都是通过某个接口与主板连接的，例如 AGP 显示卡是通过 AGP 接口于主板连接，声卡通过 PCI 接口连接。CPU 也不例外，CPU 的接口有针脚式、引脚式、卡式、触点式等。

3.3　CPU 的制造过程

CPU 的制造过程如下：

1. 切割晶圆

所谓的"切割晶圆"也就是用机器从单晶硅棒上切割下一片事先确定规格的硅晶片，并将其划分成多个细小的区域，每个区域都将成为一个 CPU 的内核(Die)。

2. 影印

在经过热处理得到的硅氧化物层上面涂敷一种光阻物质，紫外线通过印制着 CPU 复杂电路结构图样的模板照射硅基片，被紫外线照射的地方光阻物质溶解。

3. 蚀刻

用溶剂将被紫外线照射过的光阻物质清除，然后再采用化学处理方式，把没有覆盖光阻物质部分的硅氧化物层蚀刻掉。然后把所有光阻物质清除，就得到了有沟槽的硅基片。

4. 分层

为加工新的一层电路，再次生长硅氧化物，然后沉积一层多晶硅，涂敷光阻物质，重复影印、蚀刻过程，得到含多晶硅和硅氧化物的沟槽结构。

5. 离子注入

通过离子轰击，使得暴露的硅晶片局部掺杂，从而改变这些区域的导电状态，形成门电路。

接下来的步骤就是不断重复以上的过程。一个完整的 CPU 内核包含大约 20 层，层间留出窗口，填充金属以保持各层间电路的连接。完成最后的测试工作后，切割硅片成单个 CPU 核心并进行封装，一个 CPU 便制造出来了。

3.4　CPU 的封装

CPU 的封装就相当于给 CPU 内核穿上一层保护外衣，让它与空气隔绝，防止氧化以及灰尘的侵蚀。CPU 的封装形式有：

1. DIP 封装

DIP(Dual In-line Package，双列直插封装)是一种最简单的封装方式，主要用在 4004、8008、8086、8088 这些最初的处理器上。采用这种封装方式的芯片有两排引脚，可以直接焊在有 DIP 结构的芯片插座上或焊在有相同焊孔数的焊位中。其特点是可以很方便地实现 PCB 板的穿孔焊接，和主板有很好的兼容性。

2. QFP / PFP 封装

QFP / PFP(Quad Flat Package/Plastic Flat Package，扁平小块式封装/塑料扁平组件式封装)和 DIP 唯一相似之处在于它也是采用引脚的方式，但是不同的是 QFP/PFP 的引脚是从芯片的外部引出，然后再与主板连接。由于引脚更细更小，就保证了在芯片面积不变的情况下可以容纳更多的引脚(一般数量在 100 个以上)。由于 QFP/PFP 的面积很小，这就控制了成本，加上采用了 SMT(表面安装设备)技术，使它的信号稳定性好，而且安装好后不会与主板出现接触不良的问题。QFP 和 PFP 的区别在于形状方面：前者一般为正方形，而后者可以是正方形也可以是长方形。

3. LCCP 封装

采用 LCCP(Leadless Chip Carrier Package，嵌入式集成芯片封装)的 CPU 核心四周排列着像被锡箔包裹着的针脚，通过专门的插座与之配合。这种封装方式很方便插入，但是拔出比较困难，所以只是被短时间地用在 80286 和早期的协处理器上。

4. PGA 封装

PGA(Pin Grid Array，针脚栅格阵列封装)是从 286 时期就开始使用一种封装方式。PGA 采用了多个"回"字形的插针阵列(即栅格阵列)，插针在芯片的四周以一定的间隔按"回"

字形排列，适合更高频率环境。插针数目越多，阵列的规模就越大。随着针数增多，ZIF(Zero Insertion Force Socket，零插拔力插座)便应运而生，并使用至今。这使我们升级 CPU 成为可能，而且整个过程安装方便，无须借助工具。

5. SPGA 封装

SPGA(Staggered Pin Grid Array，交错针脚栅格阵列)：我们可以见到早期的 K5 系列的 CPU 上用的封装。

6. PPGA 封装

PPGA(Plastic Pin Grid Array，塑料针脚栅格阵列)：第一代的 Celeron 处理器用的就是这种封装方式。

7. FC-PGA 封装

FC-PGA(Flip Clip Pin Grid Array，倒装芯片针脚栅格阵列)：所谓倒装即把基板上的核心翻转 180°，缩短了连线，从而能更好地散热，大部分 Pentium 3、Athlon 采用的就是这种封装方式。

FC-PGA2 和 FC-PGA 唯一不同的是加装了一个 HIS 顶盖，更好地保护了脆弱的 CPU 核心，同时增大了接触面积，增强了散热的效果。Northwood 核心的 P4 采用的就是这种封装方式。

8. SECC 封装

SECC(Single Edge Contact Connector，单边接触连接，也是我们常说的卡匣式封装)曾取代过 PGA 一段时间。在 Pentium 2 时期，CPU 使用 528 针脚的 PLGA(网格阵列)封装，并焊接在 PCB 板上。最特殊的是 PCB 板上不单单是 CPU，而且还焊接有 TAG RAM(L2 Cache 的管理和控制芯片)以及 L2 Cache! CPU 和二级缓存之间靠一条高速的总线连接，从而提高了 CPU 的性能。整体封装在一个有金属外壳的单边接触盒中，另外还有一个散热风扇。这种封装方式可以说是后来封装方式的雏形，它提出了将二级缓存和 CPU 同时整合在芯片内部的思想，可以说 SECC 具有里程碑的意义。

9. BGA 封装

BGA(Ball Grid Array，球状阵列封装)是采用触点式连接，就相当于把 PGA 封装的针脚全部剪掉，所以采用这种封装的 CPU 必须和主板焊接后才能使用。采用 BGA 封装的 CPU 体积较小，电气性能和信号抗干扰能力强，加上不需要插拔，因而主要是面向笔记本处理器的封装方式。但是由于是焊接在主板上，不便于更换，所以成本相对较高。因而 Intel 在后来又采用了 PGA 的封装方式。

10. LGA 封装

LGA(Land Grid Array，栅格阵列封装)和前面讲的 PGA 封装很相似，但是这种封装没有针脚，而是用触点代替，所以接口也变成了 Socket T。它不像以往的插槽那样需要将针脚固定，而是需要 Socket 底座露出来的具有弹性的触须。这一点和 BGA 封装有点像，只是不用焊接，可以自由插拔。由于 LGA 的封装接口支持底层和主板之间的直接连接，所以可以均衡分担信号，可以在不提高成本的前提下增加针脚的密度，所以在频率和性能提升上功不可没。另外由于采用无针脚设计，Socket T 接口打破了 Socket 478 接口的频率瓶颈，使 Intel 的 CPU 能够达到更高的频率。

11. PLGA 封装

PLGA 是 Plastic Land Grid Array 的缩写，即塑料焊盘栅格阵列封装。由于没有使用针脚，而是使用了细小的点式接口，所以 PLGA 封装明显比以前的 FC-PGA2 等封装具有更小的体积、更少的信号传输损失和更低的生产成本，可以有效提升处理器的信号强度、提升处理器频率，同时也可以提高处理器生产的良品率、降低生产成本。

12. CuPGA 封装

CuPGA 是 Lidded Ceramic Package Grid Array 的缩写，即有盖陶瓷栅格阵列封装。它与普通陶瓷封装最大的区别是增加了一个顶盖，能提供更好的散热性能以及能保护 CPU 核心免受损坏。

3.5 CPU 的工作原理

CPU 从存储器或高速缓冲存储器中取出指令，放入指令寄存器，并对指令译码。它把指令分解成一系列的微操作，然后发出各种控制命令，执行微操作系列，从而完成一条指令的执行。

指令是计算机规定执行操作的类型和操作数的基本命令。指令是由一个字节或者多个字节组成，其中包括操作码字段、一个或多个有关操作数地址的字段以及一些表征机器状态的状态字以及特征码，有的指令中也直接包含操作数本身。

3.6 CPU 的性能指标

CPU 的主要性能指标，是生产厂家提供的有关 CPU 的技术指标和采用的技术标准，它直接关系到 CPU 的性能。

1. 主频、外频和倍频

(1) 主频。主频也叫时钟频率，是 CPU 内部的时钟工作频率，单位是 MHz，用来表示 CPU 的运算速度。CPU 的主频＝外频×倍频系数。一般来说，主频越高，CPU 的运算速度就越快。但是，计算机的运算速度并不完全由 CPU 决定，还受主板、内存和硬盘等设备的影响。

(2) 外频。外频是 CPU 的基准频率，单位也是 MHz。CPU 的外频决定着整块主板的运行速度。CPU 的外频越高，CPU 与系统内存交换数据的速度越快，有利于提高系统的运行速度。CPU 的外频与它的生产工艺和核心技术有关。

(3) 倍频。倍频是 CPU 主频与外频之间的比例关系，倍频等于主频比外频。倍频的数值一般为 0.5 的倍数。在相同的外频下，倍频越高 CPU 的频率也越高。但实际上，在相同外频的前提下，高倍频的 CPU 本身意义并不大。这是因为 CPU 与系统之间数据传输速度是有限的，一味追求高倍频而得到高主频的 CPU 就会出现明显的"瓶颈"效应——CPU 从系统中得到数据的极限速度不能够满足 CPU 运算的速度。

2. CPU 的位和字长

位：在数字电路和计算机技术中采用二进制，代码只有"0"和"1"，其中无论是"0"或是"1"在 CPU 中都是"位"。

字长：计算机技术中对 CPU 在单位时间内(同一时间)能一次处理的二进制数的位数叫字长。所以能处理字长为 8 位数据的 CPU 通常就叫 8 位的 CPU。同理 32 位的 CPU 就能在单位时间内处理字长为 32 位的二进制数据。字节和字长的区别：由于常用的英文字符用 8 位二进制就可以表示，所以通常就将 8 位称为一个字节。字长的长度是不固定的，对于不同的 CPU、字长的长度也不一样。8 位的 CPU 一次只能处理一个字节，而 32 位的 CPU 一次就能处理 4 个字节，同理字长为 64 位的 CPU 一次可以处理 8 个字节。

3. 缓存

缓存大小也是 CPU 的重要指标之一，而且缓存的结构和大小对 CPU 速度的影响非常大，CPU 内缓存的运行频率极高，一般是和处理器同频运作，工作效率远远大于系统内存和硬盘。实际工作时，CPU 往往需要重复读取同样的数据块，而缓存容量的增大，可以大幅度提升 CPU 内部读取数据的命中率，而不用再到内存或者硬盘上寻找，以此提高系统性能。但是从 CPU 芯片面积和成本的因素来考虑，缓存都很小。CPU 的缓存分为以下三级：

(1) L1 Cache(一级缓存)是 CPU 第一层高速缓存，分为数据缓存和指令缓存。内置的 L1 高速缓存的容量和结构对 CPU 的性能影响较大，不过高速缓冲存储器均由静态 RAM 组成，结构较复杂。在 CPU 管芯面积不能太大的情况下，L1 级高速缓存的容量不可能做得太大。

(2) L2 Cache(二级缓存)是 CPU 的第二层高速缓存，分内部和外部两种芯片。内部的芯片二级缓存运行速度与主频相同，而外部的二级缓存则只有主频的一半。L2 高速缓存容量也会影响 CPU 的性能，原则是越大越好。

(3) L3 Cache(三级缓存)，分为两种，早期的是外置，现在的都是内置的。而它的实际作用是可以进一步降低内存延迟，同时提升计算大数据量时处理器的性能。降低内存延迟和提升大数据量计算能力对游戏都很有帮助。

4. CPU 扩展指令集

CPU 依靠指令来计算和控制系统，每款 CPU 在设计时就规定了一系列与其硬件电路相配合的指令系统。指令的强弱也是 CPU 的重要指标，指令集是提高微处理器效率的最有效工具之一。从现阶段的主流体系结构讲，指令集可分为复杂指令集和精简指令集两部分，而从具体运用看，如 Intel 的 MMX(Multi Media Extended)、SSE、SSE2(Streaming-Single instruction multiple data-Extensions 2)、SEE3 和 AMD 的 3DNow!等都是 CPU 的扩展指令集，分别增强了 CPU 的多媒体、图形图像和 Internet 等的处理能力。我们通常会把 CPU 的扩展指令集称为"CPU 的指令集"。SSE3 指令集也是目前规模最小的指令集，此前 MMX 包含有 57 条命令，SSE 包含有 50 条命令，SSE2 包含有 144 条命令，SSE3 包含有 13 条命令。目前 SSE3 也是最先进的指令集，英特尔 Prescott 处理器已经支持 SSE3 指令集，AMD 会在双核心处理器当中加入对 SSE3 指令集的支持，全美达的处理器也将支持这一指令集。

5. CPU 内核和 I/O 工作电压

从 586 CPU 开始，CPU 的工作电压分为内核电压和 I/O 电压两种，通常 CPU 的核心电压小于等于 I/O 电压。其中内核电压的大小是根据 CPU 的生产工艺而定，一般制作工艺越小，内核工作电压越低；I/O 电压一般都在 1.6～5 V。低电压能解决耗电过大和发热过高的问题。

6. 制造工艺

制造工艺是指 IC 内电路与电路之间的距离。制造工艺的趋势是向密集度愈高的方向发展。密集度愈高的 IC 电路设计，意味着在同样大小面积的 IC 中，可以拥有密度更高、功能更复杂的电路设计。CPU 的制造工艺主要有 180 nm、130 nm、90 nm、65 nm、45 nm、32 nm 和 22 nm。

7. 指令集

指令集是存储在 CPU 内部，对 CPU 运算进行指导和优化的硬程序。拥有这些指令集，CPU 就可以更高效地运行。Intel 有 x86、x86-64、MMX、SSE、SSE2、SSE3、SSSE3 (Super SSE3)、SSE4.1、SSE4.2 和针对 64 位桌面处理器的 EM-64T。AMD 主要是 3D-Now! 指令集。

(1) CISC 指令集。CISC 指令集，也称为复杂指令集，英文名是 CISC(Complex Instruction Set Computer)。在 CISC 微处理器中，程序的各条指令是按顺序串行执行的，每条指令中的各个操作也是按顺序串行执行的。

(2) RISC 指令集。RISC 是英文"Reduced Instruction Set Computing"的缩写，中文意思是"精简指令集"。它是在 CISC 指令系统基础上发展起来的，有人对 CISC 机进行测试表明，各种指令的使用频度相当悬殊，最常使用的是一些比较简单的指令，它们仅占指令总数的 20%，但在程序中出现的频度却占 80%。复杂的指令系统必然增加微处理器的复杂性，使处理器的研制时间长，成本高。并且复杂指令需要复杂的操作，必然会降低计算机的速度。

(3) IA-64 EPIC 指令。IA-64 EPIC(Explicitly Parallel Instruction Computers，精确并行指令计算机)是否是 RISC 和 CISC 体系的继承者的争论已经有很多，单以 EPIC 体系来说，它更像 Intel 的处理器迈向 RISC 体系的重要步骤。

(4) x86-64 指令。x86-64(AMD64 / EM64T)AMD 公司设计，可以在同一时间内处理 64 位的整数运算，并兼容于 x86-32 架构。其支持 64 位逻辑定址，同时提供转换为 32 位定址选项；但数据操作指令默认为 32 位和 8 位，提供转换成 64 位和 16 位的选项；支持常规用途寄存器，如果是 32 位运算操作，就要将结果扩展成完整的 64 位。这样，指令中有"直接执行"和"转换执行"的区别，其指令字段是 8 位或 32 位，可以避免字段过长。

8. 超流水线与超标量

在解释超流水线与超标量前，先了解流水线(pipeline)。流水线是 Intel 首次在 486 芯片中开始使用的。流水线的工作方式就像工业生产上的装配流水线。在 CPU 中由 5～6 个不同功能的电路单元组成一条指令处理流水线，然后将一条 x86 指令分成 5～6 步后再由这些电路单元分别执行，这样就能实现在一个 CPU 时钟周期完成一条指令，因此提高 CPU 的运算速度。经典奔腾每条整数流水线都分为四级流水，即指令预取、译码、执行、写回结果，浮点流水又分为八级流水。

超标量是通过内置多条流水线来同时执行多个处理器，其实质是以空间换取时间。而超流水线是通过细化流水、提高主频，使得在一个机器周期内完成一个甚至多个操作，其实质是以时间换取空间。

9. 封装形式

CPU 封装是采用特定的材料将 CPU 芯片或 CPU 模块固化在其中以防损坏的保护措施，一般必须在封装后 CPU 才能交付用户使用。CPU 的封装方式取决于 CPU 安装形式和器件集成设计，从大的分类来看通常采用 Socket 插座进行安装的 CPU 使用 PGA(栅格阵列)方式封装，而采用 Slot x 槽安装的 CPU 则全部采用 SEC(单边接插盒)的形式封装。现在还有 PLGA、OLGA 等封装技术。

10. 多线程

同时多线程(Simultaneous multithreading, SMT)也称超线程，是一种在一个 CPU 的时钟周期内能够执行来自多个线程的指令的硬件多线程技术。SMT 可通过复制处理器上的结构状态，让同一个处理器上的多个线程同步执行并共享处理器的执行资源，可最大限度地实现宽发射、乱序的超标量处理,提高处理器运算部件的利用率，缓和由于数据相关或Cache未命中带来的访问内存延时。当没有多个线程可用时，SMT 处理器几乎和传统的宽发射超标量处理器一样。SMT 最具吸引力的是只需小规模改变处理器核心的设计，几乎不用增加额外的成本就可以显著地提升效能。多线程技术则可以为高速的运算核心准备更多的待处理数据，减少运算核心的闲置时间。这对于桌面低端系统来说无疑十分具有吸引力。

11. 多核心

多核心也指单芯片多处理器(Chip multiprocessors，CMP)是由美国斯坦福大学提出的，其思想是将大规模并行处理器中的 SMP(对称多处理器)集成到同一芯片内，各个处理器并行执行不同的进程。与 CMP 比较， SMT 处理器结构的灵活性比较突出。但是，当半导体工艺进入 0.18 μm 以后，线延时已经超过了门延迟，要求微处理器的设计通过划分许多规模更小、局部性更好的基本单元结构来进行。相比之下，由于 CMP 结构已经被划分成多个处理器核来设计，每个核都比较简单，有利于优化设计，因此更有发展前途。目前，IBM 的 Power 4 芯片和 Sun 的 MAJC5200 芯片都采用了 CMP 结构。多核处理器可以在处理器内部共享缓存，提高缓存利用率，同时简化多处理器系统设计的复杂度。

12. SMP

SMP(Symmetric Multi-Processing)是对称多处理结构的简称，是指在一个计算机上汇集了一组处理器(多 CPU)，各 CPU 之间共享内存子系统以及总线结构。在这种技术的支持下，一个服务器系统可以同时运行多个处理器，并共享内存和其他的主机资源。

13. NUMA 技术

NUMA 即非一致访问分布共享存储技术，它是由若干通过高速专用网络连接起来的独立节点构成的系统，各个节点可以是单个的 CPU 或是 SMP 系统。在 NUMA 中，Cache 的一致性有多种解决方案，需要操作系统和特殊软件的支持。

14. 乱序执行技术

乱序执行(out-of-order execution)技术，是指 CPU 允许将多条指令不按程序规定的顺序分开发送给各相应电路单元处理的技术。这样将根据电路单元的状态和各指令能否提前执行的具体情况分析后，将能提前执行的指令立即发送给相应电路单元执行，在这期间不按规定顺序执行指令，然后由重新排列单元将各执行单元结果按指令顺序重新排列。采用乱序执行技术的目的是为了使 CPU 内部电路满负荷运转并相应提高了 CPU 的运行程序的速度。

15. CPU 内部的内存控制器

许多应用程序拥有更为复杂的读取模式，并且没有有效地利用带宽。典型的这类应用程序就是业务处理软件，即使拥有如乱序执行(out-of-order execution)这样的 CPU 特性，也会受内存延迟的限制。这样 CPU 必须得等到运算所需数据被除数装载完成才能执行指令。低端系统的内存延迟大约是 120~150 ns，而 CPU 速度则达到了 3 GHz 以上，一次单独的内存请求可能会浪费 200~300 次 CPU 循环。即使在缓存命中率(Cache Hit Rate)达到99%的情况下，CPU 也可能会花 50% 的时间来等待内存请求的结束——比如因为内存延迟的缘故。

3.7　CPU 散热器

CPU 在工作的时候会产生大量的热，如果不将这些热量及时散发出去，轻则导致死机，重则可能将 CPU 烧毁，CPU 散热器就是用来为 CPU 散热的。散热器对 CPU 的稳定运行起着决定性的作用，组装计算机时选购一款好的散热器非常重要。

3.7.1　散热器的分类

CPU 散热器根据其散热方式可分为风冷散热器、热管散热器、水冷散热器、半导体制冷散热器和液态氮制冷散热器等几种。散热方式是四种，而一个散热器可以有几种散热方式，如图 3-31～图 3-33 所示。

图 3-31　风冷＋热管散热器　　图 3-32　风冷＋热管＋水冷散热器　　图 3-33　风冷散热器

1. 风冷散热器

风冷散热器是现在最常见的散热器类型，包括一个散热风扇和一个散热片。其原理是将 CPU 产生的热量传递到散热片上，然后再通过风扇将热量带走。需要注意的是，不同类型和规格 CPU 使用的散热器不同，例如 AMD CPU 与 Intel CPU 使用的散热器不同，Intel 478

针脚的 CPU 使用的散热器与 Intel 775 针脚的 CPU 使用的散热器也不同。

2．热管散热器

热管散热器是一种具有极高导热性能的传热元件，它通过在全封闭真空管内的液体的蒸发与凝结来传递热量。该类风扇大多数为"风冷＋热管"性，兼具风冷和热管优点，具有极高的散热性。

3．水冷散热器

水冷散热器是使用液体在泵的带动下强制循环带走散热器的热量，与风冷相比具有安静、降温稳定、对环境依赖小等优点。

4．半导体散热器

半导体散热器是使用特殊的半导体材料(如硅片)，制成半导体散热元件，根据热电效应，一面制冷一面发热，发热端通过"风冷"或"水冷"方式将制冷端从芯片吸收的热量带走，从而达到对芯片散热的目的。

5．液态氮制冷散热器

液氮制冷散热器的核心部件就是蒸发皿，其作用就是盛放液氮，吸收 CPU 发出的热量使得液氮沸腾，液氮汽化之时吸收大量的热量，能够迅速地将蒸发皿温度降至零下 100℃左右。由于液氮汽化时吸热非常快，因此空气中的水蒸气将会凝结在铜管表面，所以必须在外面套一层绝缘橡胶材料，这种材料还必须要有保温作用，以防止液氮产生的"冷能"浪费，在超频过程中节省液氮用量。容器底部的铜底做成了蜂窝状，显然是为了增加液氮和铜块的接触面积，这样能够加速液氮的沸腾，达到迅速制冷的目的。

3.7.2　散热器的主要参数

CPU 散热器作为与 CPU 最贴近的部件之一，其性能好坏关系着 CPU 工作的稳定性，关系到整个计算机系统的正常运转。大多数盒装的 CPU 都附带了标准散热器，而散装的则不附带，需要自己选购，下面介绍散热器的主要参数。

1．风扇功率

从理论上说，风扇的功率越大，风力越强，散热效果也越好。目前一般市场上出售的风扇都是直流 12 V 的，功率则从 0.x W 到 2.x W 不等。功率的大小需要根据 CPU 发热量来选择，但不要过度强调大功率。如果功率过大，会对计算机电源产生额外的负担，导致电压不足、电流过小等现象，从而造成其他部件运行不稳定。

2．风扇口径

风扇口径对风扇的风量有直接的影响，在允许范围内风扇的口径越大，出风量也越大，风力效果的作用面也就越大。

3．风扇转速

风扇转速是衡量散热器能力的重要指标。一般来说，同样尺寸大小的风扇，转速越高，风量也越大，但是噪音也随之增加。

4．风扇噪音

噪音大小通常与风扇功率有关，功率越大，转速越快，噪音越大。为了减轻噪音厂商都进行了相关设计，改变扇叶的角度以减小与空气接触面，增加扇轴的润滑度以降低转动时产生的噪音，以及增强稳定以保证风扇在工作时不会颤动。

5. 风扇排风量

风扇排风量(单位为 CFM，Cubic Feet per Minute，每分钟立方英尺)即体积流量，指单位时间内流过的气流体积，当然是越大越好。一般而言，风扇尺寸变大，转速提高，都会增加其风量。风扇排风量是一个比较综合的指标，是衡量散热器性能的最直接因素。

6. 风扇轴承

风扇的轴承是散热器的"心脏"，目前较普遍的是含油轴承、单滚珠轴承和双滚珠轴承。

7. 散热器材质

CPU 发出热量首先传导到散热片，然后由风扇带入冷空气吹拂而把散热片的热量带走，而散热器所能传导的热量快慢是由组成散热器的散热片的材质决定的。因此散热器的材料质量对热量的传导性能具有很大作用，为此在选择散热器时一定要注意散热片的热传导性能是否良好。这里所说的散热器材质主要指像涡轮散热器那样一体化的，对于那些风扇加散热片的散热器不太适用。

8. 散热片材料

散热片材料一般有铜或铝。相比较而言，铜的导热系数比铝大，但缺点是铜材价格昂贵，易氧化，并且难以挤压成形，在加工时，必须采用黏结技术，而该技术目前还很不成熟、完善，也由此导致其加工难度大、加工成本高的问题。

9. 散热器精度

散热片的加工精度也是一个重要的问题。散热片与 CPU 表面结合，要求其接触面积越大越好，加工精度越高越好。

10. 散热片体积

散热器分为风扇和散热片两大部分，散热片由散热鳍片和基底组成，其体积越大，吸收和传递的热量就越多，散热效率就越高。

11. 扣具

扣具是用来固定散热器，受力不均会损坏 CPU。不同 CPU 散热器不通用的原因主要在于扣具不同，与 CPU 结合松紧适度、受力均衡的扣具，能避免因过大压力而导致的 Socket 插座断裂和 CPU 受损。

3.7.3 散热器的选购

散热器之间的价格差异很大，最便宜的仅仅十几元，最贵的可能达到数百元。考虑到散热器直接影响着 CPU 寿命的问题，多花一点钱在散热器上是值得的。在普通用户的消费观念看来，一分价钱一分货，散热器的价格越高，它的质量和性能也应该更好，其实并不如此。

一般散热器可拆分为两部分：散热片和散热风扇。按材质来分散热片主要为铝制和铜制两种，由于铝的成本比较低，所以产品售价也相对要低，选购的人自然也比较多。而铜制的散热片，虽然价格相对较高，但是由于其导热性能佳，结合小功率的散热风扇便可实现较好的散热效果。最好选择一些有较高认知度的品牌，在质量、性能及售后服务上都有保障。除此以外，用户也可以通过一些简单的方法判别散热器性能。例如，可以先看看散热器的外观和加工精度，质量低劣者往往做工粗糙，尤其是散热片部分差异相当明显。如一款好的散热器，边缘部分没有毛刺，底部与 CPU 接触面平滑、散热片阵列没有歪曲，外观整洁明了。而低劣的散热器外观脏乱，底部磨损严重，或采用金属涂料掩盖表面。

3.8　CPU 的选购

CPU 的频率提高幅度已经远远大于其他设备运行速度的提高。因此现在选购 CPU 已经不能仅凭频率高低来选择，应该选择一款性价比较高的 CPU。

3.8.1　选购 CPU 的方法

CPU 的选购需要注意以下几点：

1. 选择 AMD 还是 Intel 的处理器

这个问题可能是很多装机朋友最头疼的问题之一。总的来讲，Intel 的 CPU 相对于 AMD 的 CPU 在兼容性、发热量及超频等性能方面表现更出色；而 AMD 的 CPU 则在价格上有一定的优势。

AMD 的 CPU 在三维制作、游戏应用、视频处理等方面相比同档次的 Intel 的处理器有优势，而 Intel 的 CPU 则在商业应用、多媒体应用、平面设计方面有优势。在性能方面，同档次的 Intel 处理器整体来说可能比 AMD 的处理器要有优势；而在体格方面，AMD 的处理器绝对占优。

2. 选择散装还是盒装

散装和盒装 CPU 并没有本质的区别，在质量上是一样的。从理论上说，盒装和散装产品在性能、稳定性以及可超频潜力方面不存在任何差距，主要差别在于质保时间的长短以及是否带散热器。一般而言，盒装 CPU 的保修期要长一些(通常为三年)，而且带有质量较好的散热风扇，而散装 CPU 一般的质保时间是一年，不带散热器。

3. 注意购买时机

通常一款新的 CPU 刚刚面世时，其价格会高得吓人，而且技术也未必成熟。此时除非非常需要，否则用户大可不必追赶潮流去花更多的钱。只要过半年左右的时间，便可以节省一笔可观的开支，所以购买最好选择推出半年到一年的 CPU 产品。

4. 注意预防购买假的 CPU

首先可以通过包装识别。注意看封装线，正品盒装 Intel CPU 的塑料封纸的封装线不可能在盒右侧条形码处，如果发现封装线在条形码处需引起注意。

其次，看水印字，Intel 在处理器包装上包裹的塑料薄膜使用了特殊的印字工艺，薄膜上的 Intel Corporation 的水印文字非常牢固，无论你用指甲怎么刮都刮不下来，而假盒装上的印字就不那么牢固，用指甲刮起或用手指搓就能让字迹变淡或刮下来。

接着，看激光标签，真正盒装处理器外壳左侧的激光标签采用了四重着色技术，层次丰富，字迹清晰，假货则做不到这样精美。

最后，也可以通过厂商配合识别。盒装标签上有一串很长的编码，可以通过拨打 Intel 的查询热线来查询产品的真伪。

3.8.2　两款 CPU 简介

下面介绍 Intel 公司的一款 CPU 和 AMD 公司的一款 CPU。

1. Intel CPU

首先了解一下 Intel 酷睿 i7 980 六核 CPU，其外观如图 3-34 所示。

Intel 酷睿 i7 980 CPU 的性能指标：

基本参数

适用类型：台式机

CPU 系列：酷睿 i7 900 至尊版

包装形式：散装

CPU 频率

CPU 主频：3.33 GHz

最大睿频：3.6 GHz

外频：133 MHz

倍频：25 倍

总线类型：QPI 总线

总线频率：6.4 GT/s

CPU 插槽

插槽类型：LGA 1366

针脚数目：1366 pin

CPU 内核

核心代号：Gulftown

CPU 架构：Westmere

核心数量：六核心

线程数：十二线程

制作工艺：32 nm

热设计功耗(TDP)：130 W

内核电压：0.8～1.375 V

核心面积：239 mm^2

CPU 缓存

二级缓存：6×256 KB

三级缓存：12 MB

图 3-34　Intel 酷睿 i7 980 CPU

技术参数

指令集：MMX，SSE(1，2，3，3S，4.1，4.2)，EM64T，VT-x，AES

内存控制器：三通道 DDR3 800/1066

支持最大内存：24 GB

超线程技术：支持

虚拟化技术：Intel VT

64 位处理器：是

Turbo Boost 技术：支持

病毒防护技术：支持

显卡参数

集成显卡：否

其他参数

工作温度：67.9℃

其他性能：Intel 睿频加速技术，空闲状态，增强型 Intel SpeedStep 动态节能技术

2. AMD CPU

我们再来看看 AMD 羿龙 II X6 1100T CPU，其外观如图 3-35 所示。

AMD 羿龙 II X6 1100T 的性能指标：

基本参数

适用类型：台式机

CPU 系列：羿龙 II

包装形式：散装

CPU 频率

CPU 主频：3.3 GHz

外频：200 MHz

倍频：16.5 倍

总线类型：HT4.0 总线

总线频率：1600 MHz

图 3-35　AMD 羿龙 II X6 1100T CPU

CPU 插槽

插槽类型：Socket AM3

针脚数目：938 pin

CPU 内核

核心代号：Thuban

CPU 架构：K10.5

核心数量：六核心

线程数：六线程

制作工艺：45 nm

热设计功耗(TDP)：125 W

内核电压：1～1.475 V

CPU 缓存

一级缓存：6×128 KB

二级缓存：6×512 KB

三级缓存：6 MB

技术参数

指令集：MMX，3D NOW!，SSE，SSE2，SSE3，SSE4a

虚拟化技术：AMD VT

64 位处理器：是

Turbo Boost 技术：不支持

病毒防护技术：不支持

显卡参数

集成显卡：否

其他参数

工作温度：62℃

3.9　CPU 的使用

这一节介绍 CPU 的使用和 CPU 超频技术。

3.9.1　CPU 的使用

CPU 的使用要注意轻拿轻放、散热、风扇的使用和超频。

1. 注意轻拿轻放

在拿放 CPU 时，都需要注意轻拿轻放，因为稍不注意就有可能弄坏或弄弯 CPU 的针脚。而且，特别要注意防止静电，拿 CPU 前一定要去掉身体上的静电。

2. 注意散热

现在 CPU 的功耗越来越大，如果不注意散热，将导致 CPU 被烧毁。特别是使用 AMD CPU 的用户更应注意，因为 CPU 的发热量相当大，在没有安装散热风扇的情况下，CPU 会在半分钟之内烧毁。

3. CPU 风扇

在购买盒装的 CPU 时，一般都有与之配套的风扇。一般的散装 CPU 不带散热风扇，在购买散装 CPU 后，不要忘了买一个合适的与 CPU 配套的风扇。

CPU 风扇是由散热片和散热风扇两部分组成的，有时为了加强散热的效果，还在散热片上涂一层散热膏。更换 CPU 散热风扇，只需要将原来的 CPU 散热风扇取下，换上一个新的 CPU 散热风扇即可。在更换时要注意，取下和安装风扇时不应太用力，否则有可能将 CPU 压坏。

4. 超频

CPU 的频率越来越高，但是也有不少发烧友喜欢将 CPU 超频使用，以获得更好的性能，可是超频也会带来一些负面影响，如提升电压后 CPU 内部的电子迁移现象会更严重，有可能会缩短 CPU 的使用寿命，甚至在超频过程中烧毁 CPU。因此，对 CPU 超频应慎重。

3.9.2 CPU 的超频

下面我们来看看 CPU 的超频的知识。

1. 什么是超频？

所谓超频，就是让 CPU 高于额定频率工作，让 CPU 的频率和性能提高一档甚至多档。不言而喻，既然是超过额定频率工作，对 CPU 来说，肯定是有害的。因为超频会增加发热量，这的确会对 CPU 的寿命有一定影响，但 CPU 的设计是有余量的，特别是 Intel 的 CPU，其余量还相当大，这个"余量"就是超频的本钱。

CPU 主频 = 外频 × 倍频，外频是指 CPU 与外部接口(芯片组、内存、AGP 接口、PCI 总线)交换数据的频率，即 CPU 外部总线频率；而倍频是主频与外频之间的系数，因此可以通过更改外频和倍频来设置 CPU 主频。

2. 超频的原则

CPU 从生产线上出来，必须经过测试来确定其极限频率，再确定其正常工作的标称频率，打上标志后进入市场。为了安全起见，极限频率必须高出标称频率并保持一定的空间以备不测。我们要做的就是在稳定的前提下，创造条件尽量让 CPU 跑在它的极限频率之下，让它发挥最大的功效。

CPU 是一个集成了庞大数量晶体管的中央处理器，在很小的范围内集成了如此多的元件必将在工作时带来巨大的热量，而产生的高热量一方面使 CPU 的本身热噪声进一步增加，另外一方面，高热量也是产生电子迁移现象的主要因素，影响着 CPU 的寿命。因此，要想超频成功就必须解决 CPU 的散热问题。此外，个体差异也是影响 CPU 极限工作频率的主要因素，个体差异是在生产的过程中材料、工艺和生产线调整不同而造成，有的 CPU 天生就具有特别出众的超频能力。

除了 CPU 可以超频外，主板、显卡、硬盘等硬件均可以通过超频来提高设备的性能，但是在超频时，一定要注意超频上限，不要超过了头，否则就会造成微机工作不稳定甚至损坏硬件。

在超频以后，硬件将会承受更高的考验，同时产生的热量也会提高，如果造成散热不良，有可能就会使系统在运行了一段时间后死机，将会导致"电子迁移"现象的发生，有可能损坏芯片。

3. 超频的方法

在掌握了超频的利弊和原理，并且准备好了相关的工具及配件后，就可以对 CPU 进行超频了，CPU 超频主要有两种方式：一个是硬件设置，一个是软件设置。其中硬件设置比较常用，它又分为跳线设置和 BIOS 设置两种。

(1) 跳线设置超频。早期的主板多数采用了跳线或 DIP 开关设定的方式来进行超频。

在这些跳线和 DIP 开关的附近，主板上往往印有一些表格，记载的就是跳线和 DIP 开关组合定义的功能。在关机状态下，就可以按照表格中的频率进行设定。重新开机后，如果电脑正常启动并可稳定运行就说明我们的超频成功了。

(2) BIOS 设置超频。现在主板基本上都放弃了跳线设定和 DIP 开关的设定方式更改 CPU 倍频或外频，而是使用更方便的 BIOS 设置，可以通过设置 BIOS 参数实现超频。

(3) 用软件实现超频。用软件实现超频就是通过软件来超频。这种超频更简单，它的特点是设定的频率在关机或重新启动电脑后会复原，如果不敢一次实现硬件设置超频，可以先用软件超频试验一下超频效果。最常见的超频软件包括 SoftFSB 和各主板厂商自己开发的软件。它们的原理都大同小异，都是通过控制时钟发生器的频率来达到超频的目的。

实验三 CPU 的安装与拆卸

本实验要求掌握安装和拆卸 CPU 的方法。一般来说不同架构的 CPU 的安装方法几乎相同。

1. CPU 的安装

CPU 的安装步骤如下：
(1) 首先扳开固定杆，将上盖打开；
(2) 取下插槽上的黑色塑料保护盖；
(3) 把 CPU 平放在插槽内，由于有防插反缺口，所以方向不正确是放不进去的；
(4) 把上盖盖上，并且扣上固定杆，CPU 的安装就完成了；
(5) 安装散热器；
(6) 将风扇盖在 CPU 上方，并将散热器扣环压入主机板孔位，向下压紧扣环，以锁定散热器；
(7) 最后将风扇电源线安装在主机板上。
CPU、散热器安装完成。

2. CPU 的拆卸

CPU 的拆卸步骤如下：
(1) 拔掉风扇电源线；
(2) 取下散热器和风扇；
(3) 扳开固定杆；
(4) 取下 CPU。

习   题

1. 填空题

(1) 所谓双核心处理器，简单地说就是在一块 CPU 基板上集成_____。
(2) 用来表示 CPU 的运算速度的是_____。

(3) CPU 在单位时间内能一次处理的二进制数字的位数叫_____。

(4) _____是 CPU 主频与外频之间的比例关系，等于主频比外频。

(5) _____也指单芯片多处理器。

2. 选择题

(1) CPU 物理组成可分为 _____以及接口等部分。

  A. 内核   B. 基板

  C. 填充物   D. 封装

(2) _____让同一个处理器上的多个线程同步执行并共享处理器的执行资源。

  A. 超流水线   B. 超标量

  C. 多核心   D. 多线程

(3) 所谓_____就是把 CPU 本身所设定的频率提高的方法。

  A. 外频   B. 超频

  C. 倍频   D. 主频

3. 判断题

(1) 四核处理器实际上是将两个 Conroe 双核处理器封装在一起。 ( )

(2) Core i7 处理器是 64 位四内核 CPU。 ( )

(3) 盒装和散装产 CPU 稳定性以及可超频潜力方面不存在任何差距。 ( )

4. 问答题

(1) CPU 由哪些部分组成？

(2) CPU 有哪些性能指标？

(3) 如何选购 CPU？

5. 操作题

(1) 从计算机主板上取下 CPU，认识它的结构，并观察是什么公司的产品。

(2) 去市场上看看，让商家为你介绍不同公司的 CPU，了解它们的性能。

(3) 使用测试软件测试一下使用的 CPU 性能指标。

第4章 存储设备

存储器是计算机系统中的记忆设备,用来存放程序和数据。计算机的存储器分为内存储器和外存储器,内存指主板上的存储部件,用来存放当前正在执行的数据和程序,外存储器主要包括存储系统文件和数据的硬盘、读写光盘的光驱、存储数据的光盘、方便携带的 U 盘、大容量存储的移动硬盘和便携数码产品等。本章主要介绍内存、硬盘、光驱、光盘、U 盘、移动硬盘等存储设备的组成、分类、性能指标、选购和使用的知识。

4.1 内 存

内存(Memory)也称内存储器或主存,用于暂时存放 CPU 的运算数据和与外部存储器交换的数据。图 4-1 所示为金士顿内存。

图 4-1 金士顿 8 GB DDR3 1600 内存

内存的主要作用是用来临时存放数据,再与 CPU 协调工作,从而提高整机性能。内存作为个人计算机硬件的必要组成部分之一,其地位越来越重要,内存的容量与性能已成为衡量计算机整体性能的一个决定性因素。

4.1.1 内存的组成

主流的 DDR 内存主要由电路板 PCB、金手指、内存芯片、SPD 芯片和电容、电阻等几部分组成。

1. PCB 板

内存条的 PCB 板多数都是绿色的。如今的电路板设计都很精密,所以都采用了多层设计,例如 4 层或 6 层等,所以 PCB 板实际上是分层的,其内部也有金属的布线。理论上 6 层 PCB 板比 4 层 PCB 板的电气性能要好,性能也较稳定,所以名牌内存多采用 6 层 PCB 板制造。因为 PCB 板制造严密,所以从肉眼上较难分辨 PCB 板是 4 层或 6 层,只能借助一些印在 PCB 板上的符号或标识来断定。

2. 金手指

金手指(Connecting Finger)是内存条与内存插槽之间的连接部件,所有的信号都是通过金手指进行传送的,如图 4-2 所示。

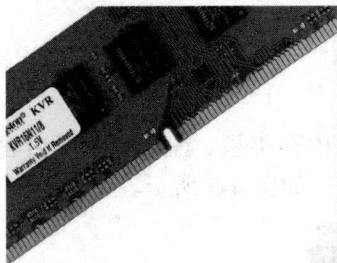

图 4-2　内存金手指　　　　图 4-3　内存芯片　　　　图 4-4　内存固定缺口

金手指由众多金黄色的导电触片组成,因其表面镀金而且导电触片排列如手指状,所以称为"金手指"。金手指是铜质导线,使用时间长就可能有氧化的现象,会影响内存的正常工作,易发生无法开机的故障,所以可以隔一年左右时间用橡皮擦清理一下金手指上的氧化物。

3. 内存芯片

内存上的内存芯片也称内存颗粒,用于临时存储数据,它是内存中最重要的元件,内存的性能、速度、容量都是由内存芯片决定的,如图 4-3 所示。

4. SPD 芯片

SPD 是什么?SPD(Serial Presence Detect,串行表象探测)是一颗 8 针的 EEPROM,容量为 256 字节,里面主要保存了该内存的相关资料,如容量、芯片厂商、内存模组厂商、工作速度等。SPD 的内容一般由内存模组制造商写入。支持 SPD 的主板在启动时自动检测 SPD 中的资料,并以此设定内存的工作参数。

5. 内存固定卡缺口

主板上的内存插槽上有两个夹子,用来牢固地扣住内存,内存上的缺口是用于固定内存的,如图 4-4 所示。

6. 内存颗粒空位

采用的封装模式预留了一片内存芯片为其他采用封装模式的内存条使用(这块预留 ECC 校验模块位置)。

7. 金手指缺口

金手指上的缺口的作用,一是用来防止内存插反(只有一侧有),二是用来区分不同类型的内存。

8. 电容

内存上的电容采用贴片式电容。电容的作用是滤除高频干扰,以提高内存条的稳定性。

9. 电阻

内存上的电阻采用贴片式电阻。因为在数据传输过程中要对不同的信号进行阻抗匹配和信号衰减，所以许多地方都要用到电阻。在内存的 PCB 板设计中，使用什么样阻值的电阻往往会对内存的稳定性产生很大的影响。

10. 内存脚缺口

内存脚缺口是为了防止内存插反并区分不同的内存。

11. 内存标签

内存上一般贴有一张标签，上面印有厂商名称、容量、内存类型、生产日期等内容，其中还可能有运行频率、时序、电压和一些厂商的特殊标识，如图 4-5 所示。

图 4-5　内存标签

内存标签是了解内存性能参数的重要依据。

12. 散热器

对于 DDR2、DDR3 内存条，由于其发热量较大，有些会外加散热片，以提高散热效果，如图 4-6 所示。

图 4-6　内存散热器

4.1.2　内存的分类

按照内存的性能分类，内存可以分为 FPM RAM 内存、EDO RAM 内存、SDRAM 内存、RDRAM 内存、DDR SDRAM 内存、DDR2 SDRAM 内存、DDR3 SDRAM 内存和 DDR4 SDRAM 内存。目前使用的多是 DDR2 SDRAM 内存和 DDR3 SDRAM 内存。

1. DDR　SDRAM 内存

DDR SDRAM(Dual Date Rate SDRAM)简称 DDR，也就是"双倍速率 SDRAM"的意思。DDR SDRAM 也可以说是传统 SDRAM 的升级版本，最重要的改变是在数据传输界面上。DDR SDRAM 内存条用在 Pentium 4 级别的计算机上。DDR SDRAM 有 184 个引脚，常见容量有 128 MB、256 MB、512 MB 等。

2. DDR2 SDRAM 内存

DDR2 内存是 DDR 内存的换代产品，它们的工作时钟为 400 MHz 或更高。针对 PC 等市场的 DDR2 内存拥有 400 MHz、533 MHz、667 MHz 等不同的时钟频率。高端的 DDR-2

内存拥有 800 MHz、1000 MHz 两种频率。DDR2 内存将采用 200、220、240 针脚的 FBGA 封装形式。

3. DDR3 SDRAM 内存

2007 年，出现了 DDR3 SDRAM 内存。DDR3 内存相比起 DDR2 内存有更低的工作电压，性能更好且更省电，可达到的频率更高。在针脚定义方面，DDR3 表现出很强的独立性，甚至敢于彻底抛弃 TSOPII 与 mBGA 封装形式，采用更为先进的 FBGA 封装。DDR3 内存用了 0.08 μm 制造工艺制造，将工作在 1.5 V 的电压下。

DDR3 SDRAM 内存条用在 Intel Core 2 级别的 P35 芯片组的计算机上。DDR3 SDRAM 与 DDR2 SDRAM 一样，也有 240 个针脚，但 DDR3 SDRAM 针脚隔断槽口与 DDR2 SDRAM 不同，DDR3 SDRAM 内存左右两侧安装卡口与 DDR2 SDRAM 不同。DDR3 SDRAM 常见容量有 1 GB、2 GB、4 GB、8 GB 等。

4. DDR4 SDRAM 内存

DDR4 内存是新一代的内存规格。2011 年 1 月 4 日，三星电子完成史上第一条 DDR4 内存。DDR4 内存相比 DDR3 内存，它采用 16bit 预取机制(DDR3 为 8 bit)，同样内核频率下理论速度是 DDR3 的两倍，频率达到 2133~2667 MHz，有更可靠的传输规范，数据可靠性进一步提升；工作电压降为 1.2~1.0 V，更节能。

4.1.3　内存的封装

内存是由数量庞大的集成电路组成的，只不过这些电路都需要最后封包完成。这类将集成电路封包的技术就是封装技术。根据内存的封装形式，可以将内存分为以下几类。

1. SOJ

SOJ(Small Out-Line J-Lead，小尺寸 J 形引脚封装)封装方式是指内存芯片的两边有一排小的 J 形引脚，直接粘着在印刷电路板的表面上。SOJ 封装一般用在 EDO RAM 内存上。由于这种封装方式存在许多不足，现已经被淘汰。

2. TSOP

TSOP(Thin Small Outline Package，薄型小尺寸封装)的一个典型特点就是在封装芯片的周围做出很多引脚，如 SDRAM 内存的集成电路两侧都有引脚，SGRAM 内存的集成电路 4 面都有引脚。TSOP 封装操作方便，可靠性比较高，是目前主流的封装形式。改进的 TSOP 技术 TSOP II 目前广泛应用于 SDRAM、DDR SDRAM 内存的制造上。

3. BGA

BGA(Ball Grid Array Package，球栅阵列封装)的最大特点是 BGA 芯片的边缘没有针脚，而是通过芯片下面的球状引脚与印制板连接。采用 BGA 封装可以使内存在体积不变的情况下将内存容量提高 2~3 倍。与 TSOP 相比，BGA 具有更小的体积、更好的散热性能和电气性能。DDR2 标准规定所有 DDR2 内存均采用 FBGA(Fine Pitch Ball Grid Array，BGA 的改进型)封装形式。

4. BLP

BLP(Bottom Lead Package，底部引脚封装)封装方式是在传统封装技术的基础上采用的一种逆向电路，由底部直接伸出引脚，其优点就是能节省大约 90% 的电路，使封装尺寸及芯片表面温度大幅下降。和传统的 TSOP 封装的内存颗粒相比，BLP 封装明显要小很多。BLP 封装与 Kingmax 内存的 Tiny-BGA 封装比较相似，BLP 的封装技术使得电阻值大幅下降，芯片温度也大幅下降，工作的频率可达到更高。

5. CSP

CSP(Chip Scale Package，芯片级封装)作为新一代封装方式，其性能又有了很大的提高。CSP 封装不但体积小，同时也更薄，更能提高内存芯片长时间运行的可靠性，芯片速度也随之得到大幅度的提高。目前该封装方式主要用于高频 DDR 内存。

4.1.4 内存的性能指标

内存的性能指标主要有内存容量、存取速度、工作电压、SPD 芯片和内存的封装类型等。

1. 容量

内存容量是指该内存条的存储容量。内存容量以 GB 为单位，内存容量越大，越有利于系统的运行。系统中内存的数量等于插在主板内存插槽上所有内存条容量的总和。

目前，计算机中使用的内存为 DDR3，大小为 1 GB、2 GB、4 GB、6 GB、8 GB 等，套装的有 2×2 GB、2×4 GB、3×2 GB、3×4 GB、4×2 GB、4×8 GB、8×8 GB 等。

2. 存取速度

内存条的速度一般用存取一次数据的时间(单位一般用 ns)作为性能指标，时间越短，速度就越快。

3. 工作电压

内存的工作电压指内存正常工作所需要的电压值，不同类型的内存电压也不同，各有各的规格，不能超出规格，否则会损坏内存。SDRAM 内存工作电压为 3.3 V 左右，DDR SDRAM 内存工作电压为 2.5 V 左右，DDR2 SDRAM 内存的工作电压为 1.8 V 左右，DDR3 内存的工作电压在 1.5 V 左右，DDR4 内存的工作电压为 1.0~1.2 V。

4. SPD 芯片

SPD 是内存条正面右侧的一块 8 管脚小芯片，里面保存着内存条的速度、工作频率、容量、工作电压、CAS、tRCD、tRP、tAC、SPD 版本等信息。

5. 内存的封装类型

内存的封装方式主要有 SOJ、TSOP、BGA、BLP、CSP 五种，封装方式也影响着内存的性能。

6. 内存的线数

内存的线数是指内存条与主板接触时接触点的个数，这些接触点就是金手指，有 72 线、168 线和 184 线等。72 线、168 线和 184 线内存条数据宽度分别为 8 位、32 位和 64 位。

7. CAS 等待时间

CAS 等待时间指从读命令有效(在时钟上升沿发出)开始，到输出端可以提供数据为止的这一段时间，一般是 2 个或 3 个时钟周期，它决定了内存的性能，在同等工作频率下，CAS 等待时间为 2 的芯片比 CAS 等待时间为 3 的芯片速度更快、性能更好。

4.1.5 内存的选购

内存性能的好坏关系到计算机工作的稳定性,因此选购内存时,除了需要考虑内存的容量外,还要考虑内存的质量。

1. 选购内存的方法

内存是计算机中最重要的配件之一,内存的容量及性能是影响整台计算机性能最重要的因素之一。提高配备内存的容量,可提高计算机的整体性能。选购内存时,需要注意以下几个方面:

(1) 从外观入手。一般大品牌的内存 PCB 板走线清晰,布局合理,布线细致,焊接工整,只要对比就可以看出优劣。同时,金手指部分要挑色彩纯正、没有刮伤和发乌的内存条,这样可保证内存具有极好的耐磨和防氧化特性。

此外,一些大的品牌,还会在内存 PCB 板之间覆盖铜箔,这也是大品牌成本更高的原因。如有一内存绿色 PCB 板上"6"的数字代表 6 层 PCB 板,而内存颜色较为翠绿而非墨绿色的部分则表示覆盖了铜箔,保证内存拥有更为良好的电气性能。

(2) 兼容性问题。插上内存后计算机蓝屏,玩游戏时被强制弹出或突然死机等现象,其实这些大都是计算机兼容性问题导致的。出现这类情况,首先要检查内存接触是否正常并重新安插内存,然后确认双通道混插是否正确,是否在同色插槽插同规格内存。如果确认双通道混插没有问题,接下来可以通过升级主板 BIOS 来解决。如果还不行,就可能是所购买的内存与主板之间产生了兼容性问题。

(3) 内存插槽。不同的主板提供有不同线数的内存插槽,它们分别要求使用相应线数的内存条。配置时应仔细阅读主板说明书,看是否符合要求。

(4) 频率要匹配。内存芯片的速度应与主板的速度匹配,不能低于主板运行的速度,否则会影响整个计算机系统的性能。

(5) 容量与规格。Windows 8 操作系统和现在的应用软件一样对内存容量的要求越来越高,2 GB 内存已经成为计算机流畅运行的最低要求,如要进行大型 3D 游戏或三维软件渲染等操作,可考虑 4 GB 甚至 8 GB 的内存。

尽量选用单条大容量内存,单条内存电气性能稳定,在同容量下单条内存要明显好于两条,出错的概率也小。

(6) 内存的做工。内存的做工影响着内存的性能,一般来说,要使内存能稳定的工作,要求使用的 PCB 板层数应在 6 层以上,否则内存在工作时容易出现不稳定的情况。内存做工的好坏直接影响计算机性能和稳定性。

2. 一款内存介绍

下面介绍一款威刚 8 GB DDR3 1600(游戏威龙)内存,如图 4-7 所示。

基本参数

适用类型:台式机

内存容量:8 GB

容量描述:单条(8 GB)

内存类型:DDR3

图 4-7　威刚 8 GB DDR3 1600 内存

内存主频：1600 MHz

针脚数：240 pin

其他参数

工作电压：1.5～1.8 V

保修信息

保修政策：全国联保，享受三包服务

质保时间：终身质保

4.1.6　内存的使用

内存的使用应注意下面几点：

1. 使用内存时应注意的问题

内存是比较娇贵的电子产品，最怕的就是静电，因此在插拔内存时一定要注意先释放静电。其次，内存在使用过程中绝对不能带电插拔，否则会烧毁内存甚至烧毁主板。

2. 内存故障的确认方法

内存是数据传输的通道，一般来说，当内存出现故障时，计算机运行会表现得不稳定，经常出现蓝屏、死机等现象。这时如果排除了操作系统不稳定或病毒等原因，则很可能是内存出故障了。

通过替换法，将有故障的内存换到另一台能稳定运行的计算机上再观察其运行状态，如果该计算机也运行不稳定，则可判断内存出现故障。

也可通过专用的内存测试软件来测试计算机的稳定性，如计算机不能稳定通过测试，也表明内存有问题。

3. 内存的升级

内存升级时尽量使用相同的内存，选择相同品牌、相同芯片的内存也是一个避免兼容性问题的有效方法。

4.2　硬　　盘

硬盘(Hard Disk Drive，简称 HDD)是计算机主要的存储媒介之一，由一个或者多个铝制或者玻璃制的碟片组成，碟片外覆盖有铁磁性材料。如图 4-8 所示为希捷硬盘，其容量为 2.0 TB。

硬盘是计算机中容量最大的存储设备，相比其他外部存储设备具有容量大、存取速度快等优点。计算机运行时必需的操作系统、大量的应用程序和数据等资料都是保存在硬盘中的。

图 4-8　希捷硬盘

4.2.1 硬盘的组成

硬盘是一个集机、电、磁于一体的存储设备，其结构复杂，硬盘的外壳是一个金属盒子，正面贴有产品标签，其上有厂家的信息和产品信息。

1. 硬盘的外部组成

硬盘的背面是控制电路板，在电路板上有很多芯片，主要用来对硬盘进行控制；而在硬盘的侧面有电源插座，硬盘主、从状态设置跳线器和数据线连接插座。硬盘的外部结构如图 4-9 所示。

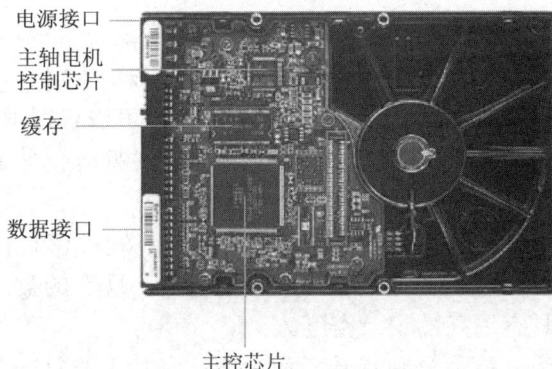

图 4-9　硬盘的外部结构

(1) 缓存芯片。缓存芯片是指在硬盘内部的高速缓冲存储器。这就是我们经常说的缓存，其实就和内存条上的内存颗粒一样，是一片 SDRAM。缓存的作用主要是和硬盘内部交换数据，我们平时所说的内部传输率其实也就是缓存和硬盘内部之间的数据传输速率。

(2) 电源接口。电源接口与主机电源相连，作用是为硬盘正常工作提供电力保证。电源接口与主机电源相连，为硬盘工作提供能源。

(3) 跳线。在硬盘电源接口旁有一个 8 针或 9 针的跳线，是用来设置硬盘的主、从状态，主要应用于 IDE 接口硬盘。

(4) 数据接口。数据接口是硬盘和主板控制器之间进行数据传输交换的纽带，根据连接方式的差异，分为 IDE、SATA 和 SCSI 等接口。

(5) 电容。硬盘存储了大量的数据，为了保证数据传输时的安全，需要高质量的电容使电路稳定。

(6) 控制电路板。电路板是硬盘的电路部分，包括主轴调速电路、磁头驱动与伺服定位电路、读写电路、控制与接口电路等。在电路板上还有一块高效的 ROM 芯片，其固化的软件可以进行硬盘的初始化、加电和启动主轴电动机、加电初始寻道、定位及故障检测等操作。为了稳定运行和加强散热，控制电路板都裸露在硬盘表面的。在电路板上还安装有高速缓存芯片，通常容量为 2 MB 或 8 MB，而目前最新产品为了获得更高的传输效率，其数据缓存也逐步增大。

2. 硬盘的内部结构

硬盘内部结构由固定面板、控制电路板、盘头组件、接口及附件等几大部分组成，而盘头组件(Hard Disk Assembly，HDA)是构成硬盘的核心，封装在硬盘的净化腔体内，包括磁头组件、磁盘片、主轴组件及前置控制电路等，如图4-10所示。

图4-10　硬盘的内部结构

(1) 磁头组件。磁头是硬盘中最昂贵的部件，也是硬盘技术中最重要和最关键的一环，它负责读写硬盘盘片上的数据。磁头组件由读写磁头、传动手臂、传动轴三部分组成。当加电后磁头与磁盘表面之间有 $0.1 \sim 0.3~\mu m$ 的间隙，这样可以获得很好的数据传输率。

(2) 前置控制电路。前置控制电路由音圈电机和磁头驱动小车组成，新型大容量硬盘还具有高效的防震动机构。

(3) 盘片和主轴组件。盘片是硬盘存储数据的载体，它被密封在硬盘内部，上面附着磁性物质，运用这些磁性物质就可达到读写数据的目的。现在的盘片大都采用金属薄膜磁盘，这种金属薄膜磁盘具有更高的记录密度。

硬盘由多个盘片组成，单片分别有 0 面和 1 面；盘片上的每一个同心圆为一个磁道，最外面为 0 道；每一个磁道又分为多个扇区，每个扇区都是 512 字节；每个盘片的相同磁道形成柱面。磁头静止不动的地方称为"着陆区"；硬盘的容量一般表示为：面数 × 每面磁道数 × 每磁道扇区数 × 每扇区字节数。

(4) 主轴组件。主轴组件包括轴瓦和驱动电机等。驱动电机又可分为滚珠轴承电机和液态轴承电机两种。滚珠轴承马达工作时温度高，噪声大，磨损严重，转速相对较慢，但价格较低。液态轴承马达以解决了滚珠轴承马达上的问题同时还有很好的抗震能力，使硬盘寿命延长。

4.2.2　硬盘的分类

目前，计算机的硬盘可按盘径尺寸和接口类型进行分类。

1. 按盘径尺寸分类

计算机硬盘按内部盘径尺寸可以分为 5.25 英寸、3.5 英寸、2.5 英寸、1.8 英寸、1 英寸和 0.8 英寸等，5.25 英寸硬盘已经退出市场。3.5 英寸硬盘主要用在台式机中，容量有 500 GB、750 GB、1 TB、1.5 TB、2 TB、3 TB、4 TB 等。2.5 英寸硬盘主要用在笔记本电脑中，容量有 320 GB、500 GB、750 GB、1 TB、1.5 TB、2 TB 等。1.8 英寸、1 英寸和 0.8 英寸硬盘主要用在小型笔记本电脑、PDA、MP3、CF 卡中，称为微型硬盘。

2. 按接口类型分类

按接口类型可以把硬盘分为：IDE 接口硬盘、Serial ATA 接口硬盘、SCSI 接口硬盘和光纤通道硬盘。

(1) IDE 接口硬盘。IDE 是智能驱动设备(Intelligent Drive Electronics)或集成驱动设备

(Integrated Drive Electronics)的缩写。IDE 接口是一个集成存储设备的接口，通过它，控制器被集成在硬盘驱动器或光盘驱动器中。IDE 接口硬盘采用 ATA(Advanced Technology Attachment)规范，因此一般也称为 ATA 硬盘。

(2) SATA 接口硬盘。SATA 接口为新一代硬盘传输规范。SATA 标准是 Serial ATA 标准简称，SATA 采用点对点传输模式，以保证每块硬盘都能够独享通道带宽，而且没有主、从的限制。其数据线更长、更细，数据线的长度可以达到 1 m，如图 4-11 所示。

串行接口还具有结构简单、支持热插拔、传输速率快的优点。与原来的并行总线相比，SATA 的工作频率大大提升，数据传输性能有了很大提高。

图 4-11 SATA 数据线

(3) SCSI 接口硬盘。SCSI(Small Computer System Interface，小型计算机系统接口)最早研制于 1979 年，最初是为小型计算机研制的一种接口技术，但随着计算机技术的发展，现在它被完全移植到了普通微型计算机上。它具有适应面广、多任务、CPU 占用率低、数据传输速率高、支持热插拔等优点，但价格较高，需专用接口，故没有普及。

4.2.3 硬盘的性能指标

硬盘的性能指标包括：容量、转速、平均寻道时间、最大内部数据传输率和最大外部数据传输率、自动检测分析及报告技术、连续无故障时间、缓存等。

1. 容量

硬盘容量就是硬盘的大小，单位为 MB、GB 和 TB。目前，主流硬盘容量一般为 1 TB、2 TB、3 TB 和 4 TB 等，1 TB = 1024 GB。

2. 单碟容量

单碟容量(Storage Per Disk)是指硬盘单片盘片的容量，硬盘的盘片数是有限的，单碟容量越大，单位成本越低，平均访问时间也越短。硬盘是由多个存储碟片组合而成的，而单碟容量就是一个存储碟片所能存储的最大数据量。硬盘厂商在增加硬盘容量时，可以通过两种手段：一个是增加存储碟片的数量，但受到硬盘整体体积和生产成本的限制，碟片数量都受到限制，一般都在 5 片以内；而另一个办法就是增加单碟容量。硬盘的单碟容量有 320 GB、500 GB、800 GB 和 1000 GB 等。

3. 盘片数

硬盘的盘片数就是组成硬盘的盘片的个数，盘片数一般有 1、2、3、4 和 5 几种，在相同总容量的条件下，盘片数越少，硬盘的性能越好。

4. 转速

硬盘的转速与硬盘性能关系非常大，转速是指带动碟片转动的主轴转动的速度。目前 ATA 和 SATA 硬盘的主轴转速一般为 5400 r/min、5900 r/min、7200 r/min 和 10 000 r/min。

5. 平均寻道时间

平均寻道时间(MTBF)指硬盘在盘面上移动读写头至指定磁道寻找相应目标数据所用

的时间，它描述硬盘读取数据的能力，单位为毫秒，一般在 7～12 ms 之间。当单碟片容量增大时，磁头的寻道动作和移动距离减少，从而使平均寻道时间减少，加快硬盘速度。

6. 连续无故障时间

连续无故障时间指硬盘从开始运行到出现故障的最长时间。一般硬盘的 MTBF 至少在 30 000 或 40 000 小时，性能好的硬盘甚至可以达到 50 000 小时以上。

7. 缓存

硬盘通过磁头在碟片上来回移动读写数据为机械操作，速度比较慢。硬盘缓存提供一个数据的缓冲区域，把从硬盘读取的数据暂时保存，然后一次性传输出去，或者把从总线传输来的数据暂时保存，然后逐渐写入硬盘。目的是解决硬盘与计算机其他部件速度不匹配的问题。

8. 硬盘表面温度

硬盘表面温度指硬盘工作时产生的温度使硬盘密封壳温度上升情况。硬盘工作时产生的温度过高将影响薄膜式磁头(包括 MR 磁头)的数据读取灵敏度，因此硬盘工作表面温度较低的硬盘有更好的数据读、写稳定性。

9. 数据保护技术

硬盘数据保护技术主要是 S.M.A.R.T.技术。

S.M.A.R.T.技术的全称是 Self-Monitoring, Analysis and Reporting Technology，即"自监测、分析及报告技术"。在 ATA-3 标准中，S.M.A.R.T.技术被正式确立。S.M.A.R.T.监测的对象包括磁头、磁盘、马达、电路等，由硬盘的监测电路和主机上的监测软件对被监测对象的运行情况与历史记录及预设的安全值进行分析、比较，当出现安全值范围以外的情况时，会自动向用户发出警告，而更先进的技术还可以提醒网络管理员的注意，自动降低硬盘的运行速度，把重要数据文件转存到其他安全扇区，甚至把文件备份到其他硬盘或存储设备。通过 S.M.A.R.T.技术，确实可以对硬盘潜在故障进行有效预测，提高数据的安全性。

4.2.4　硬盘的选购

由于目前计算机的操作系统、应用软件和各种各样的影音文件的体积越来越大，因此选购一个大容量的硬盘是必然趋势。另外，还需要考虑硬盘的接口、缓存、售后服务等其他因素。

1. 选购硬盘的方法

选购硬盘应注意以下几个问题。

(1) 硬盘的容量。选用硬盘时，一定要兼顾将来扩充和升级的需要。建议购买时最好选择容量在 1 T 以上的硬盘，避免以后出现硬盘空间不足的问题。

(2) 硬盘的接口。购买硬盘时必须考虑主板上为硬盘提供了何种接口，否则购买回来的硬盘可能会由于主板不支持该接口而不能使用。目前的 SATA 接口有 SATA1.0、SATA2.0 和 SATA3.0 三种。

(3) 硬盘的缓存。硬盘的缓存有 8 MB、16 MB、32 MB 和 64 MB，缓存大的硬盘性能会更好。因此在价格差距不大的情况下建议购买大缓存的硬盘。

(4) 硬盘的售后服务。硬盘本身的价值并不高，但是硬盘内保存的数据价值往往超过了硬盘本身。市场上销售的硬盘大多都提供了 3 到 5 年质保，并且提供数据恢复服务。因此，在选购硬盘时，建议选购质保期长的硬盘。

2. 一款硬盘简介

图 4-12 所示是一款希捷 Barracuda XT 4 TB 硬盘。

基本参数

适用类型：台式机

硬盘尺寸：3.5 英寸

硬盘容量：4000 GB

缓存：64 MB

转速：7200 r/m

接口类型：SATA3.0

接口速率：6 GB/s

性能参数

外部传输速率：210 MB/s

平均寻道时间：4.16

图 4-12　希捷 Barracuda XT 硬盘

其他参数

产品尺寸：146.99 mm × 101.6 mm × 26.1 mm

产品重量：626 g

4.2.5　硬盘的使用

硬盘中保存了大量的应用程序和数据，硬盘损坏可能给用户带来不可估量的损失，因此使用硬盘时应注意使用和维护的方法。下面就给大家介绍一些硬盘在使用过程中应注意的问题：

(1) 硬盘读写时不能关掉电源。硬盘进行读写时，处于高速旋转状态中，在硬盘如此高速旋转时，忽然关掉电源，将导致磁头与盘片猛烈摩擦，从而损坏硬盘。所以在关机时，一定要注意面板上的硬盘指示灯，确保硬盘完成读写之后再关机。

(2) 注意防尘。环境中灰尘过多，会被吸附到印制电路板的表面及主轴电机的内部。硬盘在较潮湿的环境中工作，会使绝缘电阻下降。这两个现象轻则引起工作不稳定，重则使某些电子器件损坏或某些对灰尘敏感的传感器不能正常工作。因此，要保持环境卫生，减少空气中的含尘量。

(3) 防止震动。硬盘是十分精密的设备，工作时磁头在盘片表面的浮动高度只有几微米。不工作时，磁头与盘片是接触的。硬盘在进行读写操作时，一旦发生较大的震动，就可能造成磁头与数据区相撞击，导致盘片数据区损坏或划盘，甚至丢失硬盘内的文件信息。因此，在工作时或关机后，主轴电机尚未停机之前，严禁搬运硬盘，以免磁头与盘片产生撞击而擦伤盘片表面的磁层。在硬盘的安装、拆卸过程中更要加倍小心，严禁摇晃、磕碰。

(4) 防止潮湿和磁场。硬盘的主轴电机、步进电机及其驱动电路工作时都要发热，在使用中要严格控制环境温度，微机操作室内最好利用空调，将温度调节在 20～25℃。在炎热的夏季，要注意监测硬盘周围的环境温度不要超出产品许可的最高温度(一般为 40℃)。在潮湿的季节，要注意使环境干燥或经常给系统加电，靠自身的发热将机内水汽蒸发掉。另外，尽可能使硬盘不要靠近强磁场，以免硬盘里所记录的数据因磁化而受到破坏。

(5) 注意硬盘的整理。硬盘的整理包括两方面的内容：一是根目录的整理，二是硬盘碎块的整理。根目录一般存放系统文件和子目录文件，不要存放其他文件；操作系统、文字处理系统及其他应用软件都应该分别建立一个子目录存放。一个清晰、整洁的目录结构会为你的工作带来方便，同时也避免了软件的重复放置及"垃圾文件"过多浪费硬盘空间，还影响运行速度。硬度在使用一段时间后，文件的反复存放、删除，往往会使许多文件，尤其是大文件在硬盘上占用的扇区不连续，看起来就像一个个碎块。硬盘上碎块过多会极大地影响硬盘的速度，甚至造成死机或程序不能正常运行。

(6) 防止病毒。计算机病毒对硬盘中存储的信息是一个很大的威胁，所以应利用版本较新的杀毒软件对硬盘进行定期的病毒检测。发现病毒，应立即采取办法去清除。尽量避免对硬盘进行格式化，因为硬盘格式化会丢失全部数据并减少硬盘的使用寿命。当从外来U 盘拷贝信息到硬盘时，先要对 U 盘进行病毒检查，防止硬盘由此染上病毒。

4.3 光 驱

光盘驱动器(CD-ROM)的含义是只读光盘存储器，简称光驱。光驱是多媒体计算机不可缺少的组件之一，光驱外观如图 4-13。

图 4-13 微星光驱

4.3.1 光驱的组成

下面，我们从两个方面来看光驱的组成。

1. 光驱的外部组成

光驱的外部组成分为光驱正面和背面的部件。

(1) 光驱正面的部件。如图 4-14 所示，光驱的正面一般包含下列部件。

图 4-14 光驱正面

① 防尘门和 CD-ROM 托盘：用于放置光盘。

② 打开/关闭/停止键：控制光盘进出盒和停止 Audio CD 播放。

③ 读盘指示灯：显示光驱的运行状态。

④ 紧急出盒孔：用于断电或其他非正常状态下打开光盘托架。

(2) 光驱背面的部件。如图 4-15 所示，光驱的背面由以下几部分组成。

① 电源线插座：光驱后部设有供电接口，由电源电路为它提供直流电压。它有 +5 V(红线)和 +12 V(黄线)两种供电电压。

② 主从跳线：光驱和硬盘一样也有主盘和副盘之分，可根据需要通过此跳线开关设置。

图 4-15　光驱背面

③ 数据线插座：光驱通过多芯数据电缆与电脑主板进行数据传输，光驱跟硬盘一样使用 IDE 或者 SATA 数据线。

④ 音频线插座：此插座通过音频线和声卡相连。

2. 光驱的内部组成

光驱内部结构如图 4-16 所示，光驱的内部可分为底部结构和机芯结构这两大部分，其中机芯结构包含激光头组件、主轴电机、光盘托架、启动机构。

(1) 光驱的底部结构。光驱底部固定着机芯电路板，它包括了伺服系统和控制系统等主要的电路组成部分。

(2) 激光头组件。如图 4-17 所示，激光头组件包括光电管、聚焦透镜等组成部分，配合齿轮机构和导轨等机械组成部分的运行，在通电状态下根据系统信号确定、读取光盘数据并通过数据带将数据传输到系统。

图 4-16　光驱内部组成

图 4-17　激光头组件

(3) 主轴电机。主轴电机是光盘运行的驱动力，在光盘读取过程的高速运行中提供快速的数据定位功能。

(4) 光盘托架。光盘托架在开启和关闭状态下的光盘承载体。

(5) 启动机构。启动机构的作用就是控制光盘托架的进出和主轴马达的启动，加电时启动机构将使包括主轴马达和激光头组件的伺服机构都处于半加载状态中。

4.3.2 光驱的分类

光驱的分类有以下几种方法。

1. 按照读取光盘的种类及性能分类

光驱的种类繁多，按照读取光盘的种类及性能来分，可分为 CD-ROM、CD-R/CD-RW、DVD-ROM、DVD-RAM 等几大类。

(1) CD-ROM 驱动器。CD-ROM 驱动器是我们以前运用最广泛的一种，它支持所有符合 ISO9660 格式的光盘，如 CD-ROM、Video-CD、CD-R、CD-RW 等。接口类型有 ATAPI-IDE、SCSI、EIDE，还可支持 Ultra-DMA33 接口。

(2) CD-R/CD-RW 驱动器。CD-R 是小型可写光盘，该种类的存储设备可将数据在刻盘中写入一次，写完后 CD-R 光盘无法被改写，但可以在 CD-ROM 驱动器和 CD-R 刻录机上被多次读取。

CD-RW 比 CD-R 的功能更加强大，它提供了次数有限的读写功能，最大的特点是在 CD-R 的基础上可以多次写入数据。

随着 Combo 驱动器和 DVD 驱动器的普及，CD-RW 驱动器将逐步退出市场。

(3) DVD-ROM 驱动器。DVD-ROM 是数字视盘和数字万用盘的缩写，它是一种容量更大、运行速度更快的光存储技术。DVD-ROM 驱动器是用来读取 DVD 盘上数据的设备，从外形上看和 CD-ROM 驱动器一样。

DVD 速度的计算方法和 CD-ROM 不同。DVD 的单倍速是 1350 KB/s，而 CD-ROM 为 150 KB/s，约为 CD-ROM 驱动器的 9 倍。目前 DVD 驱动器采用的是波长为 635～650 mm 的红激光。DVD 的技术核心是 MPEG-Ⅱ标准，MPEG-Ⅱ标准的图像格式共有 11 种组合，DVD 采用的是其中"主要等级"的图像格式，使其图像质量达到广播级水平。DVD 驱动器也完全兼容现在流行的 VCD、CD-ROM 和 CD-R 等。但是普通的光驱却不能读 DVD 光盘。因为 DVD 光盘采用了 MPEG-Ⅱ标准进行录制的，所以播放 DVD 光盘上的视频数据使用支持 MPEG-Ⅱ解码技术的解码器。

DVD 的容量为 8.5 GB 以上，单倍速 DVD-ROM 的数据传输率大致等同于 9 倍速的 CD-ROM，目前已有 16 倍速的 DVD-ROM。

DVD-ROM 光驱不仅可读大容量的 DVD 光盘，也能向下兼容读取 CD-ROM 光盘。

(4) DVD-RAM 驱动器。DVD-RAM(DVD-Rewritable)是一种供计算机使用、可读写的光盘，不仅可以多次重复写入，也可以多次重复读取，规定的存储容量为 2.6 GB(单层)和 5.2GB(双层)。与 DVD-RW 不同的是，它刻录的光盘只能在 DVD-RAM 驱动器上才能读出，兼容性不高。

随着 DVD-R/RW 和 DVD+R/RW 的不断成熟，DVD-RAM 的市场份额将被逐步压缩，濒临淘汰。

(5) Combo 驱动器。Combo 在英文里的意思是"结合物"，而康宝(Combo)驱动器就是把 CD-RW 刻录机和 DVD 光驱结合在一起的"复合型一体化"驱动器。简单来说，Combo 就是集 CD-ROM、DVD-ROM、CD-RW 三位一体的一种光存储设备，最初它是被用在高端笔记本电脑上的，由于具有三重本领，所以迅速就在高端笔记本电脑里普及开来，这就是最初的康宝原形。

现在 DVD 刻录机与 Combo 驱动器的价格已经很接近，Combo 驱动器正在被 DVD 刻录机代替。

(6) DVD 刻录机。DVD 刻录机分 DVD-R/RW 和 DVD+R/RW，它们与 CD-R/RW 一样是在预刻沟槽中进行刻录。不同的是，这个沟槽通过定制频率信号的调制而成为"抖动"形，被称作抖动沟槽。它的作用就是更加精确地控制马达转速，以帮助刻录机准确掌握刻录的时机，这与 CD-R/RW 刻录机的工作原理是不一样的。另外，虽然 DVD-R/RW 和 DVD+R/RW 的物理格式是一样的，但由于 DVD+R/RW 刻录机使用高频抖动技术，所用的光线反射率也有很大差别，因此这两种刻录机并不兼容。

DVD-RW 和 DVD+RW 与 CD-RW 光盘类似，在其记录层上加入了相变材料，可以通过转换其状态来达到多次擦写的目的。在进行写入操作时，激光照射强度提升至最大，使写入区域的相变材料迅速超过熔点温度，之后立即停止照射进行冷却后，该区域就变为非结晶状态。在进行数据擦除时，用中等功率的激光对非结晶状态的区域进行相对长时间的照射，当该区域超过结晶温度时就调低功率，之后该区域就恢复为结晶状态。

(7) 蓝光(Blu-ray)光驱。蓝光(Blu-ray)光驱本质上也算是 DVD 光驱。不过，蓝光光驱是用蓝色激光读取光盘上的数据，它也是下一代 DVD 光驱的标准之一，因此这里将其单独作为一种光驱类型。

(8) HD-DVD 光驱。HD-DVD 光驱就是另一种下一代 DVD 光驱的标准。它也是用蓝色激光读取光盘上的文件，尽管在 HD-DVD 光盘中数据密度得到了大幅的提升，但其结构和当前使用的 DVD 光驱还是非常相似的。

2. 按照光驱的放置方式分类

根据光盘驱动器是否放在机箱内部，可将光驱分为内置式光盘驱动器和外置式光盘驱动器。它们主要的区别在于外置光驱比内置光驱方便移动，而且外置光驱的价格比内置式贵很多。

3. 按照光驱的接口分类

根据光驱的接口分类，可分为 IDE 接口光驱、SCSI 接口光驱、SATA 接口光驱、IEEE1394接口光驱和 USB 接口光驱。目前市面上的光驱所使用的接口与硬盘的接口是基本相同的，即也具有 ATA 接口和 SATA 接口两种。

4.3.3　光驱的性能指标

光驱的性能指标有速度、平均寻道时间和缓存容量等。

1. 速度

光驱的速度指的是标称速度，最初的单倍速是 150 KB/s，而 DVD-ROM 的单倍速为1358 KB/s。光驱的倍速均是指单倍速的倍数。例如，32×、48×、52×、56× 等，52 倍速意味着数据传输率为 52 × 150 KB/s。

2. 平均寻道时间

平均寻道时间(Average Access Time)又称为平均访问时间，它是指光存储产品查找一条位于 CD-ROM 光盘可读取区域中的数据道所花费的平均时间,单位是 ms。平均寻道时间越短,代表光存储所能提供的数据传输速度越快,连续传输表现也会更好。

3. 缓存容量

缓存通常用 Buffer Memory 表示,其作用是提供一个数据的缓冲区域,将读取的数据暂时保存,然后一次性进行传输和转换,目的是解决 CD-ROM 驱动器与计算机其他部件速度不匹配的问题。缓存越大,光驱连续读取数据的性能越好,目前一般的 CD-ROM 缓存为 2 MB,DVD-ROM 的缓存为 4 MB,刻录机的缓存普遍为 2 MB,有些甚至达到了 8 MB。

4. CPU 占用时间

CPU 占用时间(CPU Loading)是指光驱在维持一定的转速和数据传输率时所占用 CPU 的时间,它也是衡量光驱性能好坏的一个重要指标。CPU 占用时间越少,其整体性能就越好。

当光驱全速运行、试图读取质量不好的光盘数据或抓取 CD 音轨时,CPU 的占用时间会明显增加。

5. 纠错能力

纠错能力是,指光驱对质量不好的光盘或光盘表面的划痕的纠错能力,纠错能力越好,读取光盘的能力就越强。

要注意的是有的光驱以调大激光头的发射功率来增加纠错性,这样会加速激光头的老化。使光驱在使用一段时间后,读取能力大幅度下降。不过总的来说,纠错性强的光驱总会受到用户的喜爱。

4.3.4 光驱的选购

光驱的选购方法如下。

1. 光驱的选购

选择一台合适的光驱对用户来说很重要,如何选择可以考虑以下几个问题:

(1) 注意接口类型。虽然目前大多数光驱还是采用 ATA 接口,但按照光驱未来的发展趋势来看,SATA 接口的光驱必定会取代 ATA 接口的光驱,因此在选购光驱时最好选择SATA接口。

(2) 注重品牌。在很多人眼里,品牌似乎标志着一个产品的质量好坏,在市场上 Acer、华硕、源兴、飞利浦、索尼等都属知名品牌。这些名牌产品的质量一般都有保障。

(3) 售后服务。选购光驱时要注重厂家的售后服务,售后服务较好的厂家,一般其产品都具有比较稳定的性能。建议选择售后服务有保证的大品牌产品。

2. 一款光驱介绍

图 4-18 为华硕 DRW-24D1ST 光驱。

基本参数

光驱类型:DVD 刻录机

安装方式:内置(台式机光驱)

接口类型:SATA

缓存容量:2 MB

图 4-18 华硕 DRW-24D1ST 光驱

读取速度

DVD-R：16×

DVD-RW：8×

DVD-R DL：12×

DVD-RAM：12×

DVD+R：16×

DVD+RW：12×

DVD+R DL：12×

CD-ROM：48×

CD-R：48×

CD-RW：40×

DVD 视频播放：8×

VCD 播放：24×

Audio CD 播放：10×

写入速度

DVD-R：24×

DVD-RW：6×

DVD-R DL：8×

DVD-RAM：12×

DVD+R：24×

DVD+RW：8×

DVD+R DL：8×

CD-R：48×

CD-RW：32×

外观及其他

产品颜色：黑色

产品尺寸：170 mm × 146 mm × 41 mm

产品重量：700 g

4.3.5 光驱的使用

光驱是计算机中使用最频繁的设备之一，为了减少光驱的故障，延长其使用寿命，平常使用时应该注意对光驱的维护保养，一般应注意下面几点：

(1) 防尘。灰尘是光驱的"头号杀手"，如果光驱内聚集的灰尘过多，会影响光驱的读盘能力。所以在光驱的使用中一定要注意防尘。

(2) 防振动。注意不要让光驱受到撞击、震荡，因为光驱的激光头是非常脆弱的。

(3) 不用劣质光盘。光驱在读取光盘中的数据时光盘是在光驱内高速旋转的，而劣质光盘存在很多质量问题，如盘体厚薄不一，这使得在高速旋转时产生的离心力会将光盘损坏，严重时会造成光驱爆炸。

（4）注意使用频率。使用光驱时最好不要连续使用很长时间，而应让光驱有一个休息的时间，如果要长时间地使用光驱来播放视频，最好将视频文件复制到硬盘上后再进行播放。

（5）清洗。要用专门的清洗盘定期清洗光驱。

4.4　光　　盘

光盘即 CD 是"Compact Disc"的缩写，翻译成中文意思是压缩盘，因为 CD 是根据激光原理制成的，所以一般称之为光盘。光盘外形如图 4-19 所示。

图 4-19　光盘

光盘以光信息作为存储物的载体，用来存储数据的一种物品。光盘是利用激光原理进行读、写的设备，是迅速发展的一种辅助存储器，可以存放各种文字、声音、图形、图像和动画等多媒体数字信息。

4.4.1　光盘的组成

下面我们来看看光盘的组成。

1. CD-ROM 盘片

标准的 CD-ROM 盘片直径为 120 mm(4.72 英寸)，中心装卡孔为 15 mm，厚度为 1.2 mm，重量约为 14～18 g。CD-ROM 盘片的径向截面共有三层：① 聚碳酸酯(Polycarbonate)层，做透明衬底；② 铝反射层；③ 漆保护层。

CD-ROM 盘区划分为三个区，即导入区(Lead-in Area)、用户数据区(User Data Area 和导出区(Lead-out Area)。这三个区都含有物理光道。所谓物理光道是指 360°一圈的连续螺旋形光道。这三个区中的所有物理光道组成的区称为信息区(Information Area)。在信息区，有些光道含有信息，有些光道不含信息。含有信息的光道称为信息光道(Information Track)。每条信息光道可以是物理光道的一部分，或是一条完整的物理光道，也可以是由许多物理光道组成。

信息光道可以存放数字数据、音响信息、图像信息等。含有用户数字数据的信息光道称为数字光道，记为 DDT(Digital Date Track)；含有音响信息的光道称为音响光道，记为 ADT(Audio Track)。一片 CD-ROM 盘，既可以只有数字数据光道，也可以既有数字数据光道，又有音响光道。

在导入区、用户数据区和导出区这三个区中，都有信息光道。不过导入区只有一条信息光道，称为导入光道(Lead-in Track)；导出区也只有一条信息光道，称为导出光道(Lead-out Track)。

用户数据记录在用户数据区中的信息光道上。所有含有数字数据的信息光道都要用扇区来构造，而一些物理光道则可以用来把信息区中的信息光道连接起来。

2. CD-R 盘片

CD-R 盘片简单地讲，就是可以一次写入、多次读出的光盘。CD-R 的工作原理就是在空白的 CD 盘片上烧制出"小坑"，也就是记录数据的反射点。因此，所有经 CD-R 刻出的盘都可以在普通的 CD-ROM 上顺利读出。

3. CD-RW 盘片

CD-RW 的全称是 CD-Rewritable，代表一种"重复写入"技术。CD-RW 刻录机能够反复擦写 CD-RW 光盘的原理主要是"相变"技术——同 CD-R 一样利用激光的大功率照射，对光盘本身的感光物质进行瞬间的加温。和 CD-R 不同的是进行了相位转换，用以记录数据。由此可以制造出能够被读取的反射点，而且这些类似小"泡"的反射点可以被重复烧制。由于 CD-RW 盘片可重复写入，因此每张比 CD-R 盘片贵，而且只有在高速光驱(24 速以上 CD-ROM)才能读出。但 CD-RW 驱动器的价格却并不比 CD-R 驱动器贵多少。

4. DVD 盘片

DVD-RAM 是日立、松下和东芝等厂商率先开发的一种可擦写 DVD 标准，是最先问世的可擦写的 DVD 规格，如图 4-20 所示。

相对来说，DVD-RAM 格式具有较快的刻录速度，数据可靠性高、存储操作简单。它最大的优势是支持随机存储数据，也就是把 DVD-RAM 盘片载入的时候，就可以把 DVD 驱动器当作硬盘一样，用鼠标拖动来添加删除数据，这样更符合一般用户的存取习惯。而且 DVD-RAM 盘片的复写测试也远远高于 DVD-RW 或者 DVD+RW，后两者基本都在 1000 次左右，而 DVD-RAM 盘片的复写能达到 10 万次。DVD-RAM 的容量主要有两种，4.7 GB 和 9.4 GB。

图 4-20 DVD 光盘

4.4.2 光盘的选购

光盘的选购要考虑速度和性价比。

1. 速度

CD-R 光盘本身是区分速度的。质量较差的光盘最多只能支持 4 倍速 CD-R 刻录机或 2 倍速 CD-RW 复写，如果强行以高速刻录，拿到普通 CD-ROM 上往往不能顺利读出。现在大多数刻录机的固件都能自动识别盘片等级，并采用与之相应的刻录速度，无需干涉。要想最大限度地发挥刻录机的潜力，必须使用相应的盘片。如 16 倍速的刻录机，最好使用 16 倍速的盘片。

2. 性价比

市场的刻录光盘品牌基本可以分为三类。第一类是国外知名品牌(如 HP、柯达、SONY)，产品一般价格很高，而且只有盒装片。第二类是国内杂牌，这类产品的定位较低，品牌实力相对较弱，价格低廉，品质不稳定，集中在市场的最低端。第三类产品是已经在国内有相当知名度的大厂，其产品不仅性能不错，而且价格低廉。

4.4.3　光盘的使用

正确保存和使用光盘可延长盘片的寿命。

1. 光盘的使用

在拿取盘片时，最好不要用手直接接触盘片表面，也不能挤压、弯曲盘片，最好能做到轻拿轻放。

当光盘表面附着灰尘污垢需要清理时，要使用专用光盘清洁刷或柔软的布，方法是由里向外呈放射性地擦拭。

2. 光盘的保存

首先，为了避免盘片变形，最好把光盘放在专门的光盘架或光盘盒中，尽可能把光盘垂直于水平面放置，尽量不要长期平放。

其次，避免放在高温、强光、潮湿的地方。

最后，最好不要直接用油性笔在光盘上书写，也不要在上面贴标签。否则会导致盘片在读取的过程中出现转动不规则、平衡不好等现象，长期这样使用会造成盘片变形。

4.5　U　盘

U 盘全称是 USB(USB flash disk)闪存盘，又称"优盘"或"闪盘"，它是一种使用 USB 接口的无需物理驱动器的微型高容量移动存储产品，通过 USB 接口与电脑连接，实现即插即用，如图 4-21 所示。

U 盘的特点是读写速度快、可重复读写、容量大、且采用 USB 接口以及支持即插即用等。目前常见的 U 盘容量为 4 GB、8 GB、16 GB、32 GB、64 GB、128 GB、256 GB、512 GB 和 1 TB 等。

图 4-21　金士顿优盘

4.5.1　U 盘的组成

U 盘主要由 I/O 控制芯片、闪存芯片、电路板和其他电子元器件组成，如图 4-22 所示。

图 4-22　U 盘的组成

1. I/O 控制芯片

通常使用的 I/O 控制芯片按接口标准分为 USB 1.1、USB 2.0 和 USB 3.0 三种。生产 USB 1.1 接口标准控制芯片的厂家主要有 SSS、Prolific、CYPRESS、OTi、ALi、PointChip 等。生产 USB 2.0 接口标准控制芯片的厂家主要有 ALi、Phison、U-Pen、Animeta、OTi、Prolific、VIA 等。2010 年 USB 3.0 上市，它的实际传输速率大约是 3.2 GB/s(即 4000 MB/s)，理论上的最高速率是 4.8 GB/s(即 6000 MB/s)。

USB 控制芯片又分为主机端和设备端两部分。主机端部分通常集成在主板南桥芯片中，与主机端相连的设备使用的就是设备端，如闪存盘上的 I/O 控制芯片。

2. 闪存

闪存是一种半导体电刷新只读存储器，因此断电后仍可以长时间保留数据，而且其读写速度比 EEPROM 更快而成本却更低，这使其得以高速地发展。现在，U 盘所标称的可擦写 100 万次以上、数据保存 10 年以上等性能的表现主要就取决于其采用的闪存芯片，因此一个 U 盘的优劣很大程度上也取决于闪存芯片。

生产闪存芯片的厂家主要有三星(Samsung)、东芝(Toshiba)、SanDisk、Fugitsu、Infineon、Hynix 等少数几家公司，其中三星和东芝产品的价格适中、性能较好，在闪存盘中多使用它们的闪存芯片。

4.5.2 U 盘的性能指标

U 盘的性能指标如下：

1. USB 接口标准

目前主板中主要采用 USB2.0，USB 各版本间能很好地兼容。

USB 2.0 标准规定的最大传输速率是 480 Mbit/s，是 USB 1.1 接口的 40 倍。USB 2.0 标准兼容 USB 1.1 标准。受各种因素影响，实际上 USB 2.0 接口的传输速度是 USB 1.1 接口的 9~16 倍。

2. 数据传输率

U 盘的数据传输率分为数据读取速度和数据写入速度，它们与计算机的配置有关。

3. 即插即用

对 U 盘来说，目前 Windows 8 操作系统还可以不用驱动程序就可以使用。

4. 启动型

在支持 USB 设备启动的主板中，U 盘可以引导操作系统，将 BIOS 设置中的 First Boot Device 设置为 USB_ZIP 即可。

5. 加密型

可通过 U 盘中的程序控制访问 U 盘的权限和对数据加密。有些 U 盘还有 MP3 播放、收音机、摄像等功能。

6. 认证

符合认证标准的产品，质量才有保证，认证包括国际 USB 组织对 USB 2.0 标准的高速传输认证，以及 FCC 和 CE 认证等。

4.5.3　U 盘的使用

U 盘的使用注意如下事项：

(1) 当插入 U 盘后，最好不要立即拔出。特别是不要反复立即插拔，因为操作系统需要一定的反应时间，中间的间隔最好在 5 秒以上。

(2) 慎用密码，若密码丢失，则 U 盘将无法打开。

(3) U 盘上有一个写保护开关，不要在 U 盘插入电脑时拨动此开关，以防损坏。

(4) U 盘虽然有很多优点，但数据也不是万无一失的，掌握正确的使用方法是关键。

4.6　移动硬盘

移动硬盘是一种以硬盘为存储介质，强调便携性的存储产品。目前，市场上绝大多数的移动硬盘都是在标准 2.5 英寸硬盘的基础上，通过添加支持热插拔接口的方式来增强便携性。虽然 U 盘有许多优点，但它的容量毕竟还是有限的，而移动硬盘则不同，相对于 U 盘来说，移动硬盘具有更大的存储容量，如图 4-23 所示。

移动硬盘多采用 USB、IEEE1394 等传输速度较快的接口，可以较高的速度与系统进行数据传输。

图 4-23　希捷移动硬盘

4.6.1　移动硬盘的组成

移动硬盘其实就是普通的硬盘通过一个 IDE 接口到通用接口的转换，实现用通用接口传输数据，实现 IDE 接口到通用接口转换的装置就是移动硬盘盒。移动硬盘由硬盘、接口转换电路、连接面板和外壳组成。

1. 硬盘

硬盘是移动硬盘的存储介质。目前移动硬盘内采用的硬盘类型主要有 3 种：3.5 英寸台式机硬盘、2.5 英寸笔记本硬盘和 1.8 英寸微型硬盘。其中 2.5 英寸笔记本电脑专用硬盘具有抗震性能较好，尺寸、重量都较小，最适合用在移动硬盘中。3.5 英寸台式机硬盘具有价格低、容量大的优点，但是尺寸大、重量重，而且防震方面没有特殊的设计，一定程度上降低了数据的安全行，而且携带也不大方便。1.8 英寸微型硬盘价格较高，适合特殊需要的用户。

2. 接口转换电路

接口转换电路的作用就是实现硬盘的IDE接口到USB接口的转换。在接口转换电路中，主控芯片的型号决定移动硬盘的 USB 接口规格标准，常用的 USB 与 IDE 接口转换芯片是 GL811 和 M5621。

3. 连接面板

连接面板中的接口包括电源开关、4 针电源接口、USB、IEEE 1394、E-SATA 接口。

接口连线包括数据线和电源线，数据线用于硬盘与 USB 接口之间的连接。

4. 外壳

移动硬盘外壳的作用主要是固定硬盘，减少外部震动对硬盘的直接影响，保护硬盘。移动硬盘盒的质量主要取决于用料。价格低廉的杂牌产品一般采用塑料材料拉伸成形，用螺丝直接将硬盘固定其中，不仅散热性较差，而且容易变形破裂，难以保证硬盘和数据的安全性。正规品牌厂商，不仅在硬盘盒材料上采用散热性好、轻巧坚固的铝质或铝美合金，知名品牌还采用了自动滚轴平衡系统、防护网等技术，提高了产品的抗震安全性能。

4.6.2　移动硬盘的特点

移动硬盘具有容量大、传输速度快、使用方便和可靠性高等特点。

1. 容量大

移动硬盘可以提供相当大的存储容量，是一种性价比较高的移动存储产品。在目前大容量"闪盘"价格，还无法被用户所接受，而移动硬盘能在用户可以接受的价格范围内，提供给用户较大的存储容量和不错的便携性。目前市场中的移动硬盘能提供 1 TB、2 TB、3 TB 和 4 TB 等容量，一定程度上满足了用户的需求。

2. 传输速度快

移动硬盘大多采用 USB、IEEE1394、eSATA 接口，能提供较高的数据传输速度。

3. 使用方便

现在的计算机基本都配备了 USB 接口，主板通常可以提供 2～8 个 USB 口，USB 接口已成为个人电脑中的必备接口。USB 设备在大多数版本的 Windows 操作系统中，都可以不需要安装驱动程序，具有真正的"即插即用"特性，使用起来灵活方便。

4. 可靠性高

移动硬盘以高速、大容量、轻巧便捷等优点赢得许多用户的青睐，而更大的优点还在于其存储数据的安全可靠性。这类硬盘与笔记本电脑硬盘的结构类似，多采用硅氧盘片。这是一种比铝、磁更为坚固耐用的盘片材质，并且具有更大的存储量和更好的可靠性，提高了数据的完整性。采用以硅氧为材料的磁盘驱动器，以更加平滑的盘面为特征，有效地降低了盘片可能影响数据可靠性和完整性的不规则盘面的数量，更高的盘面硬度使 USB 硬盘具有很高的可靠性。

4.6.3　移动硬盘的使用

现在用户都开始喜欢用移动硬盘，因为其方便、实用，如何使用移动硬盘以确保数据的安全转移和存储，就成为用户必须知道的一个知识。

1. 选购

尽量不要选购过于廉价的产品，因为价格将决定移动硬盘盒的用料情况，而用料过于俭省则无法保证移动硬盘的稳定运行，为将来应用带来隐患，建议用户多考虑做工优秀且有品质保证的产品。在选购移动硬盘时，要注意下面问题。

(1) 容量。移动硬盘可以提供相当大的存储容量，是一种性价比较高的移动存储设备。

常见的有 250 GB、500 GB 和 1 TB 容量的移动硬盘。

(2) 接口。从移动硬盘的接口来看，主要有 USB 和 SATA 两种，建议选择后者。

(3) 兼容性问题。多数情况下是由于主板 BIOS 的问题，要多试试自己经常使用的计算机，保证都能顺利识别。

(4) 供电不足问题。某些情况下，主板 USB 口的驱动能力不够，这时就可能需要从另外的 USB 口或外接电源取电。

2. 分区

移动硬盘分区最好不要超过两个，否则在启动移动硬盘时将会增加系统检索和使用等待的时间。

3. 使用

移动硬盘的使用要注意以下问题：

(1) 不要长时间使用。使用用料一般的移动硬盘，最好不要插在计算机上长期工作，移动硬盘是用来临时交换或存储数据的，不是一个本地硬盘。相比于内置硬盘会时刻都工作在恶劣的环境下，应该尽量缩短工作时间。

(2) 不要整理磁盘碎片。不要给移动硬盘整理磁盘碎片，否则会很容易损伤硬盘。如果确实需要整理，方法可采用将整个分区里面的数据都拷贝出来，再拷贝回去。

(3) 不要混用供电线。不要混用供电线，由于移动硬盘盒的供电线存在专用现象，供电线接口电压可能会有所不同，乱插轻则烧盒子，重则烧硬盘。

(4) 切忌摔打。切忌摔打，轻拿轻放；注意温度，不要过热；干燥防水，先退后拔。

4.7 其他数码产品

随着数码设备的普及，越来越多的用户开始接触各种各样的存储设备，下面我们简单介绍一下一些常用的存储设备。

1. 闪存卡

闪存卡(Flash Card)是利用闪存(Flash Memory)技术达到存储电子信息的存储器，一般应用在数码相机、掌上电脑、MP3 等小型数码产品中作为存储介质，所以样子小巧，如一张卡片，所以称之为闪存卡。根据不同的生产厂商和不同的应用，闪存卡有 SmartMedia(SM卡)、Compact Flash(CF 卡)、MultiMediaCard(MMC 卡)、Secure Digital(SD 卡)、Memory Stick(记忆棒)、XD-Picture Card(XD 卡)和微硬盘(MICRODRIVE)。这些闪存卡虽然外观、规格不同，但是技术原理都是相同的。

(1) CF(Compact Flash)卡。该卡是 1994 年由 SanDisk 最先推出的。CF 卡具有 PCMCIA-ATA 功能，并与之兼容；CF 卡重量只有 14 g，仅纸板火柴般大小(43 mm×36 mm×3.3 mm)，是一种固态产品，也就是工作时没有运动部件，如图 4-24 所示。

图 4-24 CF 卡

CF 卡采用闪存技术，是一种稳定的存储解决方案，不需要电池来维持其中存储的数据。对所保存的数据来说，CF 卡比传统的磁盘驱动器安全性和保护性都更高；比传统的磁盘驱动器及Ⅲ型 PC 卡的可靠性高 5 到 10 倍，而且 CF 卡的用电量仅为小型磁盘驱动器的 5%。这些优异的条件使得大多数数码相机选择 CF 卡作为其首选存储介质。

(2) MMC(MultiMedia Card)卡。该卡由西门子公司和首推 CF 的 SanDisk 于 1997 年推出。1998 年 1 月 14 家公司联合成立了 MMC 协会(MultiMedia Card Association 简称MMCA)，现在的成员已经超过 84 个。MMC 的发展目标主要是针对数码影像、音乐、手机、PDA、电子书、玩具等产品，号称是目前世界上最小的 Flash Memory 存储卡，尺寸只有 32 mm × 24 mm × 1.4 mm。虽然比 SmartMedia 厚，但整体体积却比 SmartMedia 小，而且也比SmartMedia 轻，只有 1.5 克。MMC 也是把存储单元和控制器一同做到了卡上，智能的控制器使得 MMC 保证兼容性和灵活性。

(3) SD(Secure Digital Memory Card)卡。该卡即安全数码卡，是一种基于半导体快闪记忆器的新一代记忆设备，被广泛地用于便携式装置上，例如数码相机、个人数码助理和多媒体播放器等，如图 4-25 所示。SD 卡由日本松下、东芝及美国 SanDisk 公司于1999 年 8 月共同开发研制。大小犹如一张邮票的 SD 记忆卡，重量只有 2 克，但却拥有高记忆容量、快速数据传输率、极大的移动灵活性以及很好的安全性。

图 4-25　SD 卡

SD 卡在 24 mm × 32 mm × 2.1 mm 的体积内结合了 SanDisk 快闪记忆卡控制与 MLC(Multilevel Cell)技术和 Toshiba(东芝)0.16u 及 0.13u 的 NAND 技术，通过 9 针的接口界面与专门的驱动器相连接，不需要额外的电源来保持其上记忆的信息。而且它是一体化固体介质，没有任何移动部分，所以不用担心机械运动的损坏。

(4) SM(Smart Media)卡。该卡是由东芝公司在 1995 年 11 月发布的 Flash Memory 存储卡，三星公司在 1996 年购买了生产和销售许可，这两家公司成为主要的 SM 卡厂商。为了推动 SmartMedia 成为工业标准，1996 年 4 月成立了 SSFDC 论坛(SSFDC 即 Solid State Floppy Disk Card，实际上最开始时 SmartMedia 被称为 SSFDC，1996 年 6 月改名为 SmartMedia，并成为东芝的注册商标)。SSFDC 论坛的成员超过 150 个，同样包括不少大厂商，如 Sony、Sharp、JVC、Philips、NEC、SanDisk 等厂商。SmartMedia 卡也是市场上常见的微存储卡，一度在 MP3 播放器上非常的流行。

(5) 记忆棒。该产品是 Sony 公司开发研制的，尺寸为 50 mm × 21.5 mm × 2.8 mm，重4 克。采用精致醒目的蓝色外壳(新的 MG 为白色)，并具有写保护开关，如图 4-26 所示。

和很多 Flash Memory 存储卡不同，Memory Stick 规范是非公开的，没有什么标准化组织。采用了 Sony 自己的外形、协议、物理格式和版权保护技术，要使用它的规范就必须和 Sony 谈判签订许可。Memory Stick 也包括了控制器在内，采用 10 针接口，数据总线为串行，最高频率可达 20 MHz，电压为 2.7 伏到 3.6 伏，电

图 4-26　记忆棒

流平均为 45 mA。可以看出这个规格和差不多同一时间出现的 MMC 颇为相似。

(6) XD 卡。该卡全称为 XD-PICTURE CARD，是由富士和奥林巴斯联合推出的专为数码相机使用的小型存储卡，采用单面 18 针接口，是目前体积最小的存储卡。XD 取自于"Extreme Digital"，是"极限数字"的意思。XD 卡是较为新型的闪存卡，相比于其他闪存卡，它拥有众多的优势特点。袖珍的外形尺寸，外形尺寸为 20 mm × 25 mm × 1.7 mm，总体积只有 0.85 cm^3，约为 2 g 重，是目前世界上最为轻便、体积最小的数字闪存卡。优秀的兼容性，配合各式的读卡器，可以方便地与个人电脑连接。超大的存储容量，XD 卡理论最大容量可达 8 GB，具有很大的扩展空间。目前市场上见到的 XD 卡有 16 MB、32 MB、64 MB、128 MB、256 MB 等不同的容量规格。

(7) 微硬盘(Microdrive)。该硬盘最早是由 IBM 公司开发的一款超级迷你硬盘机产品，其最初的容量为 340 MB 和 512 MB，而现在的产品容量有 1 GB、2 GB 以及 4 GB 等。与以前相比，目前的微硬盘降低了转速(4200 r/min 降为 3600 r/min)，从而降低了功耗，但增强了稳定性。

(8) Wi-Fi 无线存储卡闪存卡。该卡是带有 Wi-Fi 功能的存储卡，如图 4-27 所示。

图 4-27 Wi-Fi 无线存储卡

2. 读卡器

随着越来越多的数码设备用到存储卡，如何交换存储卡中的数据也成了一个大问题。顾名思义，读卡器就是能读写存储卡的设备。

读卡器是一种专用的读卡设备。有插槽可以插入存储卡，有端口可以连接到计算机。把适合的存储卡插入插槽，端口与计算机相连并安装所需的驱动程序之后，计算机就把存储卡当作一个可移动存储器，从而可以通过读卡器读写存储卡，如图 4-28 所示。

读卡器的体积一般都不大，分为内置和外置两种。外置闪存卡便于携带，一般使用 USB 接口。读卡器对计算机来说类似一个 USB 的软驱，它的实际作用也比

图 4-28 创见 RDF8 USB3.0 读卡器

较类似，只是读取的不是软盘，而是各种闪存卡。现在主流的读卡器大部分都采用 USB 接口。读取的存储卡格式有 CF、SD、SM、MS 等。采用 USB 接口的外置读卡器写入的速度可高达 400 Kbit/s，读取的速度更是稳定在 1 Mbit/s 以上。

3. 数码伴侣

数码伴侣是可以直接与数码相机相连接，且无需计算机支持就可以进行存储的大容量便携式数码照片存储器，容量最高达到 500 GB。数码伴侣一般由数码存储卡读卡器、笔记本电脑硬盘、大容量锂电池组成，通过 USB 口与计算机相连还可以作为移动硬盘使用，如图 4-29 所示。

数码伴侣一般由轻合金外壳，芯片组和一块装

图 4-29 爱国者 PB306 数码伴侣

在里面的笔记本 2.5 寸硬盘或是 1.8 寸专用微型硬盘组成，和相机一样，数码伴侣也有高端低端之分，价格也从数百元到几千元不等。

一般的数码伴侣都具备从相机存储卡里把数码相片传送进硬盘的功能，作为一个体积略大于一个电脑硬盘的小东西，出差或外拍，带着还是很方便的。

高端的数码伴侣还具备彩色液晶屏和相应的主板设计，可以预览机内的照片，甚至可以播放短片、MP3 音乐，也被称为"电子相册"或"MP4"。

实验四 存储设备的安装

本实验要求掌握内存的安装和拆卸的方法，掌握如何查看内存参数，掌握硬盘和光驱的安装方法。

1. 内存的安装

不同类型的内存的安装方法不完全相同，但大体步骤都差不多。内存安装的具体操作步骤如下：

(1) 分清内存的类型；

(2) 将内存插槽两边的锁扣拉起来；

(3) 在内存下边缘左右有不对称的缺口，安装时应将它们对准内存槽上相应的槽口，均匀用力向下压，使内存槽两侧的锁扣要紧扣内存；

(4) 当内存的"金手指"完全插入内存插槽后，将内存插槽两边的锁扣紧扣住内存即可。

如果要卸下内存，只需向外搬动两个卡齿，内存就会自动从插槽中弹出。

使用工具软件查看内存信息。

2. 硬盘的安装

我们首先看 IDE 接口硬盘的安装。

(1) 关于主、从硬盘设置。参照使用手册设置硬盘的主、从跳线。计算机内有两个 IDE 接口，每一根接线有三个接口，可以连接两个 IDE 设备。一般情况，硬盘都连接为第一主盘。如果有多个硬盘，则只能有一个设为第一主盘。

(2) 安装硬盘。安装硬盘的具体操作如下：

① 将硬盘从机箱内部插入硬盘托架，并尽量保持硬盘的平稳。注意：安装时分清方向，保证硬盘正面朝上，接口部分背向机箱面板。

② 用螺丝拧紧硬盘的螺丝口，使硬盘固定在硬盘托架上，并且硬盘不能出现晃动。

③ 连接数据线，注意不要接反。

④ 电源输出线中选一个 4 针插头，将其插入硬盘后的电源接口。

(3) IDE 硬盘的 BIOS 设置。必须让 BIOS 识别 IDE 硬盘的参数后，才能对它进行分区、格式化、安装操作系统等软件的操作。

开机后，按"Del"或"Delete"进入 BIOS 设置程序，选定"Standard CMOS Features"项，再选"IDE Primary Master"项，按"Enter"键进入设置第一主 IDE 设置参数的子选项，

执行硬盘自动侦测程序，用来识别所安装硬盘的参数。如果硬盘硬件安装正常，将显示出现硬盘的类型。

SATA 接口硬盘与 IDE 接口硬盘一样，需要连接数据线和电源线。SATA 数据线为扁长形，直接连接主板上的相应接口即可。SATA 的数据线插头和电源线插头都有方向性，所以不会插反。而电源线需要一个转接线，将其转接为普通 D 形插头，因为现在大多数 ATX 电源在设计时并未考虑到 SATA 硬盘。而有些 SATA 接口的硬盘也带有普通的 D 形电源接口。

3. 光驱的安装

由于 Windows 操作系统可正确识别出光驱，因此安装光驱只需要将光驱固定在机箱里，连接上光驱的数据、电源和音频线即可。安装光驱的具体操作如下：

(1) 拆开机箱前面的挡板，将光驱从机箱前面挡板空处插入；

(2) 使光驱的前部和机箱前部在同一水平线上，确定光驱在机箱内部摆放平稳，然后拧紧螺丝；

(3) 将光驱的数据线一端连接在光驱上，另一端连接在主板的 IDE 插槽上；

(4) 将电源线和光驱连接好。

至此，光驱的物理连接安装完成。在 Windows 操作系统中并不需要为光驱单独安装驱动程序，光驱也能正常使用。如果是刻录机，则需要安装驱动程序和刻录软件。

习　　题

1. 填空题

(1) ＿＿＿＿＿＿＿＿＿是内存条与内存插槽之间的连接部件，所有的信号都是通过它进行传送的。

(2) ＿＿＿＿＿＿＿＿＿是光驱的"头号杀手"。

(3) 读卡器是一种专用的＿＿＿＿＿＿＿＿＿。

(4) 在支持的主板中，除硬盘和光驱外，＿＿＿＿＿＿＿＿＿也可以引导操作系统。

(5) 计算机就把存储卡当作一个可移动存储器，从而可以通过＿＿＿＿＿＿＿＿＿读写存储卡。

2. 选择题

(1) 内存主要由＿＿＿＿＿＿＿等几部分组成。

    A. 内存芯片　　　　　　　　B. 金手指

    C. 电阻　　　　　　　　　　D. 电路板 PCB

(2) 光盘的容量最大可以达到＿＿＿＿＿＿＿。

    A. 700 MB　　　　　　　　　B. 9.4 GB

    C. 17 GB　　　　　　　　　 D. 50 GB

(3) 下列移动存储设备容量最大的是＿＿＿＿＿＿。

    A. 软盘　　　　　　　　　　B. U 盘

    C．移动硬盘   D．CF 卡

3．判断题

(1) 内存芯片的速度不能低于主板运行的速度，否则会影响整个计算机系统的性能。

                                                （   ）

(2) 在计算机中显示出来的硬盘容量一般情况下要比硬盘容量的标称值大。

                                                （   ）

(3) 读卡器是一种专用的读卡设备。   （   ）

4．问答题

(1) 内存有哪些性能指标？

(2) 硬盘有哪些性能指标？

(3) 移动硬盘由哪些部分组成？

5．操作

(1) 判断内存条的类型和容量。

(2) 到市场考察一下移动存储设备的型号、价格等信息。

(3) 熟练掌握自己手头移动存储设备的使用方法。

第 5 章 输 入 设 备

输入设备是向计算机输入数据和信息的设备,是计算机与用户或其他设备通信的桥梁。本章主要介绍计算机系统中常用的输入设备鼠标、键盘、扫描仪、摄像头、手写输入装置、语音输入装置等。

5.1 鼠 标

鼠标也就是"鼠标器",是一种用手灵活控制的输入设备,因其外形像一只小老鼠,因此它的英文名为"Mouse",又被称为滑鼠,如图 5-1 所示。

图 5-1 血手幽灵 V5 游戏鼠标

鼠标是一种屏幕指针定位装置,其特点是能够快速定位于屏幕的任何位置,并进行单击、双击、拖动等操作。

5.1.1 鼠标的分类

按鼠标的构造划分,可将鼠标分为机械式鼠标、光电式鼠标、轨迹球鼠标和无线鼠标。

1. 机械式鼠标

机械式鼠标是一种已经被淘汰了的鼠标。如图 5-2 所示,它的内部有一个滚动橡胶球,紧贴着滚动橡胶球有两个互相垂直的传动轴,轴上有光栅轮,光栅轮的两边对应着发光二极管和光敏三极管。当鼠标移动时,橡胶球带动两个传动轴与光栅轮旋转,光敏三极管在接收发光二极管发出的光时被光栅轮间断地阻挡,从而产生脉冲信号,通过鼠标内部的芯片处理之后被 CPU 接收,脉冲信号的数量和频率对应着屏幕上的距离和速度。

图 5-2 机械式鼠标

2. 光电式鼠标

光电式鼠标如图 5-3 所示，是目前流行的鼠标之一，在光电鼠标内部有一个发光二极管，通过该发光二极管发出的光，照亮光电鼠标底部表面(这就是为什么鼠标底部总会发光的原因)；然后将光电鼠标底部表面反射回的一部分光线，经过一组光学透镜，传输到一个光感应器件(微成像器)内成像。这样，当光电鼠标移动时，其移动轨迹便会被记录为一组高速拍摄的连贯图像，最后利用光电鼠标内部的一块专用图像分析芯片对移动轨迹上摄取的一系列图像进行分析处理，通过对这些图像上特征点位置的变化进行分析，来判断鼠标的移动方向和移动距离，从而完成光标的定位。

3. 轨迹球鼠标

如图 5-4 所示，这种称之为"轨迹球"的鼠标器，其实就是倒放的鼠标，其内部结构与一般鼠标类似。不同的是轨迹球工作时球在上面，直接用手拨动，而球座固定不动。

图 5-3 光电式鼠标　　　图 5-4 轨迹球鼠标　　　图 5-5 无线鼠标

4. 无线鼠标

无线鼠标是指无线缆直接连接到主机的鼠标，省去了线缆的束缚，并可以在较远距离内操作，如图 5-5 所示。无线鼠标采用无线技术与计算机进行通信，其通常采用的无线通信方式包括蓝牙、Wi-Fi(IEEE 802.11)、Infrared (IrDA)、ZigBee (IEEE 802.15.4)等多个无线技术标准。无线鼠标需要通过电池来供电，并且接收装置要占用一个 USB 接口。

5.1.2 鼠标的组成

下面我们以光电鼠标为例介绍鼠标的组成。从功能实现角度看，光电鼠标主要由发光二极管、固定夹、光学透镜、光学传感器、接口控制器芯片以及微动开关等六部分组成。

1. 发光二极管

发光二极管相当于光电鼠标的光源，其主要任务是满足光学传感器的拍摄需要，将所要拍摄的"路况"照亮。除此以外，发光二极管还被用来满足光电式的滚轮的需要。这里所说的滚轮是我们常用来翻动网页的鼠标中键，不要误认为是机械鼠标底部的轨迹球。

为光学传感器服务的发光二极管在鼠标"尾部"，会被固定夹遮盖起来；而为光电式滚轮服务的发光二极管则在鼠标"头部"，也就是滚轮位置附近。所以，虽然光电鼠标内部可能拥有不止一个发光二极管，但分辨起来并不难。

2. 固定夹

负责照亮鼠标底部的发光二极管拥有很强的亮度，为了避免射出的光线干扰其他元器件工作，并且使光线通过透镜后能量更加集中，所以发光二级光上覆盖了固定夹。固定夹通常是黑色的，因为黑色吸收光线的能力最好。

3. 光学透镜

光学透镜系统通常由一面棱光透镜和一面圆形透镜组成。发光二极管射出的光线先通过一面棱光透镜照亮鼠标底部表面，而反射回来的投影再经过另一面圆形透镜汇聚到光学传感器的小孔里。作为光线传递的必经之路，透镜系统的重要性不言而喻了。

4. 光学传感器

光学传感器是光电鼠标的核心部件，"CMOS 感光器"和"数字信号处理器(DSP)"是其中最重要的两部分。CMOS 感光器是一个由数百个光电器件组成的矩阵，恰似一部相机，用来拍摄鼠标物理位移的画面。光学传感器会将拍摄的光信号进行放大并投射到 CMOS 矩阵上形成帧，然后再将成帧的图像由光信号转换为电信号，传输至数字信号处理器进行处理。DSP 对相邻帧之间差别进行除噪和分析后，将得出的位移信息通过接口电路传给计算机。

5. 接口控制器芯片

接口控制器芯片负责管理光电鼠标的接口电路部分，使鼠标可以通过 USB、PS/2 等接口与计算机相连。

6. 微动开关

鼠标按键——对应内部的微动开关，所以按键板设计和微动开关的品质共同决定了鼠标的手感。当然，微动开关的质量还影响着光电鼠标的故障率。

5.1.3　鼠标的性能指标

鼠标的性能指标有分辨率、刷新率、按键数、像素处理能力等。

1. 分辨率

鼠标分辨率的单位是 dpi。鼠标 dpi 的定义是，鼠标每移动 1 英寸，光标在屏幕上移动的像素距离。鼠标分辨率从 400～2500 dpi 的都有，不同的 dpi 适应不同的应用场合。目前有些鼠标支持可调 dpi，这使其通用性和易用性大大增加。

2. 刷新率

刷新率是对鼠标光学系统采样能力的描述参数，发光二极管发出光线照射到工作表面，光电二极管以一定的频率捕捉工作表面反射的快照，交由数字信号处理器(DSP)分析和比较这些快照的差异，从而判断鼠标移动的方向和距离。

3. 按键数

按键数是指鼠标按键的数量。现在的按键数已经从两键、三键，发展到了四键甚至八键乃至更多键，按键数越多所能实现的附加功能和扩展功能也就越多，能自己定义的按键数量也就越多，对用户而言使用也就越方便。

4. 像素处理能力

像素处理能力这一指标能够更加直观地说明光电鼠标的性能，其单位为 pixel/s，计算公式为：像素处理能力 = 每帧像素数 × 帧速率(即刷新率)。

5.1.4　鼠标的选购

目前在市场上主流的鼠标是光电鼠标，要想选择好的鼠标，应从以下方面考虑：

1. 鼠标的功能

一般鼠标都具有两个鼠标键，并且鼠标的中间有一个滚轮，这样的设计可以满足大部分用户的使用需求。而某些鼠标生产商为了满足一些经常从事某类计算机操作的人员，而推出了拥有多个功能键的鼠标。

2. 鼠标的手感

鼠标的手感包括握在手中的舒适程度、移动方便与否、鼠标表面材质舒适与否，以及长时间使用是否会造成手或手臂疲劳。

3. 鼠标的品牌

在选购鼠标时，根据品牌口碑的好坏就能初步判断其质量的优劣。普通消费者最好选择知名厂家的鼠标产品，其常见的品牌包括罗技、微软以及双飞燕等。

5.1.5　鼠标的使用

鼠标属于易耗品，在按键时需要注意轻按，不能太用力，切记不要摔打。另外，鼠标在使用过程中还需要注意防水，也不能置于阳光下暴晒。

使用光电鼠标时，应特别注意保持感光板的清洁和感光状态良好，避免污垢附着在发光二极管或光敏三极管上，遮挡光线的接收。不要对鼠标进行热插拔，否则容易导致鼠标和接口烧坏。

5.2　键　　盘

键盘(Keyboard)是计算机最常用也是最主要的输入设备之一，通过键盘可以将英文字母、数字、标点符号等输入到计算机中，从而向计算机发出命令、输入数据等。图 5-6 所示为标准键盘。

图 5-6　罗技键盘

5.2.1　键盘的组成

键盘由外壳、按键和电路板三部分组成。一般我们看到的是键盘的外壳和所有按键，电路板安置在键盘的内部，我们看不到。

1. 键盘的外壳

键盘的外壳主要用来支撑电路板，提供给用户一个方便的工作环境。键盘外壳上一般还有三个指示灯，用来指示 Num Lock、Caps Lock、Scroll Lock 三个按键的功能状态。

2. 按键

印有符号标记的按键安装在电路板上，有的直接焊接在电路板上，有的用特制的装置固定在电路板上，有的则用螺钉固定在电路板上。

一般情况下，不同型号的计算机键盘提供的按键数目也不同。不管是 104 键键盘还是 107 键键盘还是其他键盘，所有键盘的按键布局基本相同，共分为 5 个区域，即主键盘区、编辑键区、功能键区、小键盘区和特殊键区。

3. 电路板

电路板是整个计算机键盘的核心，主要由逻辑电路和控制电路所组成。逻辑电路排列成矩阵形状，每一个按键都安装在矩阵的一个交叉点上。电路板上的控制电路由按键识别扫描电路、编码电路和接口电路组成。在一些电路板的正面可以看到由某些集成电路或其他一些电子元件组成的键盘控制电路，反面可以看到焊点和由铜箔形成的导电网络；而另外一些电路板只有制作好的矩阵网络，没有键盘控制电路，它们将这一部分电路放到了计算机内部。

5.2.2　键盘的分类

键盘的种类很多，按照不同的标准可以将键盘分成不同的类型，下面介绍几种常见的键盘。

1. 防水键盘

当水进入普通键盘内部时会使其按键失灵，并可能引起电路短路，因此普通键盘是不能沾水的。但现在折叠式防水键盘设计了特殊的槽道，使进入其中的水顺着槽道流动，并且能够折叠起来，携带也很方便，如图 5-7 所示。

图 5-7　双飞燕防水 USB 键盘

2. 多媒体键盘

多媒体键盘在传统键盘的基础上又附加了不少常用快捷键或音量调节装置、单键上网、听音乐等功能。这些多媒体按键使计算机的操作进一步简化，对于收发电子邮件、打开浏览器软件、启动多媒体播放器等都只需要按一个特定按键即可，如图 5-8 所示。

3. 人体工程学键盘

如图 5-9 所示，人体工程学键盘把普通键盘分成两部分，并呈一定角度展开，以适应人手的角度，输入者不必弯曲手腕，可以有效地减少腕部疲劳。如图 5-9 所示即为一款人体工程学键盘。这样可有效减轻腕部肌肉的劳损。这种键盘的键处于一种对使用者而言舒适的角度。

图 5-8　多媒体键盘

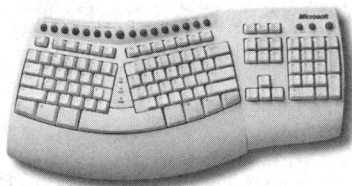

图 5-9　人体工程学键盘

4. 无线键盘

无线键盘具有无线的功能，摆脱了键盘电缆的束缚。在键盘上多了排功能键，可以快速启动常用的程序、直接控制关闭电源、休眠、唤醒等系统操作，还可以单键启动 Web 浏览器，控制计算机音量等功能，如图 5-10 所示。

5. 手写键盘

手写键盘就是在标准键盘的基础上增加了一个手写板，通过使用特殊的笔在手写板上书写字，可代替用键盘打字输入，如图 5-11 所示。

图 5-10　无线键盘

图 5-11　爱国者手写键盘

5.2.3　键盘的选购

因为个人使用习惯的不同，可以选择不同的键盘，好的键盘不仅在外观上可得到视觉享受，在操作过程中更加得心应手。

(1) 键盘的功能。一般键盘上按键的布局大体相同，但不同的厂家在设计产品时会添加一些额外功能。如一键上网、一键关机等，可以根据自己的需求选择不同功能的键盘。

(2) 键盘的手感。质量好的键盘一般在操作时手感比较舒适，按键有弹性而且灵敏度高，敲击后无黏滞感或卡住现象。建议选择知名键盘厂商生产的键盘，不但手感舒适，而且售后服务也可得到保障。

(3) 键盘的做工。键盘的做工影响键盘的质量。做工好坏从外观上就可以分辨，键盘的表面、边角等加工是否精细，是否合理。劣质键盘外表粗糙，并且按键弹性不好，经常是某个键按下去就起不来，影响使用。

5.2.4　键盘的使用

键盘由于使用频繁而成为故障率较高的外部设备之一，因此在我们平常的使用中要细心呵护，重点要注意以下几点：

(1) 在使用过程中，要注意保持键盘的清洁卫生。沾染过多的尘土会给电路正常工作带来困难，有时甚至出现错误操作。

(2) 千万注意不要把液体洒到键盘上。

(3) 操作键盘时，不要用大力敲击，防止按键的机械部件受损而失效。更换键盘时，必须在切断计算机电源的情况下进行。

5.3　扫　描　仪

扫描仪(Scanner)是利用光电技术和数字处理技术，以扫描方式将图形或图像信息转换为数字信号的装置，如图 5-12 所示。

扫描仪通常被用于计算机外部仪器设备，通过捕获图像并将之转换成计算机可以显示、编辑、存储和输出的数字化输入设备。扫描仪对照片、文本页面、图纸、美术图画、照相底片、菲林软片，甚至纺织品、标牌面板、印制板样品等三维对象都可作为扫描对象，提取和将原始的线条、图形、文字、照片、平面实物转换成可以编辑及加入文件中的装置。

图 5-12　爱普生扫描仪

5.3.1　扫描仪的分类

根据扫描原理的不同，可以将扫描仪分为很多种类型，一般常用的扫描仪有平板式扫描仪、滚筒式扫描仪、手持式扫描仪、高拍仪和 3D 扫描仪等。

(1) 平板式扫描仪。平板式扫描仪又称为平台式扫描仪或台式扫描仪，在扫描时由配套软件控制自动完成扫描过程，其扫描速度快、精度高，已广泛应用于平面设计、广告制作、办公应用、文学出版等众多领域。

(2) 滚筒式扫描仪。滚筒式扫描仪又称为馈纸式扫描仪或小滚筒式扫描仪，它具有较高的扫描精度，应用在高端领域。滚筒式扫描仪一般应用在大幅面的扫描领域中，能快速处理大面积的图像，因此滚筒式扫描仪输出的图像普遍具有色彩还原逼真、阴影区域细节丰富、放大效果优秀等特点。

(3) 手持式扫描仪。手持式扫描仪虽然体积小、重量轻、携带方便，但是功能一般。手持式扫描仪扫描精度较低、扫描质量和扫描幅面与平板式扫描仪都有较大的差距，随着平板式扫描仪的普及，手持式扫描仪已经被市场淘汰。

(4) 高拍仪。高拍仪传输速度高，能够提供高质量扫描，最大扫描尺寸可达 A3 幅面，高拍仪采用便携可折叠式结构设计。

(5) 3D 扫描仪。3D 扫描仪扫描后生成的文件能够精确描述被扫描物体的三维结构的一系列坐标数据，当在 3ds Max 软件中输入后可以完整地还原出物体的 3D 模型。

5.3.2　扫描仪的组成

扫描仪主要由扫描头、机械传动部分和转换电路部分组成，这几部分相互配合，将反映图像特征的光信号转换为计算机可接受的电信号。

扫描头是扫描仪中最主要的部件，也是实现光学成像的重要部分，它包括了光源、反光镜、镜头以及扫描仪的核心——电荷耦合元件(CCD)。

5.3.3 扫描仪的工作原理

从最基本的原理讲，扫描仪是把模拟信号转化为数字数据的设备，其原理图如图 5-13 所示。

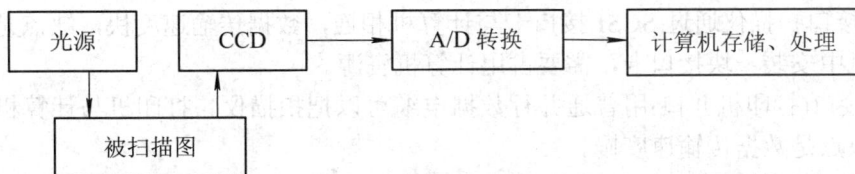

```
┌──────┐      ┌──────┐      ┌────────┐      ┌──────────────────┐
│ 光源 │      │ CCD  │ ───→ │ A/D 转换 │ ───→ │ 计算机存储、处理 │
└──────┘      └──────┘      └────────┘      └──────────────────┘
    │             ↑
    ↓             │
  ┌─────────────────┐
  │   被扫描图       │
  └─────────────────┘
```

图 5-13 扫描仪原理图

扫描仪是图像信号输入设备。它对原稿进行光学扫描，然后将光学图像传送到光电转换器中变为模拟电信号，又将模拟电信号变换成为数字电信号，最后通过计算机接口送至计算机中。

扫描仪扫描图像的步骤是：首先将欲扫描的原稿正面朝下铺在扫描仪的玻璃板上，原稿可以是文字稿件或者图纸照片；然后启动扫描仪驱动程序后，安装在扫描仪内部的可移动光源开始扫描原稿。

5.3.4 扫描仪的性能指标

扫描仪的性能指标有分辨率、扫描速度、感光元件、灰度值、接口类型、色彩深度和扫描范围。

1. 分辨率

分辨率是扫描仪最主要的性能指标，通常用每英寸长度上的点数，即 dpi 作单位。它直接决定了在扫描时所能达到的精细程度，是衡量一台扫描仪扫描品质高低的关键指标。

2. 扫描速度

扫描速度的表示方式一般有两种，一种用扫描标准 A4 幅面所用的时间来表示，另一种使用扫描仪扫描一行的时间来表示。

3. 感光元件

目前家用扫描仪使用的扫描元件有两种：CCD(电荷耦合元件)和 CIS(接触式光电传感元件)。

CCD 技术的发展时间较长，技术成熟，扫描效果优于 CIS，它的原理同照相机的镜头差不多，有一定的景深，因此可以扫描实物。但是 CCD 的成本较高，同时由于部件比较大，因此 CCD 的扫描仪一般都比较厚、较重，虽说有一些 CCD 的扫描仪采用了超薄设计，但是价格比较昂贵。

CIS 技术具有成本低、轻巧、超薄等特点，但是由于 CIS 是采用大量的发光二极管制成的,它在扫描时必须和物体紧紧地接触,不能有一点空隙,否则会影响扫描的效果,同时 CIS 扫描仪不能用来扫描实物,这也是它的一个重要的弱点。

4. 灰度值

灰度值反映了扫描仪扫描时提供由暗到亮层次范围的能力,更具体地说就是扫描仪从纯黑到纯白之间平滑过渡的能力。

5. 接口类型

扫描仪的接口是指与计算机主机的连接方式,扫描仪按接口类型主要分为以下几类:

SCSI 接口扫描仪通过 SCSI 接口卡与计算机相连,数据传输速度快,缺点是安装时需要在计算机中安装一块接口卡,需要占用计算机资源。

EPP 接口(打印机并口)用普通并行数据电缆可以把扫描仪、打印机与计算机连接,安装简便,缺点是数据传输速度慢。

USB 接口数据传输速度较快、支持即插即用,使用更方便。现在生产的办公和家庭用扫描仪几乎都采用 USB 接口。

6. 色彩深度

色彩深度也叫色彩转换,是指扫描仪对扫描出来的图像色彩的区分能力。色彩深度位数越高的扫描仪,扫描出来的图像色彩越丰富,效果越真实。色彩深度位数用二进制位数表示。

7. 扫描范围

扫描范围指扫描仪最大的扫描尺寸范围,它由扫描仪的内部机构设计和外部物理尺寸决定。通常可分为 A4、A4 加长、A3、A1 和 A0 等。平板式扫描仪的幅面一般分为 A4、A3 和 A4 加长三种。家庭用户多数会选择 A4 幅面的机器,A3 幅面扫描仪的价格相比 A4 幅面扫描仪要高得多。

5.3.5 扫描仪的选购

扫描仪的选购按需求一般分为三类:家用和 SOHO(小型办公家庭办公)类、商业办公类、图形图像处理和广告创意设计类。

家用和 SOHO 类的扫描仪用在非专业领域,不需要太多专业功能,对图像质量与扫描速度的要求也不高。

商业办公类的扫描仪对扫描速度、吞吐量、可靠性、易用性等方面要求更高。

图形图像处理和广告创意设计等专业类的扫描仪,对图像质量和扫描速度要求最高。用户应该根据需求,选择合适的扫描仪。

5.3.6 扫描仪的使用

在使用扫描仪时应注意以下两点:

(1) 首次使用扫描仪时,应将灯管锁打开,否则扫描仪无法正常工作;

(2) 在启动扫描仪后最好不要立即进行扫描工作,因为这时灯管尚处在加温阶段,还未达到平衡。

5.4 摄 像 头

摄像头(Cameras)是一种利用光电技术采集影像，并能够进行实时传输的视频类输入设备，被广泛地运用于视频聊天、视频会议、远程医疗及实时监控等方面。图 5-14 所示是一种罗技摄像头。

图 5-14 罗技摄像头

摄像头所用的成像感光器件只有两种类型，一种是 CCD，另一种则是 CMOS。根据摄像头是否需要安装驱动程序，可以分为有驱型与无驱型摄像头。

5.4.1 摄像头的组成

从摄像头的工作原理就可以列出摄像头的主要结构和组件：

1. 镜头

镜头由几片透镜组成，一般有塑胶透镜(Plastic)或玻璃透镜(Glass)。通常摄像头用的镜头构造有：1P、2P、1G1P、1G2P、2G2P、4G 等。透镜越多，成本越高。玻璃透镜比塑胶贵。因此一个品质好的摄像头应该是采用玻璃镜头，成像效果就相对塑胶镜头会好。现在市场上的大多摄像头产品为了降低成本，一般会采用塑胶镜头或半塑胶半玻璃镜头。

2. 图像传感器

图像传感器有两种，一种是 CCD，是用于摄影摄像方面的高端技术元件，应用技术成熟，成像效果较好，但是价格相对而言较贵。另外一种是比较新型的感光器件 CMOS，它相对于 CCD 来说价格低、功耗小。较早期的 CMOS 对光源的要求比较高，现在采用 CMOS 为感光元器件的产品中，通过采用影像光源自动增益补强技术，自动亮度、白平衡控制技术，色饱和度、对比度、边缘增强以及伽马矫正等先进的影像控制技术，可以接近 CCD 摄像头的效果。主流产品基本是 CCD 和 CMOS 平分秋色。总的来说还是 CCD 的效果好一点，目前 CCD 元件的尺寸多为 1/3 英寸或者 1/4 英寸，在相同的分辨率下，宜选择元件尺寸较大的为好。用户可以根据自己的喜好来选购。

3. 数字信号处理芯片

数字信号处理(DSP)芯片是一种独特的微处理器，是以数字信号来处理大量信息的器件。其工作原理是接收模拟信号，转换为 0 或 1 的数字信号。再对数字信号进行修改、删除、强化，并在其他系统芯片中把数字数据解译回模拟数据或实际环境格式。它的运行速度可达每秒数以千万条复杂指令程序，远远超过通用微处理器，是数字化电子世界中日益重要的电脑芯片。它的强大数据处理能力和高运行速度，是最值得称道的两大特色。

4. 图像解析度

摄像头的图像解析度/分辨率通常用像素来衡量，在实际应用中，摄像头的像素越高，拍摄出来的图像品质就越好，但另一方面也并不是像素越高越好，对于同一画面，像素越高的产品它的解析图像的能力也越强，但相对它记录的数据量也会大得多，所以对存储设备的要求也就高得多。

5. 电源

电源为摄像头提供电压，摄像头内部需要两种工作电压：3.3 V 和 2.5 V，最新工艺芯片有用到 1.8 V。

5.4.2 摄像头的性能指标

摄像头的性能指标有像素、调焦功能、成像距离、最大帧数等。

1. 像素

像素直接决定了摄像头的清晰程度。现在主流的摄像头产品在拍摄动态画面时一般可达到 30～1000 万像素。因为大多数用户都是使用摄像头进行视频交流，所以在选择摄像头时，一定要关注其拍摄动态画面的像素值，而不要被其在静态拍摄时的高像素所误导。

2. 调焦功能

调焦功能也是摄像头一项比较重要的指标，一般质量较好的摄像头都具备手动调焦功能，以使用户得到最清晰的图像。

3. 成像距离

摄像头的成像距离就是指摄像头可以相对清晰成像的最近距离到无限远这一范围。还有一个概念就是超焦距，它是指对准焦点以后的能清晰成像的距离。摄像头一般都是利用了超焦距的原理，即短焦镜头在一定距离之后的景物都能比较清晰成像的特点，省去了对焦功能。

4. 最大帧数

最大帧数就是在 1 秒钟时间里传输的图片的帧数，通常用 FPS(Frames Per Second)表示。每一帧都是静止的图像，快速连续地显示帧便形成了运动的假象。高的帧数可以得到更流畅、更逼真的动画。每秒钟帧数愈多，所显示的动作就会愈流畅。因为影像传感器不断摄取画面并传输到屏幕上来，当传输速度达到一定的水平时，人眼就无法辨别画面之间的时间间隙，因此大家可以看到连续动态的画面。

5.4.3 摄像头的选购

摄像头的选购要注意以下几点：

1. 图像传感器

图像传感器是摄像头的心脏部分。较高档的摄像头才使用 CCD 图像传感器，它具有灵敏度高、抗震性好和体积小等优点，但价格方面也相对较高；而 CMOS 图像传感器具有低功耗、低成本的特点，但它在分辨率和动态范围等方面的性能稍差一些。总的来说 CCD 成像水平和质量要高于 CMOS。

2. 像素

像素也是区分一款摄像头好坏的重要因素，目前摄像头的像素一般可达到 30~800 万，在进行视频交流时完全够用了。有的摄像头在销售时宣传其具有很高像素，其实这只是指用摄像头拍摄静止照片时的效果。因为大多数用户都是使用摄像头进行视频交流，所以在选择摄像头时，一定要关注其拍摄动态画面的像素值，而不要被其静态拍摄时的高像素所蒙蔽。

3. 色彩还原度和捕捉速度

色彩还原度需要用户用实际操作来辨别。首先应注意屏幕反映出来的色彩是否真实，人物是否清楚。如果效果不能令人满意的话，可以稍微调节一下镜头前面的变焦圈。调整到最佳状态后抓一幅图片下来仔细观察，如果镜头的质量较好，捕捉下来的图片应该清晰色彩真实。另外还需要注意的是图像捕捉速度，如果是 30 万像素的产品，可以将图像全屏显示，然后观察视频播放速度，一般质量不错的摄像头可以达到每秒 30 帧的水平。质量差一点的产品，其图像会非常不连贯，而且会出现明显的延迟或跳格等现象。

4. 接口

现在市面上的摄像头多为 USB 接口，当然也有少数是通过打印口或视频捕捉卡与计算机相接。为了能够把捕捉下来的图像快速输入到计算机里面，USB 接口无疑是最佳的选择。

5.4.4 摄像头的使用

在使用摄像头，尤其是采用 CMOS 芯片的产品时应该注意：

首先不要在逆光环境下使用，尤其不要直接指向太阳。其次环境光线不要太弱，否则直接影响成像质量。克服这种困难有两种办法，一是加强周围亮度，二是选择要求最小照明度的产品，现在有些摄像头已经可以达到 5 lux。

最后要注意的是合理使用镜头变焦，通过正确的调整，摄像头也同样可以拥有拍摄相片的功能。

5.5 手 写 输 入

手写输入设备是一种可以用自然书写的方式代替键盘或鼠标进行输入操作的设备。与键盘相比，手写输入设备的采用更加符合人类所习惯的书写方式进行输入，因此非常适用于对键盘输入不熟悉的人群。此外，由于该类型的设备还能够模拟传统书写方式时的笔触压力，因此在计算机绘图领域内得到了广泛的应用。

图 5-15　凡拓 850 数位板

如图 5-15 所示，手写板通常由一块基板和一只专用的手写笔组成，用户只需使用手写笔在基板的特写区域内书写文字，手写板便能够将手写笔所经过的轨迹和压力记录下来。

5.5.1　手写板的性能指标

手写板的性能指标有分辨率、压感级数、最高读取速度、最大有效尺寸。

1. 分辨率

分辨率指手写板在单位长度上所分布的感应点数，精度越高对手写的反映越灵敏，对手写板的要求也越高。

2. 压感级数

电磁式感应板分为"有压感"和"无压感"两种，其中有压感的输入板可以感应到手写笔在手写板上的力度，可以实现更多的功能，例如使用手写板绘画等。压感是评价手写板性能的一个很重要的指标，目前主流的电磁式感应板的压感已经超过了 512 级，压感级数越高越好。

3. 最高读取速度

最高读取速度是手写板每秒钟所能读取的最大感应点数量。最高读取速度越高，给人的直观感受就是手写板反应速度越快，也就是说输入速度越快。

4. 最大有效尺寸

最大有效尺寸是手写板中一个很直观的指标，表示了手写板有效的手写区域。手写区域越大，书写的回旋余地就越大，运笔也就更加灵活方便，输入速度往往会更快。

5.5.2　手写输入的选购

目前，市场上的产品价位从低到高，有很多选择。不过在购买过程中建议大家按照自己的需求及经济能力进行选择，购买过程中大家应注意以下几点：

1. 接口

如果对电脑不是很了解，要先留意所选择的手写板的安装过程是否简单易行，因为，对电脑不是很了解的人来说一个容易、按部就班的安装过程是最好不过的了。建议选择采用了 USB 接口的产品。

2. 手写板的感应尺寸大小

手写板区域越大，书写的回旋余地较大，运笔也灵活方便，但价格也相对比较贵。如果一般是用于文字输入的话，可以选择小巧、感应面积稍小的产品；如果要进行绘图输入，则最好选择手写板区域较大的产品。

3. 手写笔

以前手写笔与手写板之间都是用线连接在一起的，而现在一些新品大多摆脱了连线的束缚，独立做成无导线、无电池式的笔，还能真实的让你感受到用笔的感觉。此外还要看看笔上的按键能否通过软件设成其他功能键。

4. 功能是否齐全

目前大多数手写板，除了具有手写输入和绘图功能外，还具有鼠标的功能。

5. 附送软件

是否带有附送软件，看看在产品中捆绑的软件是否实用，软件和手写板之间的配合是否协调。

6. 售后服务

是否有售后服务。建议大家最好到信誉较好的商家或专卖店去购买。

5.5.3 手写输入的使用

由于手写板与普通的键盘、鼠标相比显得娇贵，而且价格较高，因此按正常的程序使用之外，手写板的保养也略为重要。对于手写板的平常保养，大家可以注意以下几点：

(1) 在书写时不要太用力，笔尖与基板接触即可。

(2) 请不要放在温度较高的地方或接触腐蚀性物质，清洁基板表面时，用湿棉布轻擦即可。

(3) 如果你的手写笔需要电池供电，请定期检查电池，以便及时更抽换；如果长时间不使用，请不要安装，以防电池流液，腐蚀电路。

(4) 如果手写输入系统中是硬件出现问题，如果在保修期内，请到经销商处进行调换或维修，而不要自行进行拆除维修；如果在保修期已过，也可以与经销商联系，看看是否提供收费的维修服务，如果不行，最好请熟悉电路的朋友或他人进行拆修。

5.6 语 音 输 入

操作者讲话，计算机将语音识别成汉字的输入方法称为语音输入(又称声控输入)。语音输入时要用到与计算机相连的话筒。微软 OFFICE 2003 以上级别的软件都可以使用语音输入。

语音输入即嘴巴打字、麦克风输入法。它被认为是目前世界上最简便、最易用的输入法，只要你会说话，它就能打字。

语音识别技术的原理是将人的话音转换成声音信号，经过特殊处理，与计算机中已存储的已有声音信号进行比较，然后反馈出识别的结果。其关键在于将人的话音转换成声音信号的准确性，以及与原有声音信号比较时的智能化程度。语音识别技术是人工智能的有机组成部分。

实验五 输入设备的安装

本实验要求掌握键盘、鼠标、扫描仪和摄像头的安装方法。具体步骤如下：

1. 键盘的安装

键盘的安装很简单，安装步骤如下：

(1) 关闭主机电源；

(2) 检查键盘的插头与主机的插座类型是否一致；

(3) 对准插座将键盘插上，注意要插牢。插入时用力不宜过大，以免损坏主机上的键盘插座。

2. 鼠标的安装

鼠标的安装应根据鼠标的接口(PS/2 接口、USB 接口、串行接口)插入主板上的对应插口。但要注意，对于 PS/2 接口的鼠标，不能带电插拔。在 Windows 下，不需要安装驱动程序，除非安装的是带有附加功能的鼠标。

3. 扫描仪的安装

扫描仪的安装分为硬件安装和软件安装两部分。

硬件安装根据接口类型的不同，方法也有所不同，总体上，扫描仪的硬件安装非常简单。对于 SCSI 接口的扫描仪，要先打开机箱安装 SCSI 卡，然后用扫描仪附带的电缆将扫描仪与 SCSI 卡连接。对于并行接口扫描仪将附带的电缆与计算机并行接口(打印机接口)连接起来。对于 USB 接口扫描仪则更加简单，用附带的 USB 接口电缆线将扫描仪与计算机的 USB 接口相连即可。硬件连接好后，检查扫描仪的电源指示灯是否正确亮起来。

接下来安装驱动程序。启动 Windows 操作系统，这时系统会报告发现新硬件，插入扫描仪驱动程序光盘，按照向导提示，一步一步操作即可完成安装。

4. 摄像头的安装

如果是纯 USB 接口的摄像头，就把 USB 接口插入计算机主机箱后面的 USB 接口；如果是 USB 加音频输入接口的话就是把 USB 接口插入计算机主机箱后面的 USB 接口，另一个类似耳机接口的插入计算机主机后面的红色小孔。

打开计算机光驱，放入驱动光盘，安装摄像头驱动，安装成功后，在我的电脑里有摄像图标。如果没有光驱，就用驱动精灵检测再安装摄像头光驱。如果是免驱动摄像头，可以省略此步骤。

习 题

1. 填空题

(1) 键盘由_____、_____、_____组成。

(2) 鼠标可以进行_____、_____、_____等操作。

(3) 扫描仪是利用_____和_____，以扫描方式将图形或图像信息转换为数字信号的装置。

2. 选择题

(1) _____是整个计算机键盘的核心。

    A. 外壳   B. 按键

    C. 电路板   D. 指示灯

(2) 鼠标的接口类型有_____。

    A. AT 接口   B. COM 接口

    C. PS/2 接口   D. USB 接口

(3) 扫描仪的核心是_____。

    A. 光源   B. 反光镜

    C. 镜头   D. 光电耦合器件

3. 判断题

(1) 手写板在书写时要用力，笔尖与基板紧密接触。   (　　　)

(2) 摄像头可以在逆光环境下使用。   (　　　)

(3) 首次使用扫描仪时，应将灯管锁打开，否则扫描仪无法正常工作。   (　　　)

4. 问答题

(1) 鼠标由哪些部分组成？

(2) 扫描仪的性能指标有哪些？

(3) 摄像头有哪些性能指标？

5. 操作题

(1) 了解当前市场输入设备的配置和价格。

(2) 熟悉计算机输入设备的安装和使用。

(3) 动手实践一下计算机输入设备的连接。

第 6 章 输 出 设 备

输出设备(Output Device)是计算机的终端设备,用于接收计算机数据的输出显示、打印、声音、控制外围设备操作等,也就是把各种计算结果数据或信息以数字、字符、图像或声音等形式表示出来。常见的有显卡、显示器、打印机、绘图仪、影像输出系统、语音输出系统和磁记录设备等。本章介绍显卡、显示器、打印机、多功能一体机和投影机的分类、组成、工作原理、性能指标、选购和使用等。

6.1 显 卡

显卡全称显示接口卡(Video card,Graphics card),又称为显示适配器(Video adapter)或显示器配置卡,是计算机最基本配置之一。图 6-1 为一款七彩虹显卡。

图 6-1 七彩虹 iGame780-3GD5 显卡

整个计算机硬件系统中,单有一台显示器是无法驱使它显示任何数据信息,需要在主机与显示器之间安装一个显卡,它能够将计算机内的各种需要输出的数据转换为字符、图形及颜色等信息,并通过显示器显示出来。

6.1.1 显卡的组成

显卡有集成显卡和独立显卡,集成显卡因为直接集成在主板上价格便宜,相对而言独立显卡成本较高,但是,独立显卡的性能一般都比集成显卡好。下面我们来看看独立显卡的组成,独立显卡一般是一块独立的电路板,插在主机板上,独立显卡主要由显示芯片、显示内存、显卡输出接口、显卡 BIOS、风扇/散热片、金手指等部分组成,如图 6-2 所示。

1. 显示芯片

显示芯片又叫 GPU(Graphic Processing Unit,图形处理单元或图形处理器),显示芯片是显卡的核心芯片。它的性能直接决定了显示卡的性能,它的主要任务是把通过总线传输过来的显示数据在 GPU 中进行构建、渲染等工作,最后通过显示卡的输出接口显示在屏幕上。

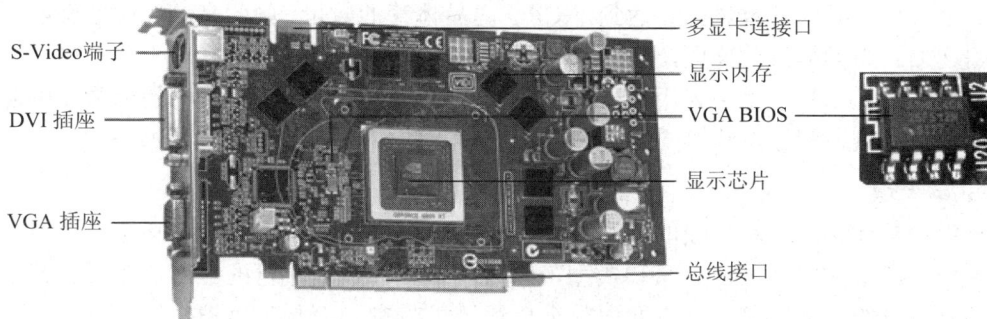

图 6-2　显卡的组成

2. 显示内存

显示内存(Video RAM)，简称显存，显存就好比系统内存。显存用来暂时存储显示芯片要处理的图形数据。显存越大，显卡图形处理就越快，在屏幕上出现的像素就越多，图像就越清晰。

显存同分辨率及其色彩位数的关系为：显示内存 = 分辨率 × 彩色位数 / 8。作为显卡的重要组成部分，显存一直随着显示芯片的发展而逐步改变着。

3. 显卡输出接口

显卡把处理好的图像数据通过输出接口与显示设备连接。显卡的输出接口类型有：VGA 接口、DVI 接口、S-Video 端子和 TV 接口等。

(1) VGA 接口。VGA(Video Graphics Array，视频图形阵列)接口是一个有 15 个插孔的 D 形插座(称为 D-SUB 模拟接口)，VGA 插座的插孔分为 3 排，每排 5 个孔。VGA 插座是显示卡的输出接口，与显示器的 D 形插头相连，用于模拟信号的输出。

(2) DVI 接口。DVI(Digital Visual Interface，数字视频接口)使用 3 行 8 列共 24 个引脚，用于连接 LCD 等数字显示器，通过 DVI 接口，视频信号无需转换，信号无衰减或失真，显示效果比 VGA 好，将会取代 VGA 接口。

DVI 接口通常有两种：仅支持数字信号的 DVI-D 和同时支持数字与模拟信号的 DVI-I。

(3) S-Video 端子。S-Video(Separate Video)可以向电视机(或监视器)输出信号。它是在 AV 接口的基础上将色度信号 C 和亮度信号 Y 进行分离，再分别以不同的通道进行传输，减少转化过程中的损失，以得到最佳的显示。

(4) TV 接口。另外有些显卡还带 TV 输出接口，这样在显示一些较低分辨率的图像和视频时，可以直接连接到电视机输出。

(5) HDMI 接口。HDMI(High Definition Multimedia Interface)是高清晰多媒体接口，最新的主板和显示卡上配备 HDMI 接口插座。

4. 显卡 BIOS

显卡 BIOS 又称 VGA BIOS，主要用于存放显示芯片与驱动程序之间的控制程序，还存放显示卡型号、规格、生产厂家、出厂时间等信息。启动计算机时，在屏幕上首先显示 BIOS 的内容。

5. 风扇/散热片

由于显卡核心工作频率与显存工作频率在不断攀升，显卡芯片的发热量也在迅速提升。

此外显示芯片的晶体管数量已经达到了 CPU 内晶体管的数量，如此高的集成度必然带来散热量的增加。为了解决此问题，显卡都会采用必要的散热方式。尤其对于超频爱好者和需要长时间工作的用户，是否采用优秀的散热方式是选择显卡时必须考虑的因素。因此，现在的显卡采用风扇和散热片协同运行的方式来解决散热问题。

6. 金手指

金手指是连接显卡和主板的通道，不同结构的金手指代表不同的主板接口。目前主流的显卡金手指是 PCI-Express 接口类型，它采用了目前业内流行的点对点串行连接，每个设备都有自己的专用连接，不需要向整个总线请求带宽，而且可以把数据传输率提高到一个很高的频率，达到 PCI 所不能提供的高带宽。

6.1.2 显卡的分类

按照显卡的总线接口类型分类，显卡可以分为：PCI 接口显卡、AGP 接口显卡和 PCI Express 接口显卡等。

1. PCI 总线接口

PCI 接口的工作频率为 33 MHz，最大数据传输速率可达 133 MB/s，同时具有与处理器和存储器子系统完全并行操作的能力。

2. AGP 总线接口

AGP 标准在使用 32 位总线时，其工作频率为 66 MHz，最高数据传输率为 533 MB/s，而 PCI 总线理论上的最大传输率仅为 133 MB/s。在最高规格的 AGP 8X 模式下，数据传输速度达到了 2.1 GB/s。

3. PCI Express 接口

PCI Express × 16 插槽，目前基本上取代了 AGP 插槽成为显卡的接口标准，它提供 5 GB/s 的带宽(实际可达 4 GB/s)，远远超过 AGP 8 × 的 2.1 GB/s 的带宽，所以 PCI Express 可以大幅提高中央处理器(CPU)和图形处理器(GPU)之间的数据传输速率。

6.1.3 显卡的性能指标

显卡的性能指标主要有：显存、显示芯片、刷新频率、分辨率、色深和接口方式。

1. 显存

显存与系统内存的功能一样，只是显存是用来暂时存储显示芯片处理的数据，系统内存是用来暂时存储中央处理器所处理的数据。显存的性能指标主要有显存容量、显存速度以及显存位宽。

(1) 显存容量。显存担负着系统与显卡之间数据交换以及显示芯片运算 3D 图形时的数据缓存，因此显存容量的大小决定了显示芯片处理的数据量。理论上讲，显存容量越大，显卡性能就越好。

显存容量决定着显存临时存储显示数据的多少，也是选择显卡的关键参数之一。显存容量一般在 128~1024 MB 之间，当前主流显卡容量有 256 MB 和 512 MB。但是，大容量显存必须配合高性能 GPU，在处理大型任务时才能完全发挥作用，否则大容量显存无疑是浪费的。

(2) 显存速度。显存速度取决于显存的时钟周期和运行频率，它们影响显存每次处理数据需要的时间。显存芯片速度越快，单位时间交换的数据量也就越大，在同等条件下，显卡性能也将会得到明显的提升。显存的时钟周期以 ns(纳秒)为单位，运行频率则以 MHz 为单位。它们之间的关系为：运行频率 = 1/时钟周期 × 1000。

(3) 显存位宽。显存位宽是显存在一个时钟周期内所能传送数据的位数。目前市场上的显存位宽有 64、128、256 和 512 位几种，分别称为 64 位、128 位、256 位和 512 位显卡。显存位宽越高，性能越好，价格也越高。目前主流显卡基本都采用 256 位显存，128 位以下显卡已被淘汰，更高的显存位宽指日可待。

显卡的显存是由一块块显存芯片组成的，显存总位宽是由显存颗粒的位宽叠加获得的。

显存位宽 = 显存颗粒位宽 × 显存颗粒数

2. 显示芯片

对于显示芯片我们要关心的是显示芯片制造工艺和显示芯片位宽。

(1) 显示芯片制造工艺。显示芯片的制造工艺与 CPU 一样，也是用微米来衡量其加工精度的。制造工艺的提高，意味着显示芯片的体积将更小、集成度更高，可以容纳更多的晶体管，性能会更加强大，功耗也会降低。

(2) 显示芯片位宽。显示芯片位宽是指芯片内部数据总线的宽度，也就是显示芯片内部所采用的数据传输位数。采用更大的位宽意味着在数据传输不变的情况下，瞬间所能传输的数据量越大，因此，位宽是决定显示芯片级别的重要参数。

3. 刷新频率

刷新频率是指影像在显示器上的更新速度，即影像每秒钟在屏幕上出现的帧数，刷新频率越高，屏幕上的图像的闪烁感就越小，图像就越稳定，视觉效果就越好。

4. 分辨率

分辨率指的是在屏幕上所显现出来的像素数目，由两部分来计算，分别是水平行的点数和垂直行的点数。举个例子，如果分辨率为 1024 × 768，那就是说这幅图像由 1024 个水平点和 768 个垂直点组成。更高的分辨率可以在屏幕上显示更多的东西。

5. 色深

色深是指某个确定的分辨率下，描述每个像素点的色彩所使用的数据的长度，单位是"位"。它决定了每个像素点可以有的色彩种类。通常用颜色数来代替色深，如 16 位、24 位、32 位色深等。

6. 接口方式

显示卡的总线接口决定着显卡与系统之间数据传输的最大带宽，不同的接口能为显卡带来不同的性能。显卡发展至今共出现了 ISA、PCI、AGP、PCI Express 等几种接口，所能提供的带宽依次增加。

6.1.4 显卡的选购

下面我们看看如何选购显卡。

1. 选购显卡的方法

在组装计算机的过程中，除了要选一款好主板外，另一件大事就是选择一块好的显卡了。一块好的显卡不仅会为你带来高画质的真实享受，还会有效的保证你的视力。

(1) 显存。显存芯片的容量大小和位宽对显卡的处理能力影响非常大，因此是一个不可忽视的参数。显存容量和位宽越大，显卡性能就越好。

(2) 功能。还要看显卡所附带的功能。现在的显卡都支持双头显示，也就是说一块显卡可以分别接出两台显示器，每台显示器显示不同的内容，就好像电视机里的画中画一样。还有就是有的显卡带有 TV-OUT 输出端子，它的作用是可以将显卡输出的图像直接显示在电视上。

(3) 做工。一款性能优良的显卡，其 PCB 板、线路和各种元件的分布是比较规范的。建议大家尽量选择使用 4 层以上 PCB 板的显卡。另外，使用高稳定性、寿命长、高额定电流和环保固态电容的显卡更能提高显卡的性能。

2. 一款显卡简介

图 6-3 所示是一款七彩虹 iGame650 烈焰战神显卡，它的性能指标如下：

显卡核心

芯片厂商：NVIDIA

显卡芯片：GeForce GTX 650

显示芯片系列：NVIDIA GTX 600 系列

制造工艺：28 nm

核心代号：GK107

显卡频率

核心频率：1058/1110 MHz

显存频率：5000 MHz

图 6-3　七彩虹显卡

RAMDAC 频率：400 MHz

显存规格

显存类型：GDDR5

显存容量：1024 MB

显存位宽：128 bit

最高分辨率：2560 × 1600

显卡散热

散热方式：散热风扇 + 热管散热 + 热管

显卡接口

总线接口：PCI Express 3.0 16 ×

I/O 接口：双 DVI 接口/Mini HDMI 接口

外接电源接口：6 pin

物理特性

3D API：DirectX 11.1

流处理器(sp)：384 个

其他参数

支持 HDCP：是

供电模式：2 + 1 相

产品尺寸：240 mm×125 mm×35 mm

其他特点：支持 PhysX 物理加速技术，支持节能技术

显卡功耗：64 W，电源需求：400 W 以上

显卡附件

包装清单：七彩虹显卡 × 1

说明书 × 1

驱动光盘 × 1

6 Pin 电源线 × 1

6.1.5 显卡的使用

显卡使用中常见的是驱动程序问题和散热问题。

1. 显卡驱动程序丢失怎么办

目前的显卡大都按照公版设计生产的，因此在理论上只要是采用相同芯片显卡的驱动程序一般都可以通用。如果实在找不到显卡原装的驱动程序，可以使用其他相同芯片的显卡驱动程序来代替。一般显卡的驱动程序在网上都能找到。

2. 显卡散热不良引起花屏

一台计算机在正常使用的过程中出现花屏现象。这是由于显存芯片出现故障所致。在断开电源后打开机箱，并取下显卡，发现显卡的散热片非常烫手，猜想可能是显卡温度过高导致花屏。于是购置并更换一个显卡芯片的散热风扇，重新开机后花屏故障排除。

6.2 显 示 器

显示器(Display)通常也被称为监视器。显示器是属于计算机的 I/O 设备，即输入输出设备。它可以分为 CRT、LCD 等多种。它是一种将一定的电子文件通过特定的传输设备显示到屏幕上再反射到人眼的显示工具，如图 6-4 所示。

6.2.1 显示器的分类

按制造显示器的器件或工作原理来分，显示器有多种类型。目前市场上的显示器产品主要有两类：一为 CRT(Cathode Ray Tube，阴极射线管)显示器，即平常所说的显示器；二是 LCD(Liquid Crystal Display，液晶显示器)。

图 6-4 三星液晶显示器

CRT 显示器是一种使用阴极射线管(Cathode Ray Tube)的显示器，是目前应用最广泛的显示器之一，具有可视角度大、无坏点、色彩还原度高、色度均匀、可调节的多分辨率模式、响应时间极短等 LCD 显示器难以超过的优点。

LCD(Liquid Crystal Display，发光二极管)液晶显示器是一种采用液晶为材料的显示器。液晶是介于固态和液态间的有机化合物。将其加热会变成透明液态，冷却后会变成结晶的混浊固态。在电机的作用下，产生冷热变化，从而影响它的透光性，来达到亮灭的效应。

相对于传统的 CRT 显示器，LCD 具有体积小、功耗少、发热小、无辐射等优秀特性，随着 LCD 性能的提高和价格的降低，传统 CRT 显示器将逐步退出市场。

6.2.2　显示器的组成

下面我们来看一下液晶显示器的组成。一般来说，液晶显示器由以下几个部分组成：

1. 液晶模块

玻璃基板：里面是液态晶体和网格状的印刷电路。时序电路(timing control)：用于产生控制液晶分子偏转所序的时序和电压。灯管：产生白色光源。背光：把灯管产生的光反射到液晶屏上。

2. 控制板

控制板起信号转换作用。把各种输入格式的信号转化成固定输出格式的信号。例如对 1024×768 的屏输入信号可以是 640×480、800×600、1024×768 等，最终转化成输出格式 1024×768。

3. 逆变器

产生高压，用于点亮灯管。

6.2.3　显示器的性能指标

下面，我们介绍液晶显示器的性能指标。

虽然液晶显示器和传统 CRT 显示器有不少性能指标名称相同或相似，但其含义和重要性是有所不同的。

1. 尺寸

LCD 的屏幕尺寸是根据其面板的对角线标注的，由于封装时其边框几乎不会遮挡面板，因此更接近实际可视面积。LCD 的尺寸经历了从 15 in、17 in、19 in、20 in、21 in、22 in、23 in、24 in、26 in、27 in 直到 30 in。

伴随屏幕尺寸的大幅度增加，传统的 5∶4 或者 4∶3 的显示比例已经不适应，面向更高品质视频娱乐的定位使得超大屏幕液晶显示器开始向 16∶10、16∶9 乃至 15∶9 的宽屏幕过渡。

2. 分辨率

分辨率就是屏幕上显示的像素的个数(真实分辨率)。液晶显示器只有一个最佳分辨率，而这一分辨率往往也是液晶显示器的最大分辨率。液晶显示器在最佳分辨率下的像素点与液晶颗粒是对应的。正是由于这种显示原理，液晶显示器只有在显示模式跟该液晶显示板的分辨率(最大分辨率)完全一样时才能达到最佳效果。

3. 像素间距

液晶屏幕的像素间距是指两个连续的液晶颗粒(光点)中心之间的距离。像素间距是以面板尺寸除以分辨率所得的数值。由于液晶显示器的像素数量是固定的,因此在尺寸与分辨率都相同时,液晶显示器的像素间距是相同的。

4. 亮度

亮度的单位是 cd/m^2(即坎德拉/平方米),如 250 cd/m^2 表示在 1 平方米点燃 250 支蜡烛的亮度。人眼接受的最佳亮度为 150 cd/m^2。由于显示器的亮度会受外界光线影响,因此需要制造亮度比较高的显示器。液晶显示器标称的亮度表示它在显示全白画面时所能到达的最大亮度。液晶材质本身并不会发光,因此所有的液晶显示器都需要背光灯管来照明,背光的亮度也就决定了显示器的亮度。TFT LCD 的亮度值一般都在 200~350 cd/m^2 范围。亮度太高有可能使观看者眼睛受伤。

5. 对比度

对比度的定义为最大亮度值(全白)除以最小亮度值(全黑)的比值。对比度越高,图像的锐利程度就越高,图像也就越清晰,显示器所表现出来的色彩也就越鲜明、层次感越丰富。

6. 响应时间

响应时间就是液晶颗粒由暗转亮或由亮转暗的时间,单位为 ms。响应时间由"上升时间"和"下降时间"组成,通常所说的响应时间是指两者之和。响应时间数值越小说明响应时间速度越快,对动态画面的延时影响也就越小。

灰阶响应时间,就是相对早期的黑白响应时间而定义的,因为显示器显示的图像极少出现全黑全白转换,显然不够合理,灰阶响应时间更能反映动态效果。由于灰阶响应时间的数值较小,所以显示器厂商在性能参数上标识的响应时间一般都为灰阶响应时间。

响应时间决定了显示器每秒所能显示的画面帧数。通常,当画面显示速度超过每秒 25 帧时,人眼会将快速变换的画面视为连续画面,不会有停顿的感觉,所以响应时间会直接影响人的视觉感受。当响应时间为 30 ms 时,显示器每秒能显示 1/0.030 = 33 帧画面;25 ms 时每秒显示 1/0.025 = 40 帧;16 ms 时每秒显示 1/0.016 = 62.5 帧;8 ms 时每秒显示 1/0.008 = 125 帧;5 ms 时每秒显示 1/0.005 = 200 帧;4 ms 时每秒显示 1/0.004 = 250 帧画面。响应时间越短,显示器每秒显示的画面就越多。

7. 刷新频率

在液晶显示器中,像素的亮灭状态只有在画面内容改变时才会变化,所以无论其刷新频率为多少,画面都不会有闪烁现象。也正是基于这一点,LCD 的刷新频率已经成为可有可无的技术指标。

8. 可视角度

液晶显示器的可视角度是指用户可以清楚看到液晶显示器画面的角度范围。因为背光源发出的光线经过偏极片、液晶和取向层后,绝大部分光线都集中在显示器正面,所以通常液晶显示器的最佳视角不大,超过最佳视角后,画面的亮度、对比度以及色彩效果就会急剧下降,导致无法观看。

可视角度分为水平和垂直两方面，水平可视角度是以液晶的垂直中轴线为中心，向左向右移动，可以清楚看到影像的范围；垂直角度是以显示屏的水平中轴线为中心，向上向下移动，可以清楚看到影像的范围。

9. 坏点

液晶显示技术发展到现在，仍然无法从根本上克服坏点这一缺陷。因为液晶面板由两块玻璃板所构成，中间的夹层是厚约 5 mm 的水晶液滴。这些水晶液滴被均匀分隔开来，并包含在细小的单元格里，每三个单元格构成屏幕上的一个像素点。在放大镜下像素点呈正方形，一个像素点即是一个发光点。每个发光点都有独立的晶体管来控制其电流的强弱，如果控制该点的晶体管坏掉，就会造成该光点永远点亮或不亮。

10. 接口类型

显示器的接口是指显示器和主机之间的接口，通常有 DVI、HDMI 和 15 针 D-Sub 三种。DVI 是数字接口标准。和传统的 VGA 接口相比，采用 DVI 接口传输数据的 LCD 显示器不会引起像素抖动。另外，使用 DVI 接口后，显示器不会造成几何失真，这大大提高了画面的质量。

HDMI 数字输入接口是高清晰度多媒体接口，HDMI 接口可以提供高达 5 Gbps 的数据传输带宽，可以传送无压缩的音频信号及高分辨率视频信号。同时无需在信号传送前进行数/模或者模/数转换，可以保证最高质量的影音信号传送。

15 针 D-Sub 输入接口也叫 VGA 接口。它和 CRT 显示器接口相同，只能接受模拟信号输入。

11. 功率

一般购买显示器时很少有人注意功率，而通常液晶显示器的功率应该在 50 W 以下，相对 17 英寸 CRT 显示器 100 W 以上的功率是非常的节能，功率低也是许多大公司全面采用 LCD 显示器的重要原因之一。

12. 环保认证

LCD 是否通过相关认证也是重要的标准之一。重要的认证有 CCC 认证、TCO 认证、Windows 认证、MPRⅡ认证、RoHS 认证、FCC 认证等。

6.2.4 显示器的选购

显示器是每个使用计算机的用户必须面对的设备，显示器的性能高低直接影响用户的健康，因此显示器的选购不能马虎。

1. 显示器的选购

下面我们看看液晶显示器选购。

(1) 屏幕尺寸。我们在选购显示器的时候，首先考虑的是显示器屏幕的尺寸，对于液晶显示器来说，其面板的大小就是可视面积的大小。屏幕尺寸有 18.5 英寸、19 英寸、20英寸、21.5 英寸、22 英寸、23 英寸、23.6 英寸、24 英寸、26 英寸、27 英寸、28 英寸、29英寸、30 英寸可供选择。

(2) 响应时间。响应时间决定了液晶显示器每秒所能显示的画面帧数，通常当画面显示速度超过每秒 25 帧时，人眼会将快速变化的画面视为连续画面。响应时间越小，快速变化的画面所显示的效果越完美。

(3) 亮度和对比度。一般来说，液晶显示器的亮度越高，显示的色彩就越鲜艳，显示效果也就越好。对比度是亮度的比值，也就是在暗室中，白色画面下的亮度除以黑色画面下的亮度。

(4) 可视角度。具体来说，可视角度分为水平可视角度和垂直可视角度。在选择液晶显示器时，应尽量选择可视角度大的产品。

(5) 坏点和亮点。"坏点"和"亮点"同样是我们选购时必不可少需要注意的一点。它们的存在会影响画面的显示效果，所以坏点越少就越好。

(6) 接口类型。目前液晶显示器接口主要有 D-Sub(VGA)和 DVI 两种，其中 D-Sub 接口需要经过数/模转换、模/数转换两次转换信号，而 DVI 接口则是全数字无损失的传输信号接口。

(7) 认证标准。在液晶认证标准中，我们最关心的就是安全认证。在 3C 认证已经成为电脑产品必备的"身份证"后，是否通过 TCO 认证对于显示器来说尤为重要。

2. 一款 AOC 显示器

图 6-5 所示是一款 AOC D2757PH/BG 显示器，它的性能指标如下：

基本参数

产品类型：3D 显示器，LED 显示器，广视角显示器

产品定位：大众实用

屏幕尺寸：27 英寸

屏幕比例：16∶9(宽屏)

最佳分辨率：1920×1080

高清标准：1080 p(全高清)

面板类型：不闪式 3D(IPS)

背光类型：LED 背光

3D 显示：偏光式 3D

动态对比度：2000 万∶1

静态对比度：1000∶1

灰阶响应时间：5 ms

图 6-5　AOC D2757PH/BG 显示器

显示参数

点距：0.311 mm

亮度：250 cd/m^2

可视面积：597.8 mm×336.3 mm

可视角度：178/178°

显示颜色：16.7 M

扫描频率：水平：30～83 kHz

垂直：50～76 Hz

带宽：170 MHz

灯管寿命：50 000 小时

面板控制

控制方式：按键

语言菜单：英文，德语，法语，意大利语，西班牙语，俄语，葡萄牙语，土耳其语，
　　　　　简体中文

接口

视频接口：D-Sub(VGA)，HDMI1.4 × 2

外观设计

机身颜色：金/黑色

产品尺寸：622 mm×449 mm×130 mm(包含底座)，714 mm×490 mm×140 mm(包装)

产品重量：5.7 kg(净重)7.98 kg(毛重)

底座功能：倾斜：$-5°\sim15°$

音箱：内置音箱(2×2 W)

其他

电源性能：110～240 V，50～60 Hz

消耗功率：典型：40 W

待机：0.5 W

安全认证：CCC，FCC，cCSAus，CE，EPA，BSMI，ISO9241-307，CH ROHS，CEL，
　　　　　Win7

其他特点：通过快捷键一键切换将 2D 内容转换成 3D 内容，操作简单方便，人性化设计
　　　　　通过 HDMI1.4 接口方便接驳蓝光 DVD 或 PS3，Xbox360 直接播放 3D 内容

显示器附件

包装清单：显示器主机×1，底座×1，电源线×1，信号线×1，保修卡×1，电子光盘说
　　　　　明书×1

6.2.5　液晶显示器的使用

首先，保证适宜的温度。建议工作温度为 0～40℃，储藏温度为 -20℃～60℃。液晶
的状态不是恒久不变的，受热后会呈现透明状液态，冷却时又会结晶出颗粒状浑浊固体。
所以，周围温度过高或过低，显示画面会变色以至黑屏，此时不要通电，等温度恢复正常
后，显示面也将恢复正常。

其次，避免对液晶显示器表面施加重压。由于液晶显示器里有定向层，能使液晶分子
按一定方向取向，但它是极精细的，不能承受过大的压力。万一不小心用手重压了液晶显
示屏，需至少放置一小时后再通电。还要注意防止划伤、碰撞，移动时要轻拿轻放。

再次，如果需要清洁显示屏，要用专用细布或棉球轻轻擦拭处理。如果污垢过重，简
单的擦拭无法去除，必须用溶剂清洗时，只能用无水乙醇或专用清洁剂擦拭，而绝不能用
水、家用洗涤剂擦拭，否则可能给液晶带来伤害。

最后，不要让液晶显示器长时间工作。其像素是由许许多多的液晶体构筑的，过长时

间的连续使用，会使晶体老化或烧坏。损害一旦发生，就是永久性、不可修复的。一般来说，不要使液晶显示器长时间处于开机状态(连续 72 小时以上)。在不用的时候，应关掉显示器，或者将显示亮度调低，不建议用花哨的屏保，因为复杂的屏保程序在用户不使用计算机时仍然占用 CPU 资源、消耗显示器寿命。

6.3 打 印 机

打印机(Printer)是计算机的输出设备之一，用于将计算机处理结果打印在相关介质上。

6.3.1 打印机分类

打印机的种类很多，按打印元件对纸是否有击打动作，分击打式打印机与非击打式打印机。按照工作方式分类分为点阵打印机、针式打印机、喷墨式打印机、激光打印机等。一般最常见的打印机有针式打印机、喷墨打印机和激光打印机三种。

1. 针式打印机

针式打印机在打印机历史的很长一段时间上曾经占有着重要的地位，从 9 针到 24 针，可以说针式打印机的历史贯穿着这几十年的始终。针式打印机之所以在很长的一段时间内能长时间的流行不衰，这与它极低的打印成本和很好的易用性以及单据打印的特殊用途是分不开的。当然，它很低的打印质量、很大的工作噪声也是它无法适应高质量、高速度的商用打印需要的根结，所以现在只有在银行、超市等用于票单打印的很少的地方还可以看见它的踪迹。针式打印机外形如图 6-6 所示。

图 6-6 针式打印机

针式打印机中的打印头是由多支金属撞针组成的，撞针排列成几行，每行由几根撞针排列而成；打印头在纸张和色带之上行走，按照一定的规定弹射出来，在色带上打击一下，让色素印在纸上形成其中一个色点，多个点按一定形状组合，就形成了文字和图像。

针式打印机打印的图像效果很差，而且工作时噪声较大。但是针式打印机价格低廉、打印成本低、简单易用，现在只有少数领域打印表格、文字时使用针式打印机。

2. 喷墨打印机

所谓喷墨打印机，就是通过将墨滴喷射到打印介质上来形成文字或图像。喷墨打印机的价格也较便宜，而且它打印时噪音较小，图形质量较高，曾经成为家庭打印机的主流。它也有宽行和窄行之分，而且有很多型号可以打印彩色图像，提供了一个较高的性能价格比。

喷墨打印机是采用非打击的工作方式。其突出的优点有体积小、操作简单方便、打印噪音低、使用专用纸张时可打出和照片相媲美的图片等。图 6-7 所示为喷墨打印机。

图 6-7 喷墨打印机

在处理数据量大的文档时，更能体现内存的作用。普通打印机的内存主要为 8～16 MB，高档打印机有 32 MB 或更高。

7. 工作噪音

对打印机的工作噪音要求是越低越好。击打式打印机应小于 65 dB，非击打式打印机应小于 50 dB。

6.3.4 打印机的选购

选购打印机要考虑以下几个方面：

(1) 用途。根据应用场合选择不同类型的打印机。如果是需要进行高精度的打印，建议购买激光打印机；如果需要打印一般票据，那么针式打印机应该是最佳的选择；如果是在家庭使用，打印数量有限，一般购买比较便宜的喷墨打印机即可。

(2) 打印质量。相对来说，激光打印机拥有较好的打印质量，但是价格较贵，而喷墨打印机和针式打印机的打印质量相对差一些。

(3) 打印速度。评价一台打印机性能是否优异，不仅要看打印图像的品质，还要看它是否有良好的打印速度。打印机的打印速度是用每分钟打印多少页纸(PPM)来衡量的。厂商在标注产品的技术指标时，通常都会用黑白和彩色两种打印速度进行标注。在打印图像和文本时，打印机的打印速度也有很大不同。另一方面打印速度与打印时的分辨率也有直接的关系，打印机分辨率越高，打印速度自然也就越慢了。所以衡量打印机的打印速度必须进行综合的评定。

(4) 整机价格及打印成本。打印机不是一次性资金投入的硬件设备，所以打印机成本自然也应成为购买打印机时必须考虑的因素之一。打印成本主要包括墨盒与打印纸两部分，所以在购买时应该从两方面考虑。从长远看，打印成本也是一笔不小的投入，而对于优秀的打印机来说，它确实能帮助用户节约不少的打印成本，所以它也应该作为衡量打印机的一个标准。

(5) 技术支持和售后服务。打印机属于消耗型的硬件设备，长久的使用过程中难免会出现一些问题，如换墨盒、堵喷头等。良好的售后服务与技术支持对于非专业用户当然是极为重要的，所以购买打印机应注意厂家是否能提供至少一年的保修服务。

6.3.5 打印机的使用

掌握正确的使用和维护方法，加强日常维护管理，对提高打印机的使用效率，延长使用寿命，具有十分重要的意义。

打印机一般不需要特别地进行维护，只是在使用打印机的过程中应注意使用情况，如选择打印纸很重要，针式打印机应注意是否有断针和卡纸，喷墨打印机在使用过程中需要注意墨滴的使用情况，另外最好使用原装墨盒以防止堵塞。而使用激光打印机时需要注意硒鼓中墨粉的使用情况，如果不足时需要及时添加，选择合适的硒鼓，正确安装和存放硒鼓。最后，打印机应该放置在通风的环境中，不能放在过热、潮湿、灰尘多或太阳光照射强烈的地方。

6.4　多功能一体机

如图 6-9 所示，多功能一体机虽然有多种的功能，但是打印技术是多功能一体机基本功能，因为无论是复印功能还是接收传真功能的实现都需要打印功能支持。

图 6-9　多功能一体机

理论上多功能一体机的功能有打印、复印、扫描、传真，但对于实际的产品来说，只要具有其中的两种功能就可以称之为多功能一体机了。目前较为常见的产品在类型上一般有两种。一种涵盖了三种功能，即打印、扫描、复印。另一种则涵盖了四种，即打印、复印、扫描、传真。

6.4.1　多功能一体机的分类

多功能一体机可以根据打印方式分为"激光型产品"和"喷墨型产品"两大类。并且同普通打印机一样，喷墨型多功能一体机的价格较为便宜，同时能够以较低的价格实现彩色打印，但是使用时的单位成本较高；而激光型多功能一体机的价格较贵，并且在万元以下的机型中都只能实现黑白打印，而它的优势在于使用时的单位成本比喷墨型低许多。

除了可以根据打印技术来进行分类之外，多功能一体机还可以根据产品的功能性来进行分类。虽然都是集打印、复印、扫描、传真为一体的产品，有的用户觉得只要功能一样，产品也就没有什么差别，但是事实却不是这样。绝大多数的产品在各个功能上是有强弱之分的，是以某一个功能为主导的，因此它的这个功能便特别的出色，一般情况下可以分为打印主导型、复印主导型、传真主导型，而扫描主导型的产品还不多见。当然也有些全能性的产品，它的各个功能都非常强，不过价格上也相对贵一些。

6.4.2　多功能一体机的性能指标

其实这些指标许多人已经非常熟悉了，不过多种产品的技术指标结合在一起，也需要进行一番融会贯通才行。

1. 打印分辨率

这可以说是用户们最熟悉的指标了，它的单位是 dpi，由两个数值相乘，分别表示横向和纵向的分辨率，有的产品也叫打印精度。由于打印功能直接关系到其他集成功能的应用，因此这也是多功能一体机第一重要的指标。

2. 打印速度

这个指标也和打印机一样，用每分钟可以打印多少张 A4 纸来表示，也可记做 PPM，喷墨型产品的黑白打印和彩色打印的速度是不同的，这一点需要注意。

3. 扫描分辨率

这个指标同样和扫描仪上的是一样的，用户也应该相当熟悉了，具体的情况也就不再赘述了。

4. 复印分辨率

复印分辨率是指多功能一体机复印输出时文稿的精度，它的单位同样用 DPI 来表示，喷墨型产品同样也有黑白复印的分辨率和彩色复印的分辨率之分。

5. 复印速度

复印速度的意思其实也非常好理解，就是指产品每分钟可以复印的 A4 纸的数量。

6. 连续复印能力和可缩放比例

连续复印能力是指产品在复印同一文稿时，可以设定的一次连续进行复印的能力，目前有的产品最大可以连续复印 999 张，当然也有一些产品不具备连续复印的能力。可缩放比例则是指可以对原稿进行放大或缩小的能力，这一功能绝大多数的产品都具备，只不过可缩放的比例范围有所不同。

6.4.3　多功能一体机的选购

在了解了主要技术指标后，在选购中我们还需要注意哪些问题呢？

1. 选择激光还是喷墨

从打印输出方式上来看，多功能一体机还可以分为激光型和喷墨型两大类。它们各自的优点和普通打印机一样，在这里不再赘述。用户应该根据自己的实际应用情况，如是否需要彩色输出，打印量是否大等因素来考虑究竟选择何种产品。

2. 注意要点

和选择其他产品一样，选择多功能一体机时要注意一些选购要素。对于多功能一体机来说，比较重要的有以下几点：输出幅面(目前主流的产品基本上都是 A4 的)、运行速度、输出分辨率、内存情况、墨盒或硒鼓的使用寿命。

3. 使用成本

和打印机一样，在选购时了解一下耗材的价格和它的使用寿命也是非常重要的，通过这两个数据可以计算出使用的成本。

4. 接口兼容性和网络扩展性

目前网络已经和现代办公紧密结合在一起。因此选购多功能一体机时最好将这个因素考虑在内，即使现在不用也要为以后的发展留有余地和提升的空间。

5. 注重产品的品质和售后服务

和单一功能的产品相比，多功能一体机的技术复杂度更高，因此要求厂商要能提供良好的售后服务，只有这样才能够保证产品的稳定运行。尤其是一些全能型的产品，不少都有几十斤重，搬来搬去还是颇费一些力气的，因此最好选择厂商能够提供上门服务的产品。

6.5 投 影 机

投影机又称投影仪，是一种可以将图像或视频投射到幕布上的设备，可以通过不同的接口同计算机、VCD、DVD、BD、游戏机、DV 等相连接播放相应的视频信号。投影仪广泛应用于家庭、办公室、学校和娱乐场所。图 6-10 所示为投影机。

图 6-10　投影机

6.5.1　投影机的分类

从投影机原理分类，投影机主要通过三种显示技术实现，即 CRT 投影技术、LCD 投影技术以及近些年发展起来的 DLP 投影技术。

1. CRT 投影机

CRT 投影机采用的技术和 CRT 显示器相类似，是最早的投影技术。它有较长的寿命，显示的图像色彩丰富，还原性好，具有丰富的几何失真调整能力。由于技术的制约，它无法在提高分辨率的同时提高流明，直接影响 CRT 投影机的亮度值，再加上它的体积较大并且操作复杂，因此已逐渐被淘汰了。

2. LCD 投影机

LCD(Liquid Crystal Display，液晶显示)投影机是液晶显示技术和投影技术相结合的产物，如图 6-11 所示。液晶显示技术利用了液晶的光电效应。液晶的光电效应是指液晶分子的某一排列状态由于外加电场而改变，影响液晶单元的透光率或反射率。液晶的种类很多，不同的液晶其分子排列顺序也不同。有些液晶在不加电场时是透明的，而加了电场后就变得不透明了；有些则相反，在不加电场时是不透明的，而加了电场后就变得透明了。

图 6-11　LCD 投影机

LCD 投影机利用金属卤素灯或 UHP(冷光源)提供外光源，将液晶板作为光的控制层，通过控制系统产生的电信号控制相应像素的液晶，液晶透明度的变化控制了通过液晶的光的强度、颜色等，产生具有不同灰度层次及颜色的信号，显示输出图像，属于被动式投影方式。

目前市场上最常见的 LCD 投影机是三片式液晶板投影机，通常所指的 LCD 投影机即为三片式液晶板投影机。用红绿蓝三块液晶板分别作为红绿蓝三色光的控制层。光源发射出来的白色光经过镜头组汇聚到达分色镜组，红色光首先被分离出来，投射到红色液晶板上，液晶板上相应的像素接收到来自信号源的电子信号，呈现为不同的透明度，以透明度表示的图像信息被投射，生成了图像中的红色光信息。绿色光被投射到绿色液晶板上，形成图像中的绿色光信息，同样蓝色光经蓝色液晶板生成图像中的蓝色光信息。三种单独颜色的光在棱镜中会聚，由投影镜头投射到投影幕上形成一幅全彩色图像。

除了三片式 LCD 投影机外，还有一种单板式液晶板投影机。单板 LCD 投影机体积小，重量轻，操作、携带极其方便，价格比较低廉，但因其光源寿命短，色彩不够均匀，分辨率较低，目前已经基本被淘汰。

3. DLP 投影机

DLP(Digital Light Processing，数字光源处理)投影机是一种采用反射式投影技术的投影机，该类投影机可使投影图像灰度等级和图像信号噪声比大幅度提高，使画面质量细腻稳定，尤其在播放动态视频时图像流畅，没有像素结构感，形象自然，数字图像还原真实精确，如图 6-12 所示。

图 6-12 DLP 投影机

DLP 投影技术是基于 TI(Texas Instruments)开发的 DMD(Digital Micromirror Device，数字微镜装置)的一种全数字反射式投影技术。

DLP 投影机的核心是 DMD 装置，DMD 是拇指甲大小的半导体器件，由许多个微小的正方形反射镜片(简称微镜)按行列紧密排列在一起贴在一块硅晶片的电子节点上，每一个微镜对应着生成图像的一个像素，因此 DMD 装置的微镜数目决定了一台 DLP 投影机的物理分辨率。输入的影像或图形信号被转换成数字代码，即由 0 和 1 组成的二进制数据。根据这些代码，与微镜相对应的存储器控制 DMD 微镜迎向(即为状态开)或者背向(状态关)DLP 投影系统的光源，从而在投影表面生成亮或暗的像素，达到开启或关闭光的作用。微镜翻动的频率可达每秒五千来次，当一个微镜处于开状态的时间多于关状态，它所反射的像素亮度就相对较高；反之，当处于关状态的时间更多，就反射出较暗的像素。通过这种方式，DLP 投影系统中的微镜将输入 DMD 的视频或者图形信号转换成为具有不同亮度等级的光信号。当 DMD 芯片和投影灯、色轮和投影镜头协同工作时，这些翻动的镜面就能够一同将数字图像反射到演示墙面、电影屏幕或电视机屏幕上。

DLP 投影机按其中的 DMD 芯片的数目分为单片式、两片式和三片式 DLP 投影系统。在单片式 DLP 投影系统中，通过一个以 60 转/秒高速旋转的滤色轮来产生投影图像中的全彩色，滤色轮由 RGB(红、绿、蓝)三色块组成。由光源发射的白色光通过旋转着的 RGB 滤色轮后，RGB 三色光会顺序交替照射到 DMD 表面上。DMD 中每个微镜的开或关状态同色轮系统相协调，当 RGB 三色中的某一种颜色的光照射到 DMD 表面时，DMD 表面中的所有微镜会根据自己所对应的像素中此种颜色光的有无在开和关两个位置上高速切换，切换到开位置的次数是由相应像素中此种颜色的数量而决定的。此种颜色的光由微镜反射后，通过投影镜头投射到投影幕上。同样，当其他两种颜色的光到达 DMD 表面时，所有微镜会重复上述动作。由于所有动作都在极短的时间内完成，就在人的视觉系统中形成了一幅全彩色图像。例如，一个负责投射出紫色像素的微镜只将红色和蓝色光反射到投影表面，我们的眼睛将这些高速切换的红色和蓝色光混合，从而在投影的图像中看到紫色图像。

4. LCOS 投影设备

LCOS(Liquid Crystal On Silicon，硅上液晶或片上液晶)投影机的基本原理与 LCD 投影机相似，只是 LCOS 投影机是利用 LCOS 面板来调变由光源发射出来欲投影至屏幕的光信号，如图 6-13 所示。

图 6-13　佳能 WUX4000

LCOS 面板是以 CMOS 芯片为电路基板及反射层，液晶被注入于 CMOS 集成电路芯片和透明玻璃基板之间，CMOS 芯片被磨平抛光后当作反射镜，光线透过玻璃基板和液晶材料，经调光后从芯片表面反射出来。与 LCD 投影机最大的不同是 LCD 投影机是利用光源穿过 LCD 作调变，属于穿透式，而 LCOS 投影机中是利用反射的架构，所以光源发射出来的光并不会穿透 LCOS 面板，属于反射式。

采用 LCOS 技术的投影机通常都采用三片 LCOS 面板。LCOS 面板是以 CMOS 芯片为电路基板，无法让光线直接穿过，因此在 LCOS 投影机系统中，LCOS 面板前均多加了 PBS(Polarization Beam Spliter，偏极化分光镜)，将入射 LCOS 面板的光束与反射后的光束分开。除了 PBS 以外，LCOS 投影机的主要结构在导光及分光合光部分的设计与 LCD 投影机大同小异。PBS 是由两个 45 度等腰直角棱镜底边黏合的而成的棱镜，当非线性偏极化光入射 PBS 时，PBS 会反射入射光的 S 偏光(垂直入射线平面)，并且让 P 偏光(平行入射线平面)通过。由光源所发出的光经由 Dichroic Mirror(双色镜)后分成 R、G、B 三色光，此三色光分别通过各自的 PBS 后，会反射 S 偏光进入 LCOS 面板，当液晶显示为亮态时，S 偏光将改变成 P 偏光，最后以双色棱镜(Dichroic Prism)组合调变过的三道偏极光，投射至屏幕处得到影像。

另外还有一种离轴光学投影系统。入射光和反射光分开，不用 PBS，而用偏振膜。此种系统的投影对比度较高，但体积稍微偏大。

6.5.2　投影机的性能指标

虽然很多人都经常观看投影机所做的演示，但说到它的具体性能指标却有点儿摸不着头脑。下面我们就详细介绍几个投影机的主要指标，为您了解或选购投影机产品打个基础。

1. 亮度

亮度代表投影机能输出的光能量大小。亮度也是购买投影机的重要指标之一。投影机亮度的高低直接影响着在明亮的环境中投影图像的清晰程度。一般来说，亮度较高的投影机，画面效果也更好一些。但亮度绝不是决定画面质量的唯一因素。投影机的亮度指标直接关系到其投影效果，在环境光线比较明亮的室内或是投影面积很大的情况下，亮度较低的投影机产生的画面无法让观众清晰地辨认出轮廓，更谈不上层次细节了。

一般 300 cd/m^2 的投影机适合在有遮光装置的教室、办公室或大型娱乐场合中使用，800 cd/m^2 的投影机可以满足采光条件一般的普通家庭使用，而亮度在 1000 cd/m^2 以上的投影机可以在较明亮的场所使用。目前大多数小型高级影院和专业投影机的亮度都在 1000 cd/m^2 以上，不过用户如果长时间观看这种高亮度的投影机所产生的图像，会对视力产生不良影响。

2. 分辨率

投影机的分辨率是投影机性能的一个重要指标，它关系到投影机所能显示的图像的清晰程度，投影机的规格表上通常会给出好几个分辨率指标，而其中最常用也是最具代表性的就是 rgb 分辨率，它是指投影机在接受 rgb 分离视频信号时可达到的最高像素，如目前主流的 SVGA 投影机 800×600 分辨率表示其水平分辨率为 800，垂直分辨率为 600。

投影机分辨率是与所连接的计算机密不可分的，所以投影机也按照计算机显示分辨率分为 VGA、SVGA、XGA、SXGA、UXGA 等。目前投影机的分辨率通常为 SVGA(800×600 dpi)、XGA(1024×768 dpi)、SXGA(1280×1024 dpi)3 种，这是由投影机内部核心成像器件所决定的。

3. 对比度

对比度反映的是投影机所投影出的画面最亮与最暗区域之比，对比度对视觉效果的影响仅次于亮度指标，一般来说对比度越大，图像越清晰。

4. 灯泡

投影机的灯泡是投影机的主要照明设备，也是投影机中使用寿命较短的一种设备。目前大多数投影机灯泡的寿命在 1200～3000 小时之间，而更换一个灯泡一般需要 2000～3000 元，并且不同品牌的投影机灯泡一般也不能通用，所以在选购投影机时，应询问一下其所使用的灯泡的寿命和价格。

5. 色彩数

色彩数就是屏幕上可以显示多少种颜色的总数。对屏幕上的每一个像素来说，256 种颜色要用 8 位二进制数表示，即 2 的 8 次方，因此可以也把 256 色图形叫做 8 位图；如果每个像素的颜色用 16 位二进制数表示，就叫它 16 位图，它可以表达 2 的 16 次方即 65 536 种颜色；还有 24 位彩色图，可以表达 16 777 216 种颜色。

6. 投影距离

投影距离是指投影机镜头与屏幕(屏布)之间的距离,一般用米来做单位。在实际的应用当中,如果要在狭小的空间中获取大画面,则需要选用配有广角镜头的投影机,这样就可以在很短的投影距离内获得较大的投影画面尺寸;在影院和礼堂投影距离很远的情况下,要想获得合适大小的画面,就需要选择配有远焦镜头的投影机,这样就可以在较远的投影距离获得合适的画面尺寸,不至于使画面太大而超出幕布大小。普通的投影机采用标准镜头,适合大多数用户使用。

7. 梯形校正

在投影机的使用中,位置应尽可能与投影屏幕成直角这样才能保证投影效果。如果无法保证二者的垂直,画面就会产生梯形。如果不是吊装,而是摆在桌面上,则很难保证"垂直"。在这种情况下,需要使用"梯形矫正功能"来矫正梯形,保证画面成标准的矩形。

8. 幕布比例

幕布比例是指屏幕画面纵向和横向的比例,屏幕宽高比可以用两个整数的比来表示,如 4∶3 或 16∶9。计算机及数据信号和普通电视信号的宽高比为 4∶3,电影及 DVD 和高清晰度电视的宽高比是 16∶9。当输入源图像的宽高比与显示设备支持的宽高比不一样时,就会有画面变形和缺失的情况出现。16∶9 的图像在 4∶3 屏幕上显示时有 3 种方式:第 1 种是变形方式,在水平充满的情况下,垂直拉长,直到充满屏幕,这样图像看起来比原来瘦;第 2 种方式是字符框–A 方式,16∶9 的图像保持其不失真,但在屏幕上下各留下一条黑条;第 3 种方式是–B 方式,这是前两种方式的折中,在水平方向两侧各超出屏幕一部分,垂直上下的黑条也比第二种窄一些,图像的宽高比为 14∶9。

6.5.3 投影机的选购

投影机的选购需要确认使用方式、选购种类、噪音、质量与服务。

1. 确认使用方式

首先应该明确挑选投影机的主要目的是什么,是用于家庭影院,还是用于其他特殊用途,这样在挑选投影机的时候,就能有针对性地选择家庭型或办公型的品牌和型号了。投影机的使用方式分为桌式正投、吊顶正投、桌式背投、吊顶背投 4 种。正投是投影机在观众的同一侧;背投是投影机与观众分别在屏幕两端(需背投幕);如固定使用,可选择吊顶方式。如果有足够的空间,选择背投方式整体效果最好,如空间较小,可选择背投折射的方法。

2. 选购种类

LCD 投影机目前仍是市面上的主流产品,它的最大好处是色彩还原较好。DLP 投影机虽然色彩还原度略有不足,但其投射出的图像比 LCD 投影机要稍清晰一些,在展示的文字边缘的棱角时,就能很容易地看出它们在清晰度上的差异。当然 DLP 投影机的体积小和重量轻也是一大优势。

3. 噪音

投影机的噪声主要是由其风扇在旋转时所产生的,由于投影机的灯泡发热量较大,必须要依靠机内的风扇散热。不过如果风扇的噪声过大，会影响到用户使用时的效果。比如当用户使用投影机欣赏一场音乐会时，耳边却听到持续不断的"嗡嗡"声，那就不好了，所以用户在选购时最好测试一下风扇的噪音，一般能将噪音控制在 40 分贝以下就可以了。

4. 质量与服务

投影机价值较高，其配件、耗材(如灯泡)也是比较昂贵的产品，因此，在购买前要考虑其使用成本，并事先考察供应商的服务水平，了解服务内容。

6.5.4　投影机的使用

投影机的使用要注意以下几个方面：
① 尽量使用投影机原装电缆、电线；
② 投影机使用时要远离水或潮湿的地方；
③ 注意防尘，可在咨询专业人员后采取防尘措施；
④ 使用投影机需远离热源；
⑤ 注意电源电压的标称值，机器的地线和电源极性；
⑥ 用户不可自行维修和打开机体，内部电缆零件更换尽量使用原配件；
⑦ 投影机不使用时，必须切断电源；
⑧ 投影机使用时，如发现异常情况，先拔掉电源；
⑨ 注意使用后，先使投影机冷却；
⑩ 机器的移动要十分注意，轻拿轻放，运输注意包装、防震。

实验六　输出设备的安装和设置

本实验要求掌握视频系统的安装和设置方法、掌握打印机的安装方法。

1. 显卡的安装

安装显卡分为：显卡的硬件安装和显卡驱动程序的安装。

(1) 显卡的硬件安装。显卡的硬件安装比较简单，其具体操作如下：
① 将显卡对准插槽插入；
② 拉出插槽上的固定卡，然后将显卡完全插入插槽中并将固定卡复原，以固定显卡；
③ 拧紧螺丝将显卡固定紧。

(2) 显卡驱动程序的安装。随显卡包装盒附赠的一般还有显卡的驱动程序，其安装方法和安装主板驱动程序类似。

2. 显示器的安装

(1) 安装显示器。显示器的安装很简单，只需要把显示器的电源和市电插座连接好，再把显示器的信号线和主机上的显示输出信号线进行连接，然后拧紧 D 型插座的螺丝，使其固定紧即可。

(2) 安装显示器驱动程序。完成显示器的安装，下一步的工作就是安装显示器驱动程序。一般可以使用厂家提供的光盘来安装，如果没有光盘，也可以到厂家网站下载相应的驱动程序来安装。

3. 显示器的设置

显示器设置主要有对比度、亮度、分辨率和刷新频率。

(1) 对比度与亮度。常见的 CRT 显示器使用中出现的问题就是，对比度、亮度、分辨率和刷新率的设置问题。

购买显示器的时候，经销商一般都将 CRT 显示器的对比度调节到了最高的 100MAX，亮度方面至少也有 30 左右。

一般如果进行文字或者网页浏览的时候，请将对比度设置在 60 左右，亮度在 45 左右就已经可以了。在此设置下，显示器的光强较为柔和，长时间使用不会过分伤眼。

至于液晶显示器，对比度与亮度的设置定义与 CRT 存在差别，液晶显示器没那么伤眼，但是在对比度上我们也不建议用户调节为 MAX。原则上与 CRT 调整相似，在亮度上的调节就注意不要让屏幕泛白为宜。

(2) 分辨率与刷新频率。可以在"显示 属性"对话框的"设置"选项卡中设置显示器的分辨率。分辨率越高，显示器屏幕上的像素就越多，图像也就更加精细，但所得到的图像或文字就越小。

在桌面空白处单击鼠标右键，在弹出的快捷菜单中选择"属性"命令，在弹出的"显示 属性"对话框的"设置"选项卡中单击"高级"按钮，在打开的对话框中可以设置显示器的刷新频率。

4. 打印机的安装

打印机安装的具体步骤如下(如果是 USB 接口打印机直接连接就可以了，而对于并口打印机就需要如下步骤)：

(1) 找出打印机的电源线和数据线。

(2) 把数据线的一端插入计算机的并行接口上，并拧紧螺丝。

(3) 在打印机的背面找到打印机的电源接口和数据线接口，把数据线的另一端接到打印机上。

(4) 将电源线插入打印机的电源接口中。

(5) 安装打印机驱动程序。

(6) 添加网络打印机。在安装好了打印机的驱动程序之后，只是该计算机能正常使用，而网络中的其他计算机则不能使用，因此需要将安装打印机的计算机共享打印机，再在网络上添加网络打印机。

习　　题

1. 填空题

(1) 显卡的_____接口是高清晰多媒体接口。

(2) LCD 显示器是一种采用_____为材料的显示器。

(3) 打印速度指每分钟打印机所能打印的_____。

(4) DLP 投影机是一种采用＿＿＿＿＿＿＿投影技术的投影机。

(5) 从打印输出方式上来看，多功能一体机还可以分为＿＿＿＿＿＿和＿＿＿＿＿

两大类。

2. 选择题

(1) 液晶显示器的＿＿＿＿以 ms(毫秒)为单位，是指一个亮点转换为暗点的速度。

  A. 刷新频率   B. 分辨率

  C. 响应时间   D. 色深

(2) 下列设备中，属于计算机必不可少的输出设备是＿＿＿＿＿。

  A. 打印机   B. 显示器

  C. 键盘   D. 鼠标

(3) 具有打印、复印和扫描功能的是＿＿＿＿＿。

  A. 打印机   B. 复印机

  C. 一体机   D. 扫描仪

3. 判断题

(1) VGA 接口使用 3 行 8 列共 24 个引脚，用于连接 LCD 等数字显示器。

                       (　　)

(2) 目前市场上流行的打印机的接口是并行接口。   (　　)

(3) 多功能一体机都具有打印、复印、扫描、传真功能。 (　　)

4. 问答题

(1) 显卡有哪些性能指标？

(2) 液晶显示器的性能指标有哪些？

(3) 打印机的性能指标有哪些？

5. 操作题

(1) 熟练掌握显卡的安装与拆卸方法。

(2) 熟练掌握显示器的安装和调试。

(3) 掌握打印机的安装、连接和驱动程序的安装。

第 7 章 多媒体设备

计算机的多媒体设备包括声卡、音箱和耳机。本章主要介绍声卡、音箱和耳机的组成、分类、性能指标、选购和使用等知识。

7.1 声 卡

声卡(Sound Card)也叫音频卡，声卡是多媒体设备中最基本的组成部分，是实现声波/数字信号相互转换的一种硬件。声卡的基本功能是把来自话筒、磁带、光盘的原始声音信号加以转换，输出到耳机、扬声器、扩音机、录音机等声响设备，或通过音乐设备数字接口(MIDI)使乐器发出美妙的声音。声卡如图 7-1 所示。

图 7-1 创新声卡

7.1.1 声卡的组成

独立声卡主要由声音处理芯片、功率放大芯片、模数与数模转换芯片 Codec、输入/输出接口和金手指组成，如图 7-2 所示。

图 7-2 声卡的组成

1. 声音处理芯片

声音处理芯片通常是声卡上最大的四边都有引线的那只集成块,上面标有商标、型号、生产日期、编号、生产厂商等重要信息。其主要功能是完成数模转换:

(1) 模拟/数字转换:将声音进行数字采样。

(2) 数字/模拟转换:将数字信息转化成模拟信号。

(3) 数字信号处理器:承担声音数据处理的大部分运算。

声卡的数字信号处理器(Digital Signal Processor,DSP)也称为声卡主处理芯片,是声卡的核心部件。DSP 的功能主要是对数字化的声音信号进行各种处理,如声波取样,回放控制,处理 MIDI 指令等,有些声卡的 DSP 还具有混响、和声、音场调整等功能。DSP 基本上决定了声卡的性能和档次,通常也按照此芯片的型号来称呼该声卡。

2. 功率放大芯片

功率放大芯片将从声音处理芯片出来的信号直接放大,推动喇叭放出声音。功率放大芯片的主要作用是将 Codec 芯片输出的音频模拟信号放大,输出可以直接推动音箱的功率,同时还担负着对输出信号的高低音分别进行处理的任务。声卡上的功率放大器型号多为 XX2025,功率为 2×2 W,音质一般。

3. 模数与数模转换芯片 Codec

Codec 芯片用于模数和数模转换。Codec 芯片是模拟电路和数字电路的连接部件,负责将输入的模拟信号转换成数字信号输入到 DSP,也负责 DSP 输出的数字信号转换成模拟信号输入功率放大器和音箱。Codec 芯片和 DSP 的能力直接决定了声卡处理声音信号的质量。

4. 输入/输出端口

在声卡上一般有 6 个插孔,如图 7-3 所示。

图 7-3　声卡的输入/输出端口

输入/输出端口包括:线性输出(前置/侧置/后置/中央)、线性输入、麦克风输入、数字输入/输出(立体声 SPDIF 输出到数字输入/输出模块)、辅助音频输入。

5. 金手指

金手指是声卡与主板连接的"通道",也就是声卡的总线,以实现供电和数据传输功能。

7.1.2　声卡的工作原理

声卡的工作原理就是一个数模转换过程——声卡将数字音频信号送到数模转换器(D/A),

通过它将数字信号转换成模拟信号，最后输出到音箱中，这样我们就能听到声音了。只能播放声音是不够的，声卡还得承担"录音"的工作——将麦克风等输入设备输入的模拟信号经过模数转换得到数字音频。

声卡回放声音的工作过程是通过 PCI 总线或者声卡的其他数字输入接口将数字化的声音信号传送给声卡，声卡的 I/O 控制芯片和 DSP 接收数字信号，对其进行处理，然后传送给 Codec 芯片，Codec 芯片将数字信号转换成模拟信号，然后输出到功率放大器或直接输出到音箱。

声卡录制声音的工作过程是声音通过 Mic In 或 Line In 接口将模拟信号输入到 Codec 芯片，Codec 芯片将模拟信号转换成数字信号，然后传送到 DSP，DSP 对信号进行处理，经 I/O 控制芯片和总线输出到计算机。

7.1.3 声卡的分类

分法不同，声卡的分类也不同。

1. 按照声卡芯片的不同分类

按照声卡芯片的不同可以将声卡分成集成声卡、独立声卡和外置声卡。

1) 集成声卡

集成声卡是一种集成在主板上的数字模拟信号转换芯片。集成声卡没有音频处理芯片，完全靠 CPU 对音频信号进行处理转换，这样会占用 CPU 资源，如果 CPU 比较繁忙，播放的声音就会出现停顿现象。目前常见的集成声卡芯片有 Realtek ALC 系列的 AC'97 CODEC 芯片等。

集成声卡集成在主板上，具有不占用 PCI 接口、成本更为低廉、兼容性更好等优势。它能够满足普通用户的绝大多数音频需求，受到了市场的青睐。

2) 独立声卡

独立声卡是指独立安装在主板的 PCI 插槽中的声卡，现在的声卡以 PCI 声卡为主。独立声卡有独立的音频处理芯片，负责所有音频信号的转换工作，从而减少了对 CPU 资源的占用率，结合功能强大的音频编辑软件，可以进行音频信息的处理。

独立声卡的音频处理芯片是声卡的核心，它决定了最后从声卡输出的声音的音质好坏，因此音频处理芯片是衡量声卡性能和档次的重要标志。音频处理芯片上标有产品商标、型号、生产厂商等信息，是整个声卡电路板上面积最大的集成块，能对声波进行采样和回放控制、处理 MIDI 指令以及合成音乐等。

3) 外置声卡

外置声卡是创新公司独家推出的一种新声卡，它是在独立声卡的技术上发展起来的。它的外形通常是一个长方形的盒子，在外置声卡上一般具有 Speak 接口、Line in 接口、MIC 接口等。它们的作用与独立声卡上相应接口的作用是相同的。

外置声卡通过 USB 接口与 PC 连接，具有使用方便、便于移动等优势。但这类产品主要应用于特殊环境，如连接笔记本实现更好的音质等。常见的有创新 Extigy、Digital Music、MAYA EX 和 MAYA 5.1 USB 等。

2. 按声卡的功能分类

按功能的不同，声卡分为：单声道声卡、标准立体声声卡、真立体声声卡、5.1 声卡、7.1 声卡等。

目前声卡大多都集成在主板上，而且功能一般都可以满足普通用户的需求。如果有特殊的要求，可以使用独立声卡。

7.1.4　声卡的性能指标

声卡的主要作用就是对声音信息进行录制与回放，它的主要性能指标有：采样位数、采样频率、声道、三维音效、MIDI 和数字信号处理器。

1. 采样位数

把模拟的音频信号转换成数字信号，并存放在存储器中的过程称为数字音频采样。采样位数就是指用来描述波形幅度的细腻程度，也称为声卡处理声音的解析度，这个数值越大，解析度就越高，录制和回放的声音就越真实。8 位声卡可以把波形划分为 256 个级别，而 16 位声卡就可以划分为 64×1024 个级别。

2. 采样频率

采样频率是指录音设备在一秒钟内对声音信号的采样次数，采样频率越高，声音的还原就越真实越自然。

3. 声道

声道就是声卡处理声音的通道的数目，以前是单声道，后来又发展出立体声、四声道环绕、5.1 声道等。

1) 单声道

最原始的录音方式，音源只有一个，固定在两个音箱的中间。

2) 立体声

音源固定在左右两只喇叭里，通过两个声道的强弱可模拟出简单的空间效果。

3) 四声道环绕

四声道技术是声卡支持四个独立的声道，可以构成四点环绕系统，前左、前右、后左、后右四个音箱，听众被包围在这中间，可以有比较不错的身临其境的感受。就整体效果而言，四声道系统可以为听众提供来自不同方向的声音环绕，让听众获得身临各种不同环境的听觉感受，给用户以全新的体验。

4) 5.1 声道

5.1 声道随着 DVD 的流行而流行，其实 5.1 声道系统来源于 4.1 环绕，不同之处在于它增加了一个中置单元。这个中置单元负责传送低于 80 Hz 的声音信号，在欣赏影片时把对话集中在整个声场的中部，以增加整体效果。

当然还有更高标准的 7.1 声道系统，在 5.1 的基础上又增加了中左和中右两个发音点，以求达到更加真实的效果，但是成本会更高。

4. 三维音效

三维音效能够表现三维的音响效果。现在较流行有 Direct Sound 3D、A3D 和 EAX 等，基本原理都是利用一定的函数算法欺骗我们的耳朵，让我们产生比较真实的三维听觉效果。

1) 主要的 3D 音频 API

3D 音频 API 主要有以下几种：

(1) DirectSound 3D：DirectSound 3D 源自于 Microsoft DirectX 的老牌音频 API。对不能支持 DS3D 的声卡，它是一个需要占用 CPU 的三维音效 HRTF 算法，使这些早期产品拥有处理三维音效的能力。但是从实际效果和执行效率看都不能令人满意。所以，此后推出的声卡都拥有了所谓的"硬件支持 DS3D"能力。DS3D 在这类声卡上就成为了 API 接口，其实际听觉效果则要看声卡自身采用的 HRTF 算法能力的强弱。

(2) A3D：A3D(Aureal 3D)由美国 Aureal 公司开发，A3D1.0 版包括 A3D Surround 和 A3D Interactive 两个重要应用领域，强调的是在立体声硬件环境下就可以得到真实的声场模拟。A3D2.0 版则是在 1.0 基础上加入了声波追踪(Wave tracing)技术，可以表现出非常强烈的空间感，目前主要应用在游戏中。

(3) EAX：EAX(Enviromental Audio)是创新公司开发的环境音效技术，它建立在 DS3D 之上，通过它可以在游戏中实现环境音效以及声音的准确定位。它的原理是通过调整各种声音频率的指数使得 PC 可以模拟各种声场环境，比如空旷的大厅、高山、水下等，并且用户可自己确定各个音源实际位置，这一技术大大提高了游戏中的应用效果。不过创新公司认为凭两个音箱无法准确实现声音的 3D 定位，所以仍然建议用户使用 4 个以上的音箱。

2) 3D 音频 API 与 HRTF 的区别与联系

API 是编程接口的含义，其中包含着许多关于声音定位与处理的指令与规范。它的性能将直接影响三维音效的表现力。如今比较流行的 API 有 Direct Sound 3D、A3D 和 EAX 等。而 HRTF 是"头部相关转换函数"的英文缩写，它也是实现三维音效比较重要的一个因素。简单地讲，HRTF 是一种音效定位算法，它的实际作用在于欺骗我们的耳朵，从而达到更好的效果。有不少声音芯片设计厂商和相关领域的研究部门参与了这种算法的开发和设计工作。

5. MIDI

MIDI 是 Musical Instrument Digital Interface 的简称，意为音乐设备数字接口。它是一种电子乐器之间以及电子乐器与计算机之间的统一交流协议，从广义上可以将其理解为电子合成器、计算机音乐的统称，包括协议、设备等相关的含义。

1) MIDI 文件的本质

MIDI 文件是一种描述性的"音乐语言"，它将所要演奏的乐曲信息用字节表述下来，如"在某一时刻，使用什么乐器，以什么音符开始，以什么音调结束，加以什么伴奏"等，所以 MIDI 文件非常小巧。

2) FM 合成

MIDI 文件只是一种对乐曲的描述，本身不包含任何可供回放的声音信息，计算机音乐要通过声卡播放出来，就需要通过形式多样的合成手段。早期的 ISA 声卡普遍使用的是 FM 合成，即"频率调变"。它运用声音振荡的原理对 MIDI 进行合成处理。但由于技术本身的局限，加上这类声卡采用的大多数为廉价的 YAMAHA OPL 系列芯片，效果自然不好。

3) 波表合成

波表的英文名称为"WAVE TABLE",从字面翻译就是"波形表格"的意思。其实它是将各种真实乐器所能发出的所有声音(包括各个音域、声调)录制下来,存储为一个波表文件。播放时,根据 MIDI 文件记录的乐曲信息向波表发出指令,从"波形表格"中逐一找出对应的声音信息,经过合成、加工后回放出来。由于它采用的是真实乐器的采样,所以效果要好于 FM。一般波表的乐器声音信息都以 44.1 kHz、16 bit 的精度录制,以达到最真实的回放效果。理论上,波表容量越大合成效果越好。

4) 复音数

所谓复音数,是指 MIDI 乐曲在一秒钟内发出的最大声音数目。波表支持的复音值如果太小,一些比较复杂的 MIDI 乐曲在合成时就会出现某些声音被丢失的情况,直接影响到播放效果。好在如今的波表声卡大多提供 64 个以上的复音值,而多数 MIDI 的复音数都没有超过 32 个,所以音色丢失的现象不会发生。

5) DLS 技术

DLS 全称为"Down Loadable Sample",意思为"可供下载的采样音色库"。其原理是将音色库存储在硬盘中,待播放时调入系统内存。但与波表合成的不同点在于,运用 DLS 技术后,合成 MIDI 时并不利用 CPU 来运算,而依靠声卡自己的音频处理芯片进行合成。原因在于 PCI 声卡的数据宽带达到 133 Mb/s,大大加宽了系统内存与声卡之间的传输通道,从而既免去了传统 ISA 波表声卡所要配备的音色库内存,又大大降低了播放 MIDI 时的 CPU 占用率。而且这种波表库可以随时更新,并利用 DLS 音色编辑软件进行修改,这都是传统波表所无法比拟的优势。

6. 数字信号处理器

数字信号处理器(Digital Signal Processing,DSP)是指声卡中专门处理效果的芯片,常常又被称为效果器,由于价格比较昂贵,通常只在高档的声卡中才有。如果对声卡声音的产生及录制有专业要求,可以考虑使用带有 DSP 的声卡。

7.1.5　声卡的选购

对于一般用户,选择集成声卡就可以了。下面我们看看选购独立声卡的方法。

1. 选购独立声卡的方法

选购独立声卡要注意以下几点。

(1) 采用的芯片:要想得到较好的声音效果,声卡采用的声音处理芯片至关重要。目前 Creative 公司作为声卡芯片领域的霸主,在同行业中处于垄断地位,其生产的芯片在性能上非常不错。

(2) 做工:声卡的做工好坏可以通过观察焊点是否圆润光滑无毛刺,输入/输出接口是否镀金等判断。

(3) 品牌:集成声卡的品质是由芯片决定的。目前市场上的主流独立声卡品牌主要有新加坡的创新、德国的坦克和国产的乐之邦、傲王等。坦克这个品牌一向注重产品的品质和性价比,其产品具备了专业级和家用级系列的各种高、中、低端产品。正是由于这种平实的定位,使得坦克声卡获得了广大消费者的认可,占据了声卡市场很大的份额。

2. 介绍一款声卡

如图 7-4 所示为华硕 Xonar Essence ST 声卡。

主要性能

声卡类别：数字声卡

声道系统：双声道

安装方式：内置

适用类型：专业

总线接口：PCI

随机附件：光纤转接头×1，3.5 mm-RCA 转接

头×1，6.5 mm/3.5 mm 转接头×1，快速安装手册×1，

驱动 CD×1

图 7-4　华硕 Xonar Essence ST 声卡

7.1.6　声卡的使用

使用声卡时如果该操作系统不能正确地识别声卡，并安装了一个错误的驱动程序，造成声卡不能发声，这时只需要重新安装声卡自带的驱动程序即可解决该问题。另外，有时播放音乐时容易出现爆音，可尝试升级声卡的驱动程序。

7.2　音　　箱

音箱是整个音响系统的终端，其作用是把音频电能转换成相应的声能，并把它辐射到空间中。它是音响系统极其重要的组成部分，因为它担负着把电信号转变成声信号供人的耳朵直接聆听这么一个关键任务，它要直接与人的听觉打交道，而人的听觉是十分灵敏的，对复杂声音的音色具有很强的辨别能力。图 7-5 所示为漫步者音箱。

图 7-5　漫步者音箱

7.2.1　音箱的组成

多媒体音箱由扬声器单元、箱体、电源和信号放大器等组成。

1. 扬声器单元

扬声器在音响设备中是最薄弱的器件，而对于音响效果而言，它又是一个最重要的部件。扬声器有多种分类方式，按其换能方式可分为电动式、电磁式、压电式、数字式等多种；按振膜结构可分为单纸盆、复合纸盆、复合号筒、同轴等多种；按振膜开头可分为锥

盆式、球顶式、平板式、带式等多种；按重放频带可分为高频、中频、低频、超低频和全频带扬声器；按磁路形式可分为外磁式、内磁式、双磁路式和屏蔽式等多种；按磁路性质可分为铁氧体磁体、钕硼磁体、铝镍钴磁体扬声器；按振膜材料可分纸盆和非纸盆扬声器等。

2. 箱体

箱体用来消除扬声器单元的声短路，抑制声音共振，拓宽其频响范围，减少失真。音箱的箱体外形结构有书架式和落地式之分，还有立式和卧式之分。箱体内部结构又有密闭式、倒相式、带通式、空纸盆式、迷宫式、对称驱动式和号筒式等多种形式，使用最多的是密闭式、倒相式和带通式。

3. 电源

音箱的电源也是很重要的。它包括变压器部分、放大器部分、线路输入部分。

线路输入包括电源线输入和信号线输入。主要看信号线和电源线有无分离进线，也就是信号线和电源线要分别从箱体的上下方进入，不能挤在一起。否则电源线的电磁波会对信号线产生较大的干扰。此外信号线使用莲花接口，还能使信号输入损失减小。

有源音箱的一个重要特征就是它带有内置的功放电路。而变压器功率的大小直接影响有源音箱功率输出，只有足够大的功率才能供给放大器以及喇叭单元。

4. 信号放大器

放大器部分的运算放大器芯片在一定程度上影响着有源音箱声音的品质。前级放大器的质量好坏对声音的影响要远远大于后级，尤其是在声音取向、音乐质感方面。

功率放大器通常被称为功放，它是音箱的后级放大电路。它的使命很简单，就是放大功率以便达到能够推动扬声器的作用，功放与音箱的搭配问题通常指的就是后级放大电路。

7.2.2　音箱的分类

音箱可以按结构和声道数量来分类。

1. 按音箱结构分类

音箱按结构分为书架式、落地式、密闭式和倒相式等。

(1) 书架式音箱：书架式音箱体积小巧、层次清晰、定位准确，但功率有限，低频段的延伸与量感不足，适于欣赏以高保真音乐为主的人群，也是多媒体发烧友的首选。

(2) 落地式音箱：落地式音箱体积较大，承受功率也较大，低频的量感与弹性较强，善于表现磅礴的气势与强大的震撼力，但层次感与定位方面有所欠缺。

(3) 密闭式音箱：密闭式音箱是在封闭的箱体上装上扬声器，效率比较低。

(4) 倒相式音箱：倒相式音箱与密闭式箱的不同之处就是在箱体前面或后面板上装有圆形的倒相孔。它是按照赫姆霍兹共振器的原理工作的，其优点是灵敏度高、能承受的功率较大和动态范围广。因为扬声器后面的声波还要从导相孔放出，所以其效率也高于密闭箱。同一只扬声器装在合适的倒相箱中会比装在同体积的密闭箱中所得到的低频声压要高出 3 dB，因此这种设计有益于低频部分的表现，这也是倒相式音箱得以广泛流行的重要原因。

2. 按声道数量分类

音箱按声道分为单声道、立体声、准立体声、四声道环绕、5.1 声道。

(1) 单声道音箱：单声道是比较原始的声音复制形式，在早期的声卡中比较普遍。在通过两个扬声器回放单声道信息的时候，就可以明显感觉到声音是从两个音箱中间传递到耳朵里的。在声卡刚起步时，这种缺乏位置感的录制方式已经非常先进了。

(2) 立体声音箱：立体声又称为双声道，在录制过程中单声道声音被分配到两个独立的声道，从而达到了很好的声音定位效果。单声道缺乏对声音的位置定位，而立体声技术则彻底改变了这一状况。这种技术在音乐欣赏中显得尤为有用，听众可以清晰地分辨出各种乐器来自何方，从而使音乐更富想象力，更加接近于临场感受。

(3) 准立体声音箱：标准立体声在录制声音的时候采用单声道，而放音有时是立体声，有时是单声道。采用这种技术的声卡也曾在市面上流行过一段时间，但现在已经没有了。

(4) 四声道环绕音箱：又称为 4.1 声道，即 4 声道+低音声道。四声道环绕规定了 4 个发音点：前左、前右、后左、后右，听众则被包围在这中间。同时还建议增加一个低音音箱，以加强对低频信号的回放处理。

(5) 5.1 声道音箱：5.1 声道已广泛运用于各类传统影院和家庭影院中，一些比较知名的声音录制压缩格式，例如杜比 AC-3(Dolby Digital)、DTS 等都是以 5.1 声音系统为技术蓝本的。其中 ".1" 声道是一个专门设计的超低音声道，这一声道可以产生频响范围为 20～120 Hz 的超低音。

7.2.3 音箱的性能指标

音箱的性能指标有：功率、频率范围和频率响应、失真度、灵敏度、信噪比、阻抗、箱体材料。

(1) 功率：功率决定了音箱所能发出的最大声音，功率越高，声音的震撼力就越强。音箱功率越大越好，计算机音箱有 2×30 W 的功率已经足够了。

(2) 频率范围和频率响应：频率范围是指音箱的最低有效回放频率与最高有效回放频率之间的范围，单位是赫兹(Hz)。这个值的范围越宽，音箱还原的声音频段就越宽，声音也就越真实和自然。一般高保真(Hi-Fi)音箱要求最低有效频率范围应为 40～16000 Hz。

频率响应指将一个以恒电压输出的音频信号与音箱系统相连接时，音箱产生的声压随频率变化而发生变化、相位随频率变化而发生变化的现象，这种声压和相位与频率的相关联的变化关系称为频率响应，单位为分贝(dB)。

(3) 失真度：失真度反映的是音箱在回放声音时的失真程度，常用百分数来表示，其值越小表示失真越小。音箱失真主要包括谐波失真、互调失真和瞬态失真。

(4) 灵敏度：灵敏度是指在音箱输入端输入一个频率为 1 kHz、功率为 1 W 的信号，在扬声器正前方 1 m 位置测得的声压级，单位用分贝。其数值越大表示灵敏度越高。

(5) 信噪比：信噪比是指有效的音频信号电平与噪声信号电平的比值，其单位用分贝(dB)。一般音响系统的信噪比需在 85 dB 以上。

(6) 阻抗：阻抗是指在输入 1000 Hz 的交流信号的条件下，所呈现出来的等效阻抗。市场上音箱的标称阻抗常见的有 4 Ω、5 Ω、8 Ω 和 16 Ω 等。

(7) 箱体材料：音箱在发声时会产生共振，如果箱体材料单薄，则会产生谐振，造成声音嘶哑，因此在选购音箱时需要注意箱体材料。目前使用的箱体材料大都是木制和塑料的，相对来说，木制音箱因为板材较厚所以具有更好的音频回放能力。

7.2.4 音箱的选购

1. 选购音箱的方法

选购音箱的步骤是观察、试听和确认品牌。

1) 观察

先检查一下包装箱，观察是否有拆过的痕迹，注意上下两面都要看。然后开箱验货，检查音箱及其相关附属配件是否齐全，如音箱连接线、插头、音频连接线与说明书、保修卡等。虽然买的是音箱，但是配件一样也不能少。

然后检查音箱外观。假冒产品做工粗糙，假冒的木质音箱大多是用胶合板甚至纸板加工而成。检查箱体表面有无气泡、突起、脱落、划伤和边缘贴皮粗糙不整等缺陷，有无明显板缝接痕，箱体结合是否紧密整齐，后面板是否固定牢靠；喇叭、倒相孔、接线孔是否做过密封处理。掂一掂重量，重量越重越好，也说明音箱没有偷工减料。

2) 试听

选购音箱最主要的还是听，在检查完外观后就要来试听一下了。

首先听一下静噪，俗称电流声。检查的时候拔下音频输入线，音量调至最大，听"滋滋"的电流声，声音越小越好，一般 20 厘米外听不到"滋滋"的电流声就行。好一点的音箱可做到人耳离开喇叭 10 厘米听不到任何噪音。

然后挑一两段您熟悉的试音曲子，细听音质。中音(人声)柔和醇美，低音深沉而不浑浊，高音亮丽而不刺耳，全音域平衡感要好。注意音量大并不代表音质好，应在日常使用的音量范围(一般不大于 1/2 音量范围)细辨音质的良莠。可以带一张试音碟，里面包括各个音域的声音，如果多试几个音箱，就能比较出音箱效果的差异。

最后是调节音量，声音变化应是均匀的，旋转时无接触不良的"咔咔"噪音，音乐中没有"啪啪"的电位变换干扰。

3) 品牌

最后要确认购买的音箱的品牌，著名品牌的音箱在选料、做工和质保等方面都比普通杂牌音箱好。比较有名的音箱品牌有漫步者、创新、轻骑兵、冲击波和惠威等。这些厂家对生产工序和原材料都有严格的要求，产品的性能一般比较稳定。

2. 一款漫步者音箱

图 7-6 所示是一款漫步者音箱，其性能指标如下：

基本参数

音箱类型：电脑音箱

音箱系统：5.1 声道

有源无源：有源

调节方式：遥控

技术参数

供电方式：电源：220 V / 50 Hz

额定功率：64 W

扬声器单元：6 英寸 + 2 × 3 英寸

图 7-6　漫步者 R351T07 音箱

信噪比：85 dB

外观参数

音箱尺寸：低音炮：191 mm×286 mm×349 mm

卫星箱：93 mm×154 mm×99 mm

音箱重量：9 kg

音箱附件

包装清单：音箱本机×1

说明书×1

保修卡×1

音频线×1

电源线×1

7.2.5 音箱的使用

因为音箱是磁性材料，所以在使用时需要注意不能将磁性物体靠近音箱，否则会引起声音失真。另外，摆放音箱时不能离显示器太近。一般音箱的摆放位置是将小音箱分别放在显示器两边离显示器较远的位置，而低音炮则可随意放置，这样可获得最佳的听觉效果。对音箱的维护主要是擦拭其表面的灰尘，使其不要太脏即可。

7.3 耳 机

耳机(Headphone)又称耳筒、听筒，是一对转换单元，它接受媒体播放器或接收器所发出的电讯号，利用贴近耳朵的扬声器将其转化成可以听到的声波。图 7-7 所示是 AKG K420耳机。

耳机一般与媒体播放器是可分离的，它们利用一个插头连接。好处是在不影响旁人的情况下，可独自聆听音响；亦可隔开周围环境的声响，对在录音室、DJ、旅途、运动等在嘈杂环境下使用的人很有帮助。

图 7-7 AKG K420 耳机

7.3.1 耳机的组成

一只耳机主要由四个部分组成：头带、左右发声单元、耳罩和引线。

(2) 就整体效果而言，_____系统可以为听众提供来自不同方向的声音环绕，让听众获得身临各种不同环境的听觉感受，给用户以全新的体验。

    A. 单声道   B. 立体声

    C. 四声道   D. 5.1 声道

(3) 多媒体音箱由_____组成。

    A. 箱体   B. 扬声器单元

    C. 电源部分   D. 信号放大器总线

3. 判断题

(1) 声卡的作用是处理声音信号。 （   ）

(2) 在声卡上的 SPEAKER 用于连接话筒，标准的接口为绿色。 （   ）

(3) 音响的箱体在音响设备中是一个最薄弱的器件，而对于音响效果而言，它又是一个最重要的部件。 （   ）

4. 问答题

(1) 声卡由哪些部分组成？

(2) 声卡有哪些性能指标？

(3) 音箱有哪些性能指标？

5. 操作题

(1) 熟悉声卡的选购方法。

(2) 掌握音箱与声卡的安装和连接。

第 8 章 网 络 设 备

计算机常用的网络设备有双绞线、光纤、网卡、交换机和路由器等。本章主要介绍双绞线、光纤、网卡、交换机和路由器等网络设备的组成、分类、性能指标、选购和使用。

8.1 双 绞 线

双绞线(Twisted Pair)也称为双扭线，是由一对或者一对以上的相互绝缘的导线按照一定的规格互相缠绕(一般以逆时针缠绕)在一起而制成的一种传输介质，属于信息通信网络传输介质。双绞线是一种常用的布线材料，由于价格较为低廉，安装与维护比较容易，双绞线得到了广泛的使用。

8.1.1 双绞线的组成

如图 8-1 所示，将两根互相绝缘的铜导线并排放在一起，然后用规则的方法绞合起来就构成了双绞线。

采用这种绞合起来的结构是为了减少对相邻的导线的电磁干扰。每一根导线在传输中辐射的电磁波会被另一根线上发出的电磁波抵消。如果把一对或多对双绞线放在一个绝缘套管中，便成了双绞线电缆。在双绞线电缆内，不同线对具有不同的扭绞长度。一般来说，扭绞长度为 12.7～38.1 mm，按逆时针方向扭绞。

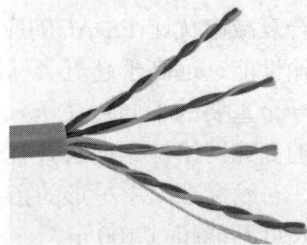

图 8-1 双绞线

8.1.2 双绞线的分类

目前，双绞线分为非屏蔽双绞线(Unshielded Twisted Pair，UTP)与屏蔽双绞线(Shielded Twisted Pair，STP)。

非屏蔽双绞线是一种数据传输线，由四对不同颜色的传输线所组成，广泛用于以太网路和电话线中。非屏蔽双绞线电缆最早在 1881 年被用于贝尔发明的电话系统中。

屏蔽双绞线在双绞线与外层绝缘封套之间有一个金属屏蔽层。屏蔽层可减少辐射，防止信息被窃听，也可阻止外部电磁干扰的进入，使屏蔽双绞线比同类的非屏蔽双绞线具有更高的传输速率。

因为在双绞线中，非屏蔽双绞(UTP)的使用率最高，所以如果没有特殊说明，在应用中所指的双绞线一般是指 UTP。双绞线主要有一类线、二类线、三类线、四类线、五类线、超五类线、六类线、七类线八种类型。

(1) 类线(CAT1)。线缆最高频率带宽是 750 kHz，用于报警系统，或语音传输(一类标准主要用于八十年代初之前的电话线缆)，不用于数据传输。

(2) 二类线(CAT2)。线缆最高频率带宽是 1 MHz，用于语音传输和最高传输速率为 4 Mb/s 的数据传输，常见于使用 4 Mb/s 规范令牌传递协议的旧的令牌网。

(3) 三类线(CAT3)。指目前在 ANSI 和 EIA/TIA568 标准中指定的电缆，该电缆的传输频率为 16 MHz，最高传输速率为 10 Mb/s，主要应用于语音、10 Mb/s 以太网(10 BASE-T)和 4 Mb/s 令牌环，最大网段长度为 100 m，采用 RJ 形式的连接器，目前已淡出市场。

(4) 四类线(CAT4)。该类电缆的传输频率为 20 MHz，用于语音传输和最高传输速率 16 Mb/s(指的是 16 Mb/s 令牌环)的数据传输，主要用于基于令牌的局域网和 10BASE-T/100 BASE-T。最大网段长为 100 m，采用 RJ 形式的连接器，未被广泛采用。

(5) 五类线(CAT5)。该类电缆增加了绕线密度，外套一种高质量的绝缘材料，线缆最高频率带宽为 100 MHz，最高传输率为 100 Mb/s，用于语音传输和最高传输速率为 100 Mb/s 的数据传输，主要用于 100 BASE-T 和 1000 BASE-T 网络，最大网段长为 100 m，采用 RJ 形式的连接器。这是最常用的以太网电缆。在双绞线电缆内，不同线对具有不同的绞距长度。通常，4 对双绞线绞距周期在 38.1 mm 长度内，按逆时针方向扭绞，一对线对的扭绞长度在 12.7 mm 以内。

(6) 超五类线(CAT5e)。超 5 类衰减小，串扰少，并且具有更高的衰减与串扰的比值(ACR)和信噪比(SNR)、更小的时延误差，性能得到很大提高。超 5 类线主要用于千兆位以太网(1000 Mb/s)。

(7) 六类线(CAT6)。该类电缆的传输频率为 1～250 MHz，六类布线系统在 200 MHz 时综合衰减串扰比(PS-ACR)应该有较大的余量，它提供 2 倍于超五类线的带宽。六类布线的传输性能远远高于超五类标准，最适用于传输速率高于 1 Gb/s 的应用。六类线与超五类线的一个重要的不同点在于六类线改善了在串扰以及回波损耗方面的性能，对于新一代全双工的高速网络应用而言，优良的回波损耗性能是极重要的。六类标准中取消了基本链路模型，布线标准采用星形的拓扑结构，布线距离的要求为永久链路的长度不能超过 90 m，信道长度不能超过 100 m。

(8) 超六类或 6A(CAT6A)。此类产品传输带宽介于六类和七类之间，传输频率为 500 MHz，传输速度为 10 Gb/s，标准外径为 6 mm。

(9) 七类线(CAT7)。传输频率为 600 MHz，传输速度为 10 Gb/s，单线标准外径为 8 mm，多芯线标准外径为 6 mm，用于 10 Gb/s 以太网。

8.1.3　双绞线的使用

双绞线一般用于星型网络的布线，每条双绞线通过两端安装的 RJ-45 连接器(俗称水晶头)与网卡和集线器(或交换机)相连，最大网线长度为 100 m(不包括千兆位以太网中的应用)。

在局域网中，双绞线主要用于计算机与网络设备之间的连接，或者是网络设备与网络设备之间的连接。在连接设备时每条双绞线两端都必须通过安装 RJ-45 连接器才能与网卡以及网络设备相连接。图 8-2 所示为 RJ-45 接口。

图 8-2　RJ-45 接口

1. 线序标准

由于 TIA 和 ISO 两组织经常进行标准制定方面的协调，所以 TIA 和 ISO 颁布的标准的差别不是很大。目前，在北美乃至全球，双绞线标准中应用最广的是 ANSI/EIA/ TIA-568A 和 ANSI/EIA/TIA-568B(实际上应为 ANSI/EIA/TIA-568B.1，简称为 T568B)。这两个标准最主要的不同就是芯线序列的不同：

标准 568B：橙白—1，橙—2，绿白—3，蓝—4，蓝白—5，绿—6，棕白—7，棕—8

标准 568A：绿白—1，绿—2，橙白—3，蓝—4，蓝白—5，橙—6，棕白—7，棕—8

除两台 PC 机之间用交叉线连接之外，一般情况我们使用的直连线连接。

2. 制作过程

RJ-45 插头的打线标准与制作过程如下：

(1) 先抽出一小段线，然后先把外皮剥除一段。

(2) 将双绞线反向缠绕开。

(3) 根据标准排线，注意这里是非常重要。

(4) 铰齐线头。

(5) 插入插头。

(6) 用打线钳夹紧。

(7) 使用测试仪测试。

8.2 光 纤

光纤是光导纤维的简写，是一种由玻璃或塑料制成的纤维，可作为光传导工具。传输原理是"光的全反射"。图 8-3 所示为光纤。

图 8-3 光纤

微细的光纤封装在塑料护套中，使得它能够弯曲而不至于断裂。通常，光纤一端的发射装置使用发光二极管(Light Emitting Diode，LED)或一束激光将光脉冲传送至光纤，光纤另一端的接收装置使用光敏元件检测脉冲。

在日常生活中，由于光在光导纤维的传导损耗比电在电线传导的损耗低得多，光纤被用作长距离的信息传递媒介。

8.2.1 光纤的组成

以金属导体为核心的传输介质，其所能传输的数字信号或模拟信号都是电信号。而光纤则用光脉冲形成的数字信号进行通信。光纤通常由非常透明的石英玻璃拉成细丝制成，主要有纤芯和包层构成。光纤的组成如图 8-4 所示。

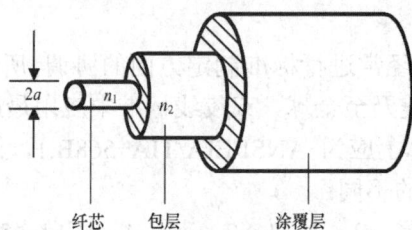

图 8-4 光纤的组成

由上图我们可知，一般光纤裸纤是由三部分构成的，是由纤芯、包层、涂覆层构成。纤芯的直径一般为 50 μm 或者是 62.5 μm，中间的包层是折射率较低的硅玻璃包层(其直径一般为 125 μm)，最外层则是加强层。

8.2.2 光纤的工作原理

光导纤维是由两层折射率不同的玻璃组成。内层为光内芯，直径在几微米至几十微米，外层的直径为 0.1～0.2 mm。一般内芯玻璃的折射率比外层玻璃大 1%。根据光的折射和全反射原理，当光线射到内芯和外层界面的角度大于产生全反射的临界角时，光线透不过界面，全部反射。这时光线在界面经过无数次的全反射，以锯齿状路线在内芯向前传播，最后传至纤维的另一端。现代的生产工艺可以制造出超低损耗的光纤，即做到光纤在纤芯中传输数公里而基本上没有什么损耗，这一点是光纤通信得到飞速发展的关键因素。

8.2.3 光纤的分类

光纤按照光在光纤中的传输模式分为单模光纤(Single-Mode Fiber，SMF)和多模光纤(Multi-Mode Fiber，MMF)。所谓"模"是指以一定角度进入光纤的一束光。

1. 单模光纤

单模光纤采用固体激光器做光源，中心玻璃芯较细(芯径一般为 9 或 10μm)，只能传一种模式的光。因此，其模间色散很小，适用于远程通讯，但其色度色散起主要作用，这样单模光纤对光源的谱宽和稳定性有较高的要求，即谱宽要窄，稳定性要好。

2. 多模光纤

多模光纤采用发光二极管做光源，中心玻璃芯较粗(芯径一般为 50 或 62.5 μm)，可传多种模式的光。但其模间色散较大，这就限制了传输数字信号的频率，而且随距离的增加会更加严重。例如 600 MB/km 的光纤在 2 km 时就只有 300 MB 的带宽了。因此，多模光纤传输的距离比较近，一般只有几公里。

8.2.4 光纤的特点

目前，光通信使用的光波波长范围是在近红外区内，波长为 0.8～1.8 μm。可分为短波长段(0.85 μm)和长波长段(1.31 μm 和 1.55 μm)。由于光纤通信具有一系列优异的特性，因此光纤通信技术近年来发展无比迅速。可以说这种新兴技术是世界新技术革命的重要标志，又是未来信息社会中各种信息网的主要传输工具。

光纤通信的优缺点如下：

1. 光纤的优点

(1) 不受电磁干扰，因为传输的形式是光，光纤不会引起电磁干扰也不会被干扰。

(2) 衰减较小，能够支持更远的传输距离，线路损耗低。

(3) 传输频带宽，通信容量大，单位时间内传输比铜导线更多的信息。

(4) 线径细，重量轻，抗化学腐蚀能力强。

(5) 制造光纤的资源丰富。

2. 光纤的缺点

(1) 光纤的安装需要专门设备保证其端面平整，以便光能透过。

(2) 当一根光纤在护套中断裂(如被弯成直角)时，要确定其位置是非常困难的。

(3) 修复断裂光纤也很困难，需要专门的设备熔接两根光纤以确保光能透过光纤连接的接合部。

8.3 网　　卡

网卡(NIC)又称网络接口卡或网络适配器，是连接 Internet 或者局域网必备的设备。目前，新配置的计算机，不需要用户单独配网卡。

如图 8-5 所示，网卡的外形与显示卡和声卡等接口卡有些相像，但功能和工作方式却不相同。

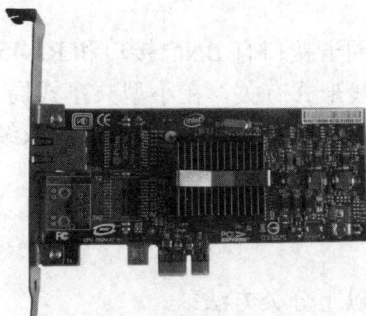

图 8-5　千兆网卡

8.3.1　网卡的组成

一块网卡主要由 PCB 线路板、主芯片、数据汇、金手指、BOOTROM、EEPROM、晶振、RJ-45 接口、指示灯、固定片，以及一些二极管、电阻、电容等组成。下面我们来简单了解下网卡的主要组成部件。

1. 主控制芯片

网卡的主控制芯片是网卡的核心元件，一块网卡性能的好坏和功能的强弱多寡，主要就是看这块芯片的质量。

主控制芯片用于控制进出网卡的数据流。对于 PCI 网卡来说，数据可以直接从网卡传给计算机，而不必经过 I/O 接口，也不必经过 CPU，能有效降低系统的负担。

2. BOOTROM 插槽

BOOTROM 插槽也就是常说的无盘启动 ROM 接口，是用来通过远程启动服务构造无盘工作站的。远程启动服务使通过使用服务器硬盘上的软件来代替工作站硬盘引导一台网络上的工作站成为可能。网卡上必须装有一个 RPL(Remote Program Load 远程初始程序加载)，ROM 芯片才能实现无盘启动，每一种 RPL ROM 芯片都是为一类特定的网络接口卡而制作的，它们之间不能互换。带有 RPL 的网络接口卡发出引导记录请求的广播，服务器自动地建立一个连接来响应它，并加载 MS-DOS 启动文件到工作站的内存中。

3. LED 指示灯

一般来讲，每块网卡都具有 1 个以上的 LED 指示灯，用来表示网卡的不同工作状态，以方便我们查看网卡是否工作正常。典型的 LED 指示灯包括 Link/Act、Full、Power 等。Link/Act 表示连接活动状态，Full 表示是否全双工(Full Duplex)，而 Power 是电源指示(主要用在 USB 或 PCMCIA 网卡上)。

4. 数据汞

数据汞是消费级 PCI 网卡上都具备的设备，数据汞也被叫做网络变压器或可称为网络隔离变压器。它在一块网卡上所起的作用主要有两个，一是传输数据，它把 PHY 送出来的差分信号用差模耦合的线圈耦合滤波以增强信号，并且通过电磁场的转换耦合到不同电平的网线的另外一端；二是隔离网线连接的不同网络设备间的不同电平，以防止不同电压通过网线传输损坏设备。除此而外，数据汞还能对设备起到一定的防雷保护作用。

5. 网卡接口

在桌面消费级网卡中常见网卡接口有 BNC 接口和 RJ-45 接口，也有两种接口均有的双口网卡。接口的选择与网络布线形式有关，在小型共享式局域网中，BNC 口网卡通过同轴电缆直接与其他计算机和服务器相连；RJ-45 口网卡通过双绞线连接集线器或交换机，再通过集线器或交换机连接其他计算机和服务器。

8.3.2　网卡的分类

网卡的种类很多，主要有以下分类方法：

1. 按带宽分类

按带宽分类，有线网卡分为 10 Mb/s 网卡、100 Mb/s 网卡、10/100 Mb/s 自适应网卡、1000 Mb/s 网卡、10/100/1000 Mb/s 自适应网卡和 10 Gb/s 网卡。自适应是指网卡可以与远端网络设备(集线器或交换机)自动协商，确定当前传输速率。

2. 按是否需要网线分类

按是否需要网线，网卡可以分为有线网卡和无线网卡。有线网卡就是我们平时使用的网卡，有线就是需要网线的意思。无线网卡最主要的特点就是不需要网线，通过 USB 接口连接，接收无线信号。现在无线网卡的技术已经非常成熟，很多场合已经在使用无线网卡。图 8-6 所示为无线网卡。

图 8-6　无线网卡

8.3.3 网卡的性能指标

网卡的性能指标有：数据传输率、芯片、工作模式、丢包率和远程唤醒等。

(1) 传输速率。传输速率是网卡与网络交换数据的速度频率，主要有 10 Mb/s、100 Mb/s 和 1000 Mb/s 等几种。10Mb/s 经换算后的实际传输速率为 1.25 MB/s(1Byte = 8b/s，10 Mb/s =1.25 MB/s)，100Mb/s 的实际传输速率为 12.5 MB/s，1000 Mb/s 的实际传输速率为 125 MB/s。不同传输模式的网卡的传输速率也不一样。

(2) 芯片。网卡的主控制芯片是网卡的核心元件，一块网卡性能的好坏，主要是看这块芯片的质量。网卡的主控制芯片一般采用 3.3 V 的低耗能设计、0.35 μm 的芯片工艺，这使得它能快速计算流经网卡的数据，从而减轻 CPU 的负担。

(3) 工作模式。网卡的工作模式主要有半双工和全双工两种，半双工是在一个时间段内只能传送或接收数据，不能同时收发数据；网卡的全双工技术是网卡在发送(接收)数据的同时可以进行数据接收(发送)。从理论上来说，全双工能把网卡的传输速率提高一倍，所以性能肯定比半双工模式的要好得多。现在的网卡一般都是全双工模式。

(4) 丢包率。丢包率是指测试中所丢失数据包数量占所发送总数据包的比率，通常在吞吐量范围内测试。丢包率与数据包长度以及包发送频率相关。千兆网卡在流量大于 200 Mb/s 时，丢包率小于万分之五；百兆网卡在流量大于 60 Mb/s 时，丢包率小于万分之一。

(5) 远程唤醒。远程唤醒是一个 ACPI 功能，它允许用户通过网络远程唤醒计算机，进行系统维护、病毒扫描、备份数据等操作，因此成为很多用户购买网卡时看重的一个指标。要实现远程唤醒功能还要求主板支持远程唤醒，并且网卡和计算机主板都符合 PCI2.2 规范。

8.3.4 网卡的选购

选购网卡需要考虑网卡的传输速率、网卡的总线类型、是否支持即插即用功能、品牌。

(1) 网卡的传输速率。由于 10 Mb/s 网络的传输速率较低，目前已被淘汰，因此 100 Mb/s 或 10/100 Mb/s 自适应网卡是最佳选择。

(2) 网卡的总线类型。目前网卡的总线类型主要有 PCI 总线和 USB 接口。最常用的是 PCI 总线接口的网卡；而 USB 接口的网卡具有即插即用、连接方便等优点。

(3) 是否支持即插即用功能。如网卡支持 PNP (即插即用)功能，则计算机可自动识别所连接的介质类型，在发生中断冲突时可以很方便地进行调整。

(4) 品牌。廉价网卡和中高档品牌网卡的差异比较明显，所以应该选购有一定知名度的品牌产品。国外知名的网络设备生产商，如 3COM、Intel 等的产品性能稳定、品质优秀、价格较高，适合作为服务器或有较高联网要求的用户选用。近年来，中国也有很多优秀品牌和相应产品涌现，如 Accton、Kingmax、D-Link、TP-Link、Topstar、Start、Qxcomm 等品牌。

8.3.5 网卡的使用

网卡的使用包括网卡的硬件安装、网卡驱动程序的安装、IP 地址的设置和测试网络连通。

1. 网卡的硬件安装

网卡的硬件安装操作如下：

(1) 关闭主机电源，打开机箱。

(2) 根据网卡的类型选择相应的插槽，然后用螺丝刀将插槽后面对应的挡板去掉。

(3) 将网卡插入机箱中对应的插槽内，使网卡金属接口挡板面向后侧，然后平衡地将网卡向下压入插槽中，直到网卡的"金手指"全部压入插槽中为止。

(4) 用螺丝将网卡固定好，并观察在固定的过程中网卡与插槽之间是否发生了错位。

(5) 盖好机箱，旋紧机箱螺丝。

2. 网卡驱动程序的安装

完成网卡的硬件安装后，就需要安装网卡驱动程序。不过，在 Windows 系统中一般常用的网卡不需要安装驱动程序，因为在系统安装时系统会自动安装网卡驱动程序。

3. IP 地址的设置

在 Windows 中设置网卡的 IP 地址的方法是：

(1) 打开控制面板。

(2) 双击控制面板里的网络连接，出现本地连接图标。

(3) 双击本地连接图标，出现本地连接对话框。

(4) 单击本地对话框中的属性按钮，出现属性对话框。

(5) 双击属性对话框中的 Internet 协议(TCP/IP)，在对话框中输入 IP 地址、子网掩码、默认网关和 DNS。

4. 测试网络连通

完成以上步骤，就可以测试网络是否连通。在 Windows 环境中，进入 DOS 模式，可以通过运行 ping 命令检测网络的连通情况。具体操作如下：

(1) ping 自己的 IP 地址：首先 ping 自己的 IP 地址，如 ping 222.22.65.1，如果没有问题，说明网卡安装和 IP 地址设置正确。

(2) ping 网关的 IP 地址：其次 ping 网关的 IP 地址，如 ping　222.22.65.129，如果没有问题，说明本地和网关连接正常。

(3) ping DNS 服务器的 IP 地址：最后 ping DNS 服务器的 IP 地址，如 Ping 202.196.64.1，如果没有问题，说明网络连通，可以上网。

8.4　ADSL Modem

ADSL(Asymmetrical Digital Subscriber Line)也称为非对称数字用户线路，亦可称作非对称数字用户环路。是一种新的数据传输方式。它因为上行和下行带宽不对称，因此称为非对称数字用户线环路。图 8-7 所示为 ADSL Modem。

ADSL 采用频分复用技术把普通的电话线分成了电话、上行和下行三个相对独立的信道，从而避免了相互之间的干扰。即使边打电话边上网，也不会发生上网速率和通话质量下降的情况。通常 ADSL 可以提供最高 1 Mb/s 的上行速率和最高 8 Mb/s 的下

图 8-7　ADSL Modem

行速率(也就是我们通常说的带宽)，此时线路已经无法提供正常的通话服务。最新的 ADSL2+ 技术可以提供最高 24 Mb/s 的下行速率，ADSL2+ 打破了 ADSL 接入方式带宽限制的瓶颈，使其应用范围更加广阔。

1. 工作原理

ADSL 是一种采用高频数字压缩方式，让网络服务商(ISP)利用现有电话网基础，向家庭或小型企业提供宽带接入的技术。ADSL 利用分频技术把普通电话线路分为传输低频信号和传输高频信号两个通道。3400 Hz 以下的低频通道供电话使用；3400 Hz 以上的高频通道供上网使用。ADSL Modem 利用 DMT(Discrete Multi Tone，离散多复音)编码技术在高频通道上建立两个上网通道，一个速率为 1.5～8 Mb/s 的下行通道，用于用户下载信息；一个速率为 16 kb/s～1 Mb/s 的双工通道，用于用户上传信息。

2. 分类

ADSL Modem 按安装方式分为内置卡式和外置盒式两种。按接口分为 PCI 接口、USB 接口、Ethernet 接口(RJ-45)及早期的 ATM(Asynchronous Transfer Mode，异步传输模式)接口。

3. 性能指标

ADSL Modem 的性能指标主要有上/下行速度、传输距离、路由功能、上网拨号方式等。

4. ADSL Modem 的使用

用网线连接与路由器靠近的计算机，无线路由器根据功能强弱一般带有数个到上百个不等的 RJ-45 局域网(LAN)接口，通过网线连接多台安装有线网卡的台式机，连接后开启路由器电源和主机。级联(WAN)接口则用于连接上级集线设备(或互联网)，可以用一根网线将其与 ADSL Modem 的 WAN 接口(RJ-45)连接。图 8-8 所示为 ADSL Modem 的连接。

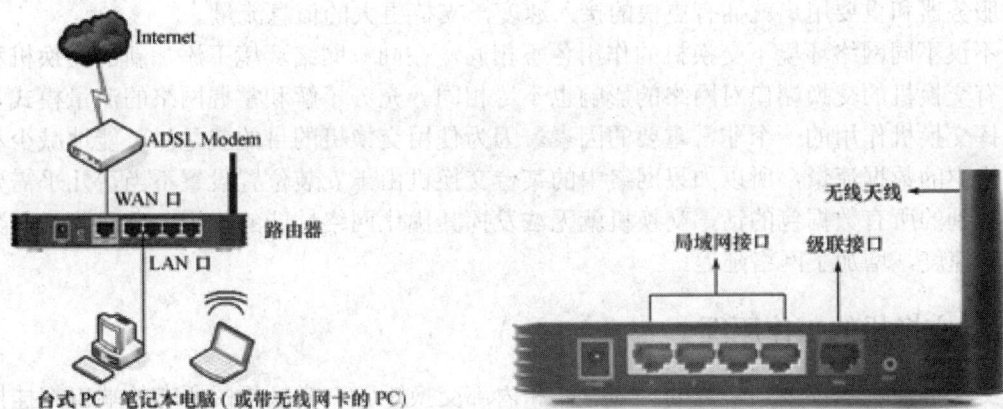

图 8-8　ADSL Modem 的连接

8.5　交 换 机

交换机(Switch)是一种用于电信号转发的网络设备。它可以为接入交换机的任意两个网络节点提供独享的电信号通路。图 8-9 所示为交换机。

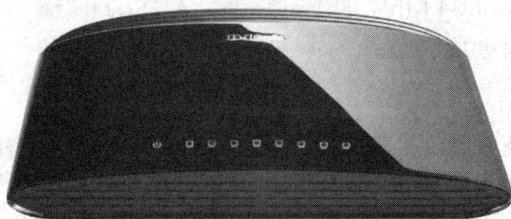

图 8-9　交换机

交换机是一种高性能的集线设备，是计算机网络中连接多台计算机或者其他设备的连接设备。使用交换机组成的交换式网络，其数据传输速率高达吉比特每秒。随着交换机价格的不断降低，并且能够带来更高的数据传输速率，它逐渐取代了集线器，成为局域网中最常见的网络设备。

8.5.1　交换机的功能

交换机的主要功能包括物理编址、网络拓扑结构、错误校验、帧序列以及流量控制。目前交换机还具备了一些新的功能，如对 VLAN(虚拟局域网)、链路汇聚的支持，甚至有的还具有防火墙的功能。

交换机除了能够连接同种类型的网络之外，还可以在不同类型的网络(如以太网和快速以太网)之间起到互连作用。如今许多交换机都能够提供支持快速以太网或 FDDI 等的高速连接端口，用于连接网络中的其他交换机或者为带宽占用量大的关键服务器提供附加带宽。

一般来说，交换机的每个端口都用来连接一个独立的网段，但是有时为了提供更快的接入速度，我们可以把一些重要的网络计算机直接连接到交换机的端口上。这样，网络的关键服务器和重要用户就拥有更快的接入速度，支持更大的信息流量。

不仅不同网络环境下交换机的作用各不相同，在同一网络环境下添加新的交换机和增加现有交换机的交换端口对网络的影响也不尽相同。充分了解和掌握网络的流量模式是能否发挥交换机作用的一个非常重要的因素。因为使用交换机的目的就是尽可能地减少和过滤网络中的数据流量，所以如果网络中的某台交换机由于安装位置设置不当，几乎需要转发接收到的所有数据包的话，交换机就无法发挥其优化网络性能的作用，反而降低了数据的传输速度，增加了网络延迟。

8.5.2　交换机的工作原理

交换机拥有一条很高带宽的背部总线和内部交换矩阵。交换机的所有的端口都挂接在这条背部总线上，控制电路收到数据包以后，处理端口会查找内存中的地址对照表以确定目的 MAC(网卡的硬件地址)的 NIC(网卡)挂接在哪个端口上，通过内部交换矩阵迅速将数据包传送到目的端口，目的 MAC 若不存在则广播到所有的端口，接收端口回应后交换机会"学习"新的地址，并把它添加入内部 MAC 地址表中。

使用交换机也可以把网络"分段"，通过对照 MAC 地址表，交换机只允许必要的网络流量通过交换机。通过交换机的过滤和转发，可以有效地隔离广播风暴，减少误包和错包的出现，避免共享冲突。

8.5.3　交换机的分类

1. 按网络覆盖范围划分

(1) 广域网交换机。广域网交换机主要应用于电信城域网互连、互联网接入等领域的广域网中，提供通信用的基础平台。

(2) 局域网交换机。局域网交换机应用于局域网络，用于连接终端设备，如服务器、工作站、集线器、网络打印机等网络设备，提供高速独立通信通道。

2. 按应用层次划分

(1) 企业级交换机。企业级交换机一般采用模块化的结构，可作为企业网络骨干构建高速局域网，所以它通常用于企业网络的最顶层。

(2) 校园网交换机。校园网交换机因为常用于分散的校园网而得名，其实它不一定应用于校园网络中，只表示它主要应用于物理距离分散的较大型网络中，且一般作为网络骨干交换机。这种交换机具有快速数据交换能力和全双工能力，可提供容错等智能特性，还支持扩充选项及第三层交换中的虚拟局域网等多种功能。

(3) 部门级交换机。部门级交换机是面向部门级网络使用的交换机。这类交换机可以是固定配置，也可以是模块配置，一般除了常用的 RJ-45 双绞线接口外，还带有光纤接口，具有突出的智能型特点。

(4) 工作组交换机。工作组交换机是传统集线器的理想替代产品，一般为固定配置，配有一定数目的 10Base-T 或 100 Base-TX 以太网口。一般没有网络管理功能。

(5) 桌面型交换机。桌面型交换机是最常见的一种低档交换机，通常端口数较少，只具备最基本的交换机特性，当然价格也是最低的。

3. 按交换机的端口结构划分

(1) 固定端口交换机。交换机的端口是固定的，有 16 端口、24 端口、48 端口等。

(2) 模块化交换机。模块化交换机虽然在价格上要高很多，但拥有更大的灵活性和可扩充性，用户可任意选择不同数量、不同速率和不同接口类型的模块，以适应各种不同的网络需求。

8.5.4　交换机的性能指标

交换机的性能指标有带宽、端口数量、背板带宽、包转发速率、端口类型、延时。

1. 带宽

带宽是指交换机的传输速度，即交换机端口的数据交换速度。目前常见的带宽有 10 M/100 Mb/s 和 1000 Mb/s。除此之外，还有 10 GMb/s 交换机。10 M/100 Mb/s 自适应交换机适合于工作组级别使用，纯 100 Mb/s 或 1000 Mb/s 交换机一般应用在部门级以上的网络环境当中。10 GMb/s 的交换机主要用在电信等骨干网络上，其他领域很少涉及。

2. 端口数量

交换机设备的端口数量是交换机最直观的衡量因素，通常此参数是针对固定端口交换机而言，常见的标准的固定端口交换机端口数有 8、12、16、24、48 等几种。而非标准的端口数主要有：4 端口，5 端口、10 端口、12 端口、20 端口、22 端口和 32 端口等。

固定端口交换机虽然相对来说价格便宜一些，但由于它只能提供有限的端口和固定类型的接口，因此，无论从可连接的用户数量上，还是从可使用的传输介质上来讲都具有一定的局限性，但这种交换机在工作组中应用较多，一般适用于小型网络、桌面交换环境。

3. 背板带宽

交换机的背板带宽，是交换机接口处理器或接口卡和数据总线间所能吞吐的最大数据量。背板带宽标志了交换机总的数据交换能力，单位为 Gb/s，也叫交换带宽，一般的交换机的背板带宽从几 Gb/s 到上百 Gb/s 不等。一台交换机的背板带宽越高，所能处理数据的能力就越强，但同时设计成本也会越高。同时，背板带宽是决定包转发率的一个重要指标，它标志了交换机总的数据交换能力。一台交换机的背板带宽越高，其包转发率就越高。

4. 包转发速率

包转发速率是指交换机每秒可以转发与前面重复多少百万个数据包(Mpps)，即交换机能同时转发的数据包的数量。包转发速率直接标志着交换机转发数据包能力的大小，单位一般为 pps(包每秒)。一般交换机的包转发率在几十 kpps 至几百 Mpps 之间。

5. 端口类型

端口类型是指交换机上的端口是以太网、令牌环、FDDI 还是 ATM 等类型。一般来说固定端口交换机只有单一类型的端口，适合中小企业或个人用户使用；而模块化交换机由于有不同介质类型的模块可供选择，因此更适合部门级以上级别用户的选择。快速以太网交换机的端口类型一般包括 10Base-T、100Base-TX 和 100Base-FX，其中 10Base-T 和 100Base-TX 一般是由 10M/100M 自适应端口提供，即 RJ-45 端口。

6. 延时

交换机延时是指从交换机接收到数据包到开始向目的端口复制数据包之间的时间间隔。有许多因素会影响延时，比如转发技术等。采用直通转发技术的交换机有固定的延时，取决于交换机解读数据包前 6 个字节中目的地址的解读速率。由于采用存储转发技术的交换机必须要在接收到完整的数据包后才开始转发数据包，因此它的延时与数据包的大小有关。数据包大，则延时大；数据包小，则延时小。

8.5.5　交换机的选购

交换机的选购要考虑端口数量、性价比和品牌。

1. 端口数量

端口数量即一台交换机所提供的可以直接连接计算机的网线接口数量。在选购交换机时，一般需要首先考虑交换机的端口数量是否能满足自己的需求，然后再关注交换机的品牌等其他因素。目前常见的交换机端口数量一般有 4 个、8 个、16 个、24 个、48 个等几种。

2. 性价比

性价比原则主要体现在以下两个方面：

(1) 端口密度：在各种性能参数基本相同的情况下，交换机的端口密度越大，每个端口的花费就越少。也就是说,一台有 48 个端口的交换机要比两台各有 24 个端口的交换机便宜。因此,高密度端口的交换机往往拥有较高的性价比。

(2) 性能与功能:性能越好、功能越丰富,自然价格越高。事实上,小型局域网的规模并不是很大,各种网络应用并不是特别丰富,对网络安全的要求也不是很高,一般的 100 Mb/s 交换机完全能够担当重任。

3. 品牌

生产交换机的厂商在美国、中国大陆和中国台湾地区都有。其中,美国产品的价格最高,功能最丰富,性能最强劲,其次就是中国大陆和中国台湾地区的产品。由于一般局域网中使用的交换机不需要具备太多的功能,因此中国内地的知名品牌往往最具性价比。

在选购交换机时应选购知名品牌的交换机,如 TP-Link、D-Link、CISCO(思科)等。对于普通消费者或中小型企业而言,选择价格较为便宜的 TP-Link、D-Link 的交换机就足够了;而对于大型企业、网络交换中心的部门,则应选购功能强大的 CISCO 交换机。

8.6 路 由 器

路由器(Router)是连接因特网中各局域网、广域网的设备,它会根据信道的情况自动选择和设定路由,以最佳路径,按前后顺序发送信号。路由器是互联网络的枢纽、"交通警察"。目前路由器已经广泛应用于各行各业,各种不同档次的产品已成为实现各种骨干网内部连接、骨干网间互联和骨干网与互联网互联互通业务的主力军。路由器和交换机之间的主要区别就是交换机发生在 OSI 参考模型第二层(数据链路层),而路由发生在第三层,即网络层。这一区别决定了路由和交换机在移动信息的过程中需使用不同的控制信息,所以两者实现各自功能的方式是不同的。图 8-10 所示为路由器。

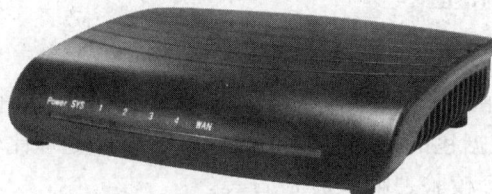

图 8-10 路由器

8.6.1 路由器的组成

路由器具由输入端口、交换开关、输出端口和路由处理器组成。

1. 输入端口

输入端口是物理链路和输入包的进口处。端口通常由线卡提供,一块线卡一般支持 4、8 或 16 个端口,输入端口具有许多功能。第一个功能是进行数据链路层的封装和解封装。第二个功能是在转发表中查找输入包目的地址从而决定目的端口(称为路由查找),路由查找可以使用一般的硬件来实现,或者通过在每块线卡上嵌入一个微处理器来完成。第三个功能是为了提供 QoS(服务质量),端口要对收到的包分成几个预定义的服务级别。第四个功能是端口可能需要运行诸如 SLIP(串行线网际协议)和 PPP(点对点协议)这样的数据链路级协议或者诸如 PPTP(点对点隧道协议)这样的网络级协议。一旦路由查找完成，必须用交换开关将包送到其输出端口。如果路由器是输入端加队列的，则由几个输入端共享同一个交换开关。这样输入端口的最后一项功能是参加对公共资源(如交换开关)的仲裁协议。

2. 交换开关

交换开关可以使用多种不同的技术来实现。迄今为止使用最多的交换开关技术是总线、交叉开关和共享存储器。最简单的开关使用一条总线来连接所有输入和输出端口，总线开关的缺点是其交换容量受限于总线的容量以及为共享总线仲裁所带来的额外开销。交叉开关通过开关提供多条数据通路，具有 N × N 个交叉点的交叉开关可以被认为具有 2N 条总线。如果一个交叉是闭合的，则输入总线上的数据在输出总线上可用，否则不可用。交叉点的闭合与打开由调度器来控制，因此，调度器限制了交换开关的速度。在共享存储器路由器中，进来的包被存储在共享存储器中，所交换的仅是包的指针，这提高了交换容量，但是开关的速度受限于存储器的存取速度。尽管存储器容量每 18 个月能够翻一番，但存储器的存取时间每年仅降低 5%，这是共享存储器交换开关的一个固有限制。

3. 输出端口

输出端口在包被发送到输出链路之前对包进行存储，可以实现复杂的调度算法以支持优先级等要求。与输入端口一样，输出端口同样要能支持数据链路层的封装和解封装，以及许多较高级协议。

4. 路由处理器

路由处理器计算转发表实现路由协议，并运行对路由器进行配置和管理的软件。同时，它还处理那些目的地址不在转发表中的包。

8.6.2　路由器的工作原理

路由器的工作原理是：

(1) 当数据包到达路由器时，根据网络物理接口的类型，路由器调用相应的链路层功能模块，以解释处理此数据包的链路层协议报头。这一步处理比较简单，主要是对数据的完整性进行验证，如 CRC 校验、帧长度检查等。

(2) 在链路层完成对数据帧的完整性验证后，路由器开始处理此数据帧的 IP 层。这一过程是路由器功能的核心。根据数据帧中 IP 包头的目的 IP 地址，路由器在路由表中查找下一跳的 IP 地址；同时，IP 数据包头的 TTL(Time To Live)域开始减数，并重新计算校验和(Checksum)。

(3) 根据路由表中所查到的下一跳 IP 地址，将 IP 数据包送往相应的输出链路层，被封装上相应的链路层包头，最后经输出网络物理接口发送出去。

8.6.3　路由器的分类

从功能上划分，可将路由器分为接入级路由器、企业级路由器、骨干级路由器、太比特路由器和多 WAN 路由。

1. 接入路由器

接入路由器连接家庭或 ISP 内的小型企业客户。接入路由器已经不只是提供 SLIP 或 PPP 连接，还支持诸如 PPTP 和 IPSec 等虚拟私有网络协议。这些协议要能在每个端口上运行。

2. 企业级路由器

企业或校园级路由器连接许多终端系统，其主要目标是以尽量便宜的方法实现尽可能多的端点互连，并且进一步要求支持不同的服务质量，但系统相对简单，且数据流量较小。

3. 骨干级路由器

骨干级路由器实现企业级网络的互联。它是实现企业级网络互联的关键设备，数据吞吐量大，非常重要。对骨干级路由器的基本性能要求是高速度和高可靠性。为了获得高可靠性，网络系统普遍采用热备份、双电源、双数据通路等传统冗余技术，从而使得骨干路由器的可靠性不成问题。

4. 太比特路由器

在未来核心互联网使用的三种主要技术中，光纤和 DWDM 都已经是很成熟的并且是现成的。如果没有与现有的光纤技术和 DWDM 技术提供的原始带宽对应的路由器，新的网络基础设施将无法从根本上得到性能的改善，因此开发高性能的骨干交换/路由器(太比特路由器)已经成为一项迫切的要求。太比特路由器技术现在还主要处于开发实验阶段。

5. 多 WAN 路由器

早在 2000 年，北京欣全向工程师在研究一种多链路(Multi-Homing)解决方案时发现，全部以太网协议的多 WAN 口设备在中国存在巨大的市场需求。伴随着欣全向的产品研发成功，全国第一台双 WAN 路由器诞生于公元 2002 年，中国第一款双 WAN 宽带路由器被命名为 NuR8021。

双 WAN 路由器具有物理上的 2 个 WAN 口作为外网接入，这样内网电脑就可以经过双 WAN 路由器的负载均衡功能同时使用 2 条外网接入线路，大幅提高了网络带宽。当前双 WAN 路由器主要有"带宽汇聚"和"一网双线"的应用优势，这是传统单 WAN 路由器做不到的。

8.6.4　路由器的性能指标

路由器的性能指标有 LAN 口和 WAN 口数量、传输速度、端口吞吐量、防火墙功能、支持多种连接方式、控制端口、路由表。

1. LAN 和 WAN 口数量

LAN 口即局域网端口，因为家庭计算机数量不可能太多，所以局域网端口数量只要能够满足需求即可，一般为 4 个口；WAN 口即宽带网端口，它是用来与 Internet 连接的接口，现在一般家庭宽带用户对网络要求并不是很高，所以 WAN 口一般只需要一个就够了。

2. 传输速度

信息的传输速度往往是用户最关心的问题。目前 10/100 Mb/s 自适应路由器已成为主流，千兆位交换路由器的光纤接口速度可达到 622 Mb/s、2.5 Gb/s 甚至 10 Gb/s，但千兆级的路由器一般都是企业使用。作为家用来讲，10/100 Mb/s 自适应路由器就足够了。

3. 端口吞吐量

端口吞吐量是指路由器在某端口上的数据包转发能力，单位通常使用 pps(包每秒)。一般来讲，低端路由器的包转发率只有几包每秒至几十千包每秒，而高端路由器则能达到几十 Mpps(百万包每秒)甚至上百 Mpps。如果在小型办公网络中使用，则选购转发速率较低的低端路由器即可；如果在大中型企业中应用，就要认真衡量这个指标，建议性能越高越好。

4. 防火墙功能

网络安全是普通用户最关心的问题，路由器中内置的防火墙能够屏蔽内部网络的 IP 地址，并防止黑客攻击和病毒入侵，用户不需要另外花钱安装其他的病毒防护软件，就可以拥有一个比较安全的网络环境。目前的路由器防火墙功能主要包括防 IP 地址过滤、URL 过滤、MAC 地址过滤、IP 地址与 MAC 地址绑定以及一些防黑能力等。

5. 支持多种连接方式

现在的网络连接方式多种多样，不同的连接方式需要不同的协议支持。因此，选择一个支持多种协议的路由器可以省下不少麻烦。现在的宽带路由器一般都支持 TCP/IP、PPPoE、DHCP、NAT、ICMP 和 SNTP 等协议，基本上可以满足家庭常用的 ADSL 和光纤等接入方式。

6. 控制端口

因为路由器本身不带有输入设备和终端显示设备，需要对其进行必要的配置后才能正常使用，所以一般的路由器都带有一个控制端口(Console)，该端口提供了一个 EIA/TIA-232 异步串行接口，用来与计算机或终端设备进行连接，通过特定的软件来进行路由器的配置。

7. 路由表

路由器的主要工作就是为经过路由器的每个数据帧寻找一条最佳传输路径，并将该数据有效地传送到目的站点。由此可见，选择最佳路径的策略即路由算法是路由器的关键所在。为了完成这项工作，在路由器中保存着各种传输路径的相关数据——路径表(Routing Table)，供路由选择时使用。路径表中保存着子网的标志信息、网上路由器的个数和下一个路由器的名字等内容。路径表可以是由系统管理员固定设置好的，也可以由系统动态修改，可以由路由器自动调整，也可以由主机控制。

(1) 静态路径表：由系统管理员事先设置好固定的路径表称之为静态(Static)路径表，一般是在系统安装时就根据网络的配置情况预先设定的，它不会随未来网络结构的改变而改变。

(2) 动态路径表：动态(Dynamic)路径表是路由器根据网络系统的运行情况而自动调整的路径表。路由器根据路由选择协议(Routing Protocol)提供的功能，自动学习和记忆网络运行情况，在需要时自动计算数据传输的最佳路径。

8.6.5 路由器的选购

路由器可根据以下三方面选购：

(1) 性能。对于用户来说，购买路由器的目的就是实现顺畅地与外界进行沟通。如何才能顺畅，路由器的性能是个重要因素。路由器中决定性能的因素较多，包括 CPU 主频、内存容量、包交换速率等。只有在对这些数据做综合比较后，才能客观全面地看待这些数据，才能正确地评判一款路由器的性能。有条件的话，用户可以在购买之前通过测试工具获得一些待买产品的定量数据。

(2) 品质。低端路由器基本功能都能完成，但品质如何，就一分价钱一分货了。那么如何衡量品质呢？品牌是第一因素，与其他领域的产品一样，名牌产品值得信赖。路由器是一种高科技产品，因此售前售后的支持和服务是非常重要的因素，必须要选择能绝对保证服务质量的厂家的产品。用户在选择路由器产品组建自己的网络时，要多方考察设备商的能力。充分了解设备商，对用户未来面对产品升级和网络维护服务等问题都大有好处。看品质的另一个比较方便的方法是看该款产品是否获得了一些必要的中立机构的认证，是否通过了监管机构的测试等等。最后，用户还可以了解一下该款产品的销量如何，以及在用户中的口碑怎么样。

(3) 功能。当前的低端路由器产品支持的功能众多，各种 VPN、VoIP、MPLS、安全等等。这种情况下，用户在采购前一定要擦亮自己的眼睛，知己知彼，首先得清楚自己需要什么，然后得清楚产品提供了些什么。在采购无线路由器时，还必须考虑此产品支持的 WLAN 标准是 802.11a、802.11b 或者是 802.11g 等等，不同标准的速率、覆盖范围等参数都不同，而且还涉及与无线网卡的互通以及未来谁将是主流的问题。

8.6.6　路由器的使用和维护

下面我们来看看路由器的使用和维护的方法。

1. 路由器的使用

首先需要连接主机和宽带路由器，在 IE 或其他浏览器中敲入说明书中的路由器地址 192.168.1.1，输入用户名和密码后进入路由器的控制界面(初始用户名和密码都是 admin)。通常情况下，新买的设备，在说明书中会有地址和用户名密码的说明，按照上面填写就是了。需要说明的是，通常 SOHO 级的路由器会有一个 WAN(广域网)接口，3～6 个 LAN(局域网)接口。WAN 口用来连接服务商提供的线路，比如 ADSL MODEM、小区宽带的线路等等。LAN 口用来连接需要上网的多台机器，配置的时候要把网线接在 LAN 口上。

下面我们来看 WAN 设置。

WAN 口地址是得到的地址，网关也是接入商给的，记住不要把计算机也填上这样的设置，在用户名和密码里填上用户名和密码，DNS 需要咨询服务商，或者去问问其他人。一般大家都是包月，所以这里选择自动连接，如果是包月对时间敏感，可以自己试试别的方法。所有的设置里 MTU 都不用改。

IP 地址就是计算机的地址，可以更改成自己喜欢的地址，但是注意不要和 WAN 的地址处在同一网段。推荐使用 192.168.X.X，掩码为 255.255.255.0 这类地址。需要注意的是，如果更改了地址的网段，则需要同时修改本机地址，否则保存和重启动之后就会出现无法连接的现象。

至于是否开启 DHCP 功能，要看需要了，如果网络流量比较大的话不推荐使用 DHCP。如果用 ADSL 拨号的方式，则要选择 PPPoE，否则要根据接入情况来选择。

2. 路由器的维护

切实地做好路由器的管理与维护工作应从以下几个方面入手。

(1) 做好标记,方便维护。

由于局域网内部的计算机相对比较多,网线繁多,如果发生故障了不容易找到是哪根线,所以对于连接计算机与路由器的网线要做好标记,在路由器端要标示连接哪台主机,在计算机端要标示是连接到路由器的哪个端口,以方便维护工作。

(2) 为路由器提供一个良好工作环境。

在使用的过程中应尽量为路由器提供一个符合厂商规定的环境指标的工作环境,不然的话将影响路由器的正常工作,甚至还有可能会损坏路由器。一般需注意的是电源的电压、工作温度、存储温度、工作环境的相对湿度、存储的相对湿度等方面。

(3) 防电磁干扰。

数据在传输过程中,会受到多方面因素的影响,电磁干扰就是其中主要的一个方面,例如音箱、无线电收发装置等设备,若与企业路由器靠得太近的话,网络信号将可能会受到外界辐射的影响。因此尽量把路由器放在一个独立的地方,离那些会产生电磁干扰的设备远一些。

(4) 在路由器通电过程中,不要随意插拔。

当路由器加电以后,就尽量不要进行带电插拔的操作,因为这样的操作很容易造成电路损坏,尽管有很多路由器的生产商已采取了一定的防护措施,但仍需分外注意,以免对路由器造成不必要的损坏。

8.7 无线网络设备

无线网络是利用无线电波作为信息传输的媒介构成的无线局域网(WLAN),与有线网络的用途十分类似。而组建无线网络所使用的设备称为无线网络设备,与普通有线网络中所使用设备不同。

1. 无线网卡

无线网卡与普通网卡的功能相同,是连接在计算机中,利用无线传输介质与其他无线设备进行连接的装置。无线网卡并不像有线网卡的主流产品只有 10/100/1000 Mb/s 规格,而分为 11 Mb/s、54 Mb/s 以及 108 Mb/s 等传输速率,并且传输速率分别属于不同的无线网络传输标准。图 8-11 所示为无线网卡。

图 8-11 无线网卡

图 8-12 无线 AP

2. 无线 AP

如图 8-12 所示，无线 AP(Access Point)即无线接入点，它是用于无线网络的无线交换机，也是无线网络的核心。无线 AP 是移动计算机用户进入有线网络的接入点，主要用于宽带家庭、大楼内部以及园区内部，典型距离覆盖几十米至上百米，目前主要技术为 802.11系列。大多数无线 AP 还带有接入点客户端模式(AP client)，可以和其他 AP 进行无线连接，延展网络的覆盖范围。

3. 无线路由器

图 8-13 所示为无线路由器，无线路由器是单纯型 AP 与宽带路由器的一种结合；它借助于路由器功能，可实现家庭无线网络中的 Internet 连接共享，实现 ADSL 和小区宽带的无线共享接入。

图 8-13　无线路由器　　　　　　　　　图 8-14　无线上网卡

无线网卡和无线上网卡似乎是用户最容易混淆的无线网络产品，实际上它们是两种完全不同的网络产品。

4. 无线上网卡

图 8-14 所示为无线上网卡，无线上网卡指的是无线广域网卡，连接到无线广域网，如中国移动 TD-SCDMA、中国电信的 CDMA2000、CDMA 1X 以及中国联通的 WCDMA 网络等。

无线上网卡的作用、功能相当于有线的调制解调器，也就是我们俗称的"猫"。它可以在拥有无线电话信号覆盖的任何地方，利用 USIM 或 SIM 卡来连接到互联网上。无线上网卡的作用、功能就好比无线化了的调制解调器(MODEM)。其常见的接口类型有 PCMCIA、USB、CF/SD 等。

实验八　网络设备的安装和连接

本实验要求掌握双绞线的制作方法、网卡和交换机的安装方法。

1. 双绞线的制作

直连线一般使用 T568B 标准制作连接线，即双绞线的两端都采用 T568B 线序。双绞线的制作步骤如下：

第一步，剥线。

方法：用双绞线剥线钳将双绞线的外皮除去 2～3 cm。

第一步是整个制作过程的重点，剥线刀刃口间隙过小，就会损伤内部线芯，甚至会把线芯剪断；剥线刀刃口间隙过大，就不能割断双绞线的外皮。

注意事项：芯线的绝缘皮不能剥去。

第二步，理线。

方法：理线就是把剥好的双绞线里的 4 股 8 根线芯按照 EIA/TIA568B 规格(左起：白橙—橙—白绿—蓝—白蓝—绿—白棕—棕)进行排列并整理好。

注意事项：将 8 根导线平坦整齐地平行排列，线序要正确，导线间不留空隙。

第三步，剪线。

方法：令排列的双绞线裸露的部分只剩下 14 mm 的长度，过长的部分用剥线钳的剪线口剪掉，最后再将双绞线的每一根线依序插入 RJ-45 水晶头的引脚内，第一只引脚应该放白橙色的线，其余类推。

注意事项：一定要剪得很整齐，线序要正确，插入要充分。

第四步，检查。

为了成功地制作出网线，特别加了这一步检查，主要是检查前几步的工作做的是否到位，及时修改。主要检查两个部分：检查水晶头顶部，查看 8 根线芯是否都顶到顶部；检查水晶头正面，查看线序是否正确，确定双绞线的每根线芯顺序都正确。

第五步，压线。

方法：用 RJ-45 压线钳压接 RJ-45 水晶头。

注意事项：用力要足，充分压紧。

第六步，测试。

双绞线制作完成后，为了验证其连通性的好坏，需要使用测线器进行测试。

2. 网卡的安装

网卡的硬件安装很简单，只需要把 PCI 网卡插到 PCI 扩展槽并拧紧螺钉即可。

安装完网卡后，接着要安装网卡的驱动程序，连接网线，最后在操作系统中设置通信协议后才能使用。

3. 安装交换机

(1) 准备好网线和交换机。

(2) 将网线的水晶头插入网卡的接口中，用相同的方法为其他计算机连接网线。插入水晶头时应确保其已经牢固并良好地与网卡接口连接，可稍稍用力回拉一下以检查水晶头是否松动。如果连接的计算机数量较多，最好在每根网线的两端都贴上写有对应标记的标签，以便在出现网络故障时及时找到故障网线。

(3) 将网线的另一个水晶头插入交换机的接口中，然后接通交换机电源即可完成交换机的安装操作。交换机接通电源后，可通过闪烁的指示灯观察到当前网线的工作状态是否正常。

4. 家庭无线网络的搭建

首先需要先申请一条入户的宽带线路，如果是通过电话线就需要 ADSL Modem，并设置参数，然后将入户线路接入无线接入点(AP)；如果是无线路由器，直接连接并配置参数，最后在需要上网的计算机上安装无线网卡，形成一个以 AP 为中心(有线网络的信号转化为无线信号)的无线网络，它是整个无线网络的核心，它的位置决定了整个无线网络能够辐射的无线局域网范围，一般放在家里的中心位置附近。

习 题

1. 填空题

(1) 网卡的＿＿＿＿＿＿＿＿用于在网络中标识网卡所插入的计算机的身份。

(2) 路由器的＿＿＿＿＿＿＿＿中保存着子网的标志信息、网上路由器的个数和下一个路由器的名字等内容。

(3) 交换机每个端口为＿＿＿＿＿＿＿＿带宽。

2. 选择题

(1) 双绞线在局域网中的网线最大连接距离为＿＿＿＿＿米。

　　A. 50　　　　　　　　　　B. 100

　　C. 150　　　　　　　　　　D. 200

(2) 交换机的主要功能包括＿＿＿＿＿等。

　　A. 物理编址　　　　　　　B. 网络拓扑结构

　　C. 错误校验　　　　　　　D. 帧序列

(3) 在 Windows 环境中，可以通过运行＿＿＿＿＿命令检测网络的连通情况。

　　A. cmd　　　　　　　　　　B. dir

　　C. cd　　　　　　　　　　D. ping

3. 判断题

(1) 双绞线一般用于环形网络的布线。　　　　　　　　　　　　　(　　　　)

(2) 多模光纤的传输距离比单模光纤远。　　　　　　　　　　　　(　　　　)

(3) 因为路由器本身不带有输入设备和终端显示设备，需要对其进行必要的配置后才能正常使用，所以一般的路由器都带有一个控制端口。　　　　(　　　　)

4. 问答题

(1) 怎样设置网卡的 IP 地址？

(2) 交换机有哪些性能指标？

(3) 路由器有哪些性能指标？

(4) 如何使用 ADSL Modem 和无线路由器搭建家庭无线局域网？

5. 操作题

(1) 熟练掌握网卡的硬件和驱动程序的安装方法。

(2) 练习使用 ADSL Modem 拨号上网。

(3) 练习使用交换机组简单局域网。

(4) 熟悉路由器的配置方法。

第9章 机箱和电源

机箱是为计算机内部部件提供保护的设备，电源是为计算机提供动力的设备，计算机的正常运行是离不开机箱和电源的。本章介绍机箱和电源的组成、分类、性能指标和选购。

9.1 机 箱

机箱(如图9-1所示)作为计算机配件中的一部分，它起的主要作用是放置和固定各计算机配件，起到一个承托和保护作用。此外，计算机机箱具有屏蔽电磁辐射的重要作用。

图9-1 机箱

虽然在DIY中机箱不是很重要的配置，但是使用质量不良的机箱容易让主板和机箱短路，使计算机系统变得很不稳定。

9.1.1 机箱的组成

机箱一般包括外壳、支架、面板上的各种开关、指示灯等。外壳用钢板和塑料结合制成，硬度高，主要起保护机箱内部元件的作用。支架主要用于固定主板、电源和各种驱动器。

机箱由金属的外壳和框架及塑料面板组成。从功能上看，主要分为外部部件和内部部件两部分。

1. 机箱的外部部件

机箱的外部部件(如图9-2所示)包括：电源开关(Power Switch)、电源指示灯、复位按钮(Reset)、硬盘工作状态指示灯(HDD LED)、前置 USB 接口和音频接口。

图 9-2　机箱的外部部件

(1) 电源开关及指示灯：电源开关有接通(ON)和断开(OFF)两种状态。一般机箱上的电源开关标有"Power"字样。当电源打开时，电源指示灯亮，表明已接通电源。不同机箱的电源开关位置略有不同，大多在机箱的正面，有的在机箱右侧，有的在机箱上面。

(2) 复位按钮：复位按钮的作用是强迫计算机进入复位状态。在死机或者热启动无效时，可按复位按钮重新启动计算机。

(3) 硬盘工作状态指示灯(HDD LED)：当硬盘工作时，硬盘工作状态指示灯亮，表示计算机正在读或写硬盘。

(4) 前置 USB 接口和音频接口：现在使用 USB 接口的设备越来越多，为了方便插拔，许多机箱前面板上也提供了 USB 接口和音频接口。

2. 机箱的内部部件

机箱的内部(如图 9-3 所示)主要有以下部件：

(1) 支撑架孔和螺钉孔：用来安装支撑架和主板固定螺钉。要把主板固定在机箱内，需要一些支撑架和螺钉。支撑架用来把主板支撑起来，使主板不与机箱底部接触，避免短路。螺钉用来把主板固定在机箱上。

(2) 电源固定架：用来安装电源。国内市场上的机箱一般都带有电源，不用另外购买。

(3) 插卡槽：用来固定各种插卡。计算机的各种插卡，可以用螺钉固定在插卡槽上。如果插卡有接口露在外面，与计算机的其他设备连接，需要将机箱上的槽口挡板卸下来。

(4) 主板输入/输出孔：对于 ATX 机箱，有一个长方形孔，随机箱配有多块适合不同主板的挡板。

图 9-3　机箱的内部部件

(5) 驱动器槽：用来安装软驱、硬盘和光驱等。要将软驱、硬盘和光驱等固定在驱动器槽内，还需要一些角架。角架也是和机箱一起的。

(6) 控制面板：包括有电源开关、电源指示灯、复位按钮、硬盘工作指示灯等。

(7) 控制面板接脚：包括有电源指示灯接脚、复位按钮接脚、硬盘工作指示灯接脚等。

(8) 扬声器：机箱内部固定一个阻抗为 $8\,\Omega$ 的小扬声器，扬声器上的接线脚插在主板上。

(9) 电源开关孔：电源开关孔用于安放电源开关。

9.1.2　机箱的分类

下面我们来看看机箱的分类。

1. 按外形分类

从外形上分类，可以将机箱分为卧式机箱和立式机箱，这两种样式各有利弊。

1) 卧式机箱

卧式机箱，如图 9-4 所示。在 Pentium 时代以前基本上都采用卧式机箱，卧式机箱无论是在散热还是易用性方面都不如立式机箱，但是它可以放在显示器下面，能够节省不少桌面空间，多被商用计算机所采用。

图 9-4　卧式机箱

2) 立式机箱

立式机箱，如图 9-5 所示。立式机箱是现在一般采用的机箱，这主要是因为它没有高度限制，内部空间相对较大，而且由于热空气上升冷空气下降的原理，立式机箱的电源在上方，其散热较卧式机箱好，添加各种配件时也较为方便。但是其体积较大，不适合在较为狭窄的环境里使用。

图 9-5　立式机箱

2. 按结构分类

机箱结构是指机箱在设计和制造时所遵循的主板结构规范标准，每种结构的机箱只能安装该规范所允许的主板类型，机箱结构与主板结构是相对应的关系。

按照机箱的结构分类，机箱可以分为 ATX 和 Micro ATX。

1) ATX 机箱

从 ATX 机箱(如图 9-6 所示)的背后来看，ATX 结构中主板安装在机箱的左上方，并且横向放置。而电源安装位置在机箱的后上方，前方的位置是预留给存储设备使用的，后方预留了各种外接端口的位置。这样规划的目的就是在安装主板时，可以避免 I/O 接口过于复杂，而主板的电源接口以及软硬盘数据线接口可以更靠近预留位置。整体上也能够让使用者在安装适配器、内存或者处理器时，不会移动其他设备，这样机箱内的空间就更加宽敞简洁，对散热很有帮助。

图 9-6　ATX 机箱

2) Micro ATX 机箱

Micro ATX 机箱(如图 9-7 所示)是在 ATX 机箱的基础之上建立的，为了进一步的节省桌面空间，其比 ATX 机箱体积要小一些，生产成本也相对较低。

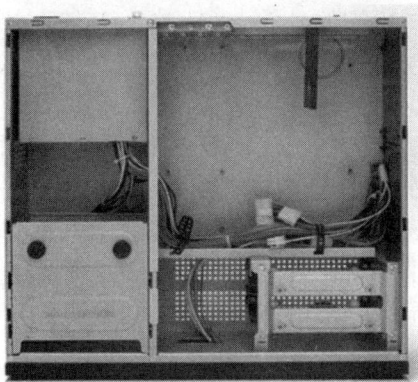

图 9-7　Micro ATX 机箱

各个类型的机箱只能安装其支持的类型的主板，一般是不能混用的，而且电源也有所差别。所以大家在选购时一定要注意。

9.1.3 机箱的性能指标

机箱的性能指标主要有机箱的架构、散热性、坚固性和扩展性。

(1) 机箱的架构。机箱的架构非常重要，以方便、实用为目标。比如机箱是否有前置 USB 接口或有前置耳机接口等等。

(2) 散热性。安装在机箱内的部件在工作时会产生大量的热量，如果散热性不良，可能会导致这些部件温度过高并引起快速老化，甚至损坏。

(3) 坚固性。坚固是机箱最基本的性能指标，只有坚固耐用的机箱在使用中才不会变形，还可保护安装在机箱内的计算机部件避免因受到挤压、碰撞而产生变形。另外，外壳坚固的机箱不会由于挡板太薄而与硬盘和光驱的高速旋转形式共振并产生噪声。坚实的机箱，其支撑架牢固，可以减少震动，降低工作噪音。

(4) 扩展性。很多用户可能需要安装两个或两个以上的驱动器，或安装多个扩展卡，那么就需要机箱具有良好的扩展性。好的机箱制作工艺精良、外观大方、线条流畅、颜色协调、无碰划痕迹，也能作为家中的装饰。

9.1.4 机箱的选购

一般来说，选购机箱要注意以下几个方面：

(1) 用料。目前机箱较多使用的材料有 GI(热解镀锌钢板)和 EG(电解镀锌钢板)两种。GI 料以光泽度好，有利于冲压，镀锌层厚而均匀，不易锈蚀和拉破镀锌层而著称。同时对电磁波尤其是对低频电磁波具有极强的吸附性，从而对电磁辐射防护起到事半功倍的效果。同时钢板的厚度也对电磁辐射有影响。

(2) 质量。机箱的外部应该是由一层 1 mm 以上的钢板构成的，并镀有一层经过冷锻压处理过的 SECC 镀锌钢板。采用这种材料制成的机箱电磁屏蔽性好、抗辐射、硬度大、弹性强、耐冲击腐蚀、不容易生锈。内部的支架主要由铝合金条构建。机箱前面板的塑料应该采用 ABS 工程塑料制作。这种塑料硬度比较高，制造出来的机箱前面板比较结实稳定，硬度高，长期使用不褪色、不开裂，擦拭的时候比较方便。而劣质机箱就采用的普通塑料，时间一长机箱前面板就发黄，拆卸的过程中容易断裂开缝。

(3) 做工。好的板材仅仅是优质机箱的一半。工艺的好坏也直接左右了机箱的品质。工艺较高的机箱的钢板边缘绝不会出现毛边、锐口、毛刺等痕迹，并且所有裸露的边角都经过了折边处理，不会划伤装机者的手。而且各个插卡槽位的定位也都相当精确，不会出现某个配件安不上的尴尬情况。箱内有撑杠，以防止外盖下沉。

(4) 外观。选择符合自己个性的机箱。机箱颜色除常见的白色外，还有银色、蓝色、黑色、红色甚至透明、荧光的都有，外形上一般为立方体，也有梯形体、圆柱体、半月形或其他形状的外形，用户可根据个人的喜好和需要来选择。

(5) 类型。在选购机箱时一般考虑散热效果和易操作性，如果没有特殊需求，那么最好选择标准的 ATX 立式机箱，因为标准 ATX 立式机箱不仅内部空间大，支持的驱动器槽比较多，利于日后扩展使用，且利于内部电子设备的通风散热。

(6) 电磁屏蔽性。计算机内部会产生大量的电磁辐射，这对使用者的健康构成了一定的威胁，因此在选购机箱时，最好选购带有认证标志的机箱，如 3C 认证，虽然这类机箱比杂牌机箱要贵一些，但为了健康，多花点钱还是值得的。

(7) 品牌。购买机箱时需注意选择有名气的品牌厂家，因为著名品牌厂家的产品虽然价格会高一点，但是产品质量绝对不缩水，比较有实力的机箱或电源生产厂家有世纪之星、爱国者、金河田、技展、七喜等。

9.2 电 源

计算机电源(如图 9-8 所示)是把 220V 交流电转换成直流电并专门为计算机配件如主板、驱动器、显卡等供电的设备，是计算机各部件供电的枢纽，也是计算机的重要组成部分。

图 9-8 电源

9.2.1 电源的组成

电源由电源插座、主板电源插头、外设电源插头、散热风扇和电路部分等组成。

1. 电源插座

电源插座通过电源线使计算机与家用电源插座相连，提供计算机所需的电能。

2. 主板电源插头

主板电源插头(如图 9-9 所示)用来插入主板上的电源插座，为主板提供电能。ATX 主板电源插头有 20 针防插反插头和 ATX2.03 的 24 针防插反插头，还有一个 4 线插头。

图 9-9 电源插头

3. 外设电源插头

外设电源插头用来连接外部设备，提供外部设备所需电能。这些插头共有 6～8 个，一般有 3～4 种类型。D 型插头用来连接硬盘、光驱，这种插头共有 4～5 个，数量最多；

3.5 in 软驱电源插头，这种插头一般只有 1 个，用来连接 3.5 in 软驱；SATA 硬盘插头，一般 2～4 个。

4. 散热风扇

电源盒内装有散热风扇，以便散去电源工作时产生的热量。

5. 电路部分

ATX 电源电路结构较复杂，各部分电路不但在功能上相互配合、相互渗透，且各电路参数设置非常严格，稍有不当则电路不能正常工作。整机电路由交流输入回路、整流滤波电路、辅助开关电源、推挽开关电路、PWM 脉宽调制电路、PS-ON 控制电路、保护电路、输出电路、PW-OK 信号形成电路、+3.3 V 电压二次稳压电路组成，电源的电路部分如图 9-10 所示。

图 9-10　电源的电路部分

(1) 交流输入回路。交流输入回路包括输入保护电路和抗干扰电路等。输入保护电路是指交流输入回路中的过流、过压保护及限流电路。抗干扰电路有两方面的作用，一是计算机电源对通过电网进入的干扰信号的抑制能力；二是开关电源的振荡高次谐波进入电网对其他设备及显示器的干扰和对计算机本身的干扰的抑制能力。通常要求计算机对通过电网进入的干扰信号抑制能力要强，通过电网对其他计算机等设备的干扰要小。

(2) 整流滤波电路。包括整流和滤波两部分电路，将交流电源进行整流滤波，为开关推挽电路提供纹波较小的直流电压。

(3) 辅助开关电源。辅助电源本身也是一个完整的开关电源。只要 ATX 电源一上电，辅助电源便开始工作，输出两路电压，一路为 +5 VSB 电源，该输出连接到 ATX 主板的"电源监控部件"，作为它的工作电压，使操作系统可以直接对电源进行管理，通过此功能，可以实现远程开机，完成电脑唤醒功能；另一路输出电压为保护电路、控制电路等电路供电。

(4) 推挽开关电路。推挽开关电路是 ATX 开关电源的主要部分，它把直流电压变换成高频交流电压，并且起着将输出部分与输入电网隔离的作用。推挽开关管是该部分电路的核心元件，将脉宽调制电路输送的信号作为激励驱动信号，当脉宽调制电路因保护电路动作或因本身故障不工作时，推挽开关管因基级无驱动脉冲故不工作，电路处于关闭状态，这种工作方式称作它激工作方式。

(5) PWM 脉宽调制电路。PWM(Pulse Width Modulation)即脉宽调制电路，其功能是检测输出直流电压，与基准电压比较，进行放大，控制振荡器的脉冲宽度，从而控制推挽开关电路以保持输出电压的稳定，主要由 IC TL494 及周围元件组成。

(6) PS-ON 控制电路。ATX 电源最主要的特点是，它不采用传统的市电开关来控制电源是否工作，而是采用"+5 VSB、PS-ON"的组合来实现电源的开启和关闭，只要控制 PS-ON 信号电平的变化，就能控制电源的开启和关闭。电源中的 PS-ON 控制电路接受 PS-ON 信号的控制，当 PS-ON 小于 1 V 伏时开启电源，大于 4.5 V 时关闭电源。主机箱面上的触发按钮开关(非锁定开关)控制主板的"电源监控部件"的输出状态，同时也可用程序来控制"电源监控件"的输出，如在 Windows 平台下，发出关机指令，使 PS-ON 变为 +5 V，ATX 电源就自动关闭了。

(7) 保护电路。为了保证安全工作，ATX 电源中设置了各种各样的保护电路，当开关电源发生过电压、过电流故障时，保护电路启动，开关电源停止工作以保护负载和电源本身。

(8) 输出电路。输入整流滤波电路将交流电源进行整流滤波，为主变换电路提供纹波较小的直流电压。

(9) PW-OK 信号的形成电路。PW-OK 信号(在 AT 电源中及部分电源板上称 P.G 信号)为计算机开机自检启动信号，为了防止开机时各路输出电路时序不定，CPU 或各部件未进入初始化状态造成工作错误，以及突然停电时硬盘磁头来不及移至着陆区造成盘片划伤，计算机电源中均设置了 PW-OK 信号。

(10) +3.3 V 电压二次稳压电路。输出到主板上的 +3.3 V 电压一般为 CPU 等配件供电，因此 ATX 电源在总体自动控制稳压的基础上，在 T1 的次级 +3.3 V 电压的输出负载网络增设了二次自动稳压控制电路，以使 +3.3 V 输出电压更精确稳定。

9.2.2　电源的分类

计算机电源从规格和用途上主要可以分为四个类型：AT 电源、ATX 电源、Micro ATX 电源和 BTX 电源。

(1) AT 电源。AT 电源功率一般为 150～250 W，共有 4 路输出：±5 V 和 ±12 V，输出线为两个 6 芯插座和几个 4 芯插头。AT 电源大小为 150 mm×140 mm×86 mm。在 ATX 电源未出现之前，从 286 到早期的 Pentium 都使用 AT 电源。

(2) ATX 电源(如图 9-11 所示)。ATX 电源是与 ATX 机箱对应的，有 4 路(±5 V，±12 V)供电输出和 ±3.3V、+5 V 两路输出插头以及一个 PS-ON 信号插头，并将电源输出线改为一个 20 针电源线为主板供电。

图 9-11　ATX 电源

(3) Micro ATX 电源。由于 ATX 电源成本较高，体积也比较大，不受品牌机的欢迎。为了降低成本，减小体积，Intel 又推出 Micro ATX 标准。Micro ATX 电源的大小是 125 mm×100 mm×63.5 mm，功率为 90～145 W。Micro ATX 电源一般用于小体积的品牌机，零售市场上非常少见。究其原因，可能是并不在乎电源的体积，而是更看重输出功率和稳定性。

(4) BTX 电源(如图 9-12 所示)。BTX 电源是在 ATX 的基础上进行升级得到的，它包含有 ATX12V、SFX12V、CFX12V 和 LFX12V 4 种电源类型。其中，ATX12V 针对的是标准 BTX 结构的全尺寸塔式机箱，可为用户进行计算机升级提供方便。

图 9-12　BTX 电源

9.2.3　电源的性能指标

电源的性能指标主要有：功率、效率、过压保护、可靠性、电磁干扰和安全认证等。

(1) 功率。电源功率的大小决定着电源所能负载的设备的多少，电源输出功率是指电源所能达到的最大负荷，单位为 W(瓦)。300～400 W 左右的电源可满足普通用户的需求，若计算机内连接附加部件，如双硬盘和电视卡等，则需要更大功率的电源。

(2) 效率。电源的效率是电源的输出功率与输入功率的百分比。电源效率和电源设计线路有密切的关系，高效率的电源可以提高电能的使用效率，在一定程度上可以降低电源的自身功耗和发热量。其一般都是以满负载的输入交流电压为标准值。电源的效率一般都在 80% 以上。

(3) 过压保护。ATX 电源比传统 AT 电源多了 3.3 V 电压组，有的主板没有稳压组件，直接用 3.3V 为主板部分设备供电，即便是具有稳压装置的线路，对输入电压也有上限，一旦电压升高对被供电设备可能会造成严重的物理损伤。所以电源的过压保护十分重要，要防患于未然。

(4) 可靠性。衡量电源的可靠性与衡量其他设备的可靠性一样，一般采用 MTBF(平均无故障时间)作为衡量标准，单位为小时。电源的 MTBF 指标应在 10 000 小时以上。

(5) 电磁干扰。电磁干扰是电源内各部件产生的高频电磁辐射，这样的辐射会对其他部件和人体产生干扰和危害，性能优良的电源的电磁干扰都能被外壳屏蔽。

(6) 安全认证。为确保电源的可靠性和稳定性，每个国家或地区都根据自己区域的电网状况制定不同的安全标准，目前主要有 CCEE 认证(中国电工产品认证委员会质量认证标志，俗称长城认证)、CE(欧盟国家电气和安全标准认证)、FCC(美国联邦通讯委员会认证)、TUV(德国 TUV 国际质量认证)等几种认证标准。电源产品至少应具有这些认证标准中的一种或多种认证。

9.2.4　电源的选购

下面介绍从哪些方面选择优质电源。

(1) 电源的功率。电源输出功率在 250～420 W 之间，输出功率大的电源能使计算机连接更多的硬件设备。大多数消费者选购 300～350 W 的电源就完全能满足计算机的日常需求了。电源的功率一般可以从电源的标签上大致了解到。

(2) 电源的用料。选购电源首先看它的做工和用料。好的电源拿在手里感觉沉甸甸的，散热片要够大且比较厚，而且好的散热片一般用铝或铜作为材料。其次再看电源线是否够粗，粗的电源线输出电流损耗小，输出电流的质量可以得到保证。劣质电源的散热片多为铝质，厚度较薄，体积较小，所用的电源线感觉很软，这些都是为了降低生产成本。这种劣质电源的质量可想而知。

(3) 安全认证。一款电源通过的安全认证越多，说明这款电源越优秀。电源的认证标志是指由权威机构颁发的能够证明电源性能和安全水平的一种标记。如果电源上有这些认证标志，那说明它通过了这些认证。

(4) 品牌的选择。推荐用户尽量挑选名牌且口碑好的电源，如世纪之星、技展、长城、航嘉和金河田等，有的机箱是和电源一起销售的，买的时候要看清楚电源的品牌和功率。有的杂牌电源实际功率根本达不到包装上的标准功率，在购买之前一定要了解电源的各种性能和指标，做到心里有数。

实验九　电源和机箱的安装

本实验要求掌握电源和机箱的安装与连接方法。具体步骤如下：

1. 机箱的拆卸和安装

首先，将机箱立放在工作台上，拆下机箱两边的侧面板，将机箱脚垫安装在机箱底部。整理一下机箱扬声器、控制线，将它们收拢，用橡皮筋简单捆扎在一起。接着对照主板输入/输出孔的部位，用手或十字工具推压，去除机箱后面板上相应安装孔、AGP 插槽以及 PCI 插槽位置上的可拆除铁片。至此，机箱的拆卸工作完成。

安装机箱时，把机箱盖盖好，拧好螺钉即可。

2. 电源的安装

安装主板之前，应该先安装电源。电源安装在机箱后部，四个固定用的螺钉位置成不规则四边形，位置错误是无法安装的。

先将电源放进机箱上的电源槽，并将电源上的螺钉固定孔与机箱上的固定孔对正。先拧上一颗螺钉(固定住电源即可)，然后将其他三颗螺钉孔对正位置，再拧紧全部螺钉。

习　题

1. 填空题

(1) 机箱按外形可以分为＿＿＿＿＿＿＿＿和＿＿＿＿＿＿＿。

(2) 电源功率的大小决定着电源所能负载的＿＿＿＿＿＿＿＿的多少。

(3) 在死机或者热启动无效时，可按＿＿＿＿＿＿＿重新将启动计算机。

2. 选择题

(1) ＿＿＿＿＿是现在一般采用的机箱，这主要是因为它没有高度限制，内部空间相对较大。

    A. AT 机箱 　　　　　　　　B. 立式机箱

    C. ATX 机箱 　　　　　　　　D. 卧式机箱

(2) 目前应用最广泛的标准电源是＿＿＿＿ 电源。

    A. AT 　　　　　　　　　　　B. ATX

    C. Micro ATX 　　　　　　　D. Flex ATX

3. 判断题

(1) 当开关电源发生过电压、过电流故障时，保护电路将启动，电源继续工作。

                                               （　　　）

(2) Micro ATX 机箱比 ATX 机箱体积要小一些，但两者可以通用。　（　　　）

4. 问答题

(1) 电源由哪些部分组成？

(2) 机箱由哪些部分组成？

5. 操作题

(1) 掌握电源、机箱的安装方法。

(2) 掌握机箱内部各种电缆的连接方法。

第三篇

计算机组装与维护

　　本篇介绍计算机的组装与维护知识，主要内容包括计算机组装、BIOS 设置、软件的安装、计算机的维护、计算机安全与计算机病毒的防治、计算机常见故障的维修等。

第 10 章 计算机硬件的组装

在详细了解了计算机系统的组成和各个硬件部件的基础上，我们就可以学习怎样组装一台计算机了。本章主要介绍计算机组装的流程，包括硬件的准备、硬件组装和整机性能测试等。

10.1 组装前的准备

组装计算机就是将计算机的各个配件合理地组装在一起。组装计算机是一项细致而严谨的工作，因此在实际动手组装之前，还应当学习组装计算机的相关基础知识。除此之外，在组装计算机之前还需要做好充足的准备工作。

10.1.1 准备工作

计算机组装的准备工作包括：准备工作台、准备配件、准备工具、准备系统安装光盘和准备应用程序安装光盘等。

1. 准备工作台

首先，我们需要准备一个比较宽敞的工作台，要求桌面一定要绝缘。将工作台放在房间中，使用户能够从不同的位置进行操作。如果没有工作台，也可以用常用的电脑桌代替。

2. 准备配件

将买回的部件开封、取出，除机箱放在工作台上外，其他部件都放在部件放置台上，不要堆放在一起，如图 10-1 所示。说明书、安装盘、连接线、螺钉分类放开备用。注意，不要触摸拆封部件上面的线路及芯片，以防静电损坏它们。一些带有静电包装膜的部件，如主板、硬盘、内存等，在安装前，先不要拆开。至此，准备工作就绪。

图 10-1 计算机配件

3. 准备工具

组装前需要准备的工具有：螺丝刀、尖嘴钳、镊子、万用表和电笔、清洁剂、清洗盘、吹气球、软毛刷和硬毛刷、器皿等。

(1) 螺丝刀。螺丝刀是组装与维护计算机中使用最频繁的工具，其主要功能是用来安装或拆卸计算机各部件之间的固定螺丝。在装机时要用到两种螺丝刀，一种是一字形的，另一种是十字形的，如图 10-2 所示。应尽量选用带磁性的螺丝刀，这样可以降低安装的难度，因为机箱内空间狭小，用手扶螺丝很不方便。

图 10-2　十字螺丝刀

(2) 尖嘴钳。尖嘴钳主要用来拧一些比较紧的螺丝和螺母，如在机箱内安装固定主板的垫脚螺母时就可能用到尖嘴钳。另外，当机箱不平整时可以用它将机箱夹平，在机箱内固定主板时就可能用到尖嘴钳。

(3) 镊子。插拔主板或硬盘上的跳线时需要用到镊子，另外如果有螺丝不慎掉入机箱内部，也要用镊子将螺丝取出来。

(4) 万用表和电笔。万用表用来检测计算机配件的电阻、电压和电流是否正常，检查电路是否有问题；电笔用来检测是否有漏电现象。

(5) 清洁剂。清洁剂是用来清洗显示器屏幕上的污物的，显示器屏幕太脏会影响用户查看计算机信息。

(6) 清洗盘。清洗盘是用来清洗光驱光头的光盘，因为光驱光头太脏会带来的读盘能力下降等问题。

(7) 吹气球、软毛刷和硬毛刷。吹气球、软毛刷和硬毛刷用于在维修计算机的过程中清除机箱内的灰尘，以解决因灰尘过多影响散热所产生的故障。

(8) 器皿。在安装或拆卸计算机的过程中有许多螺丝钉及一些小零件需要随时取用，所以应该准备一个小器皿，用来盛装这些东西，以防止丢失。

4. 准备系统安装光盘

准备一张系统安装光盘，以便安装操作系统。

5. 准备应用软件安装光盘

除了计算机硬件外，为了使计算机系统正常运行，用户还需要准备所需的各种软件，如驱动程序等。最好准备一些如办公软件、杀毒软件、多媒体播放软件等常用的工具软件。

10.1.2　组装注意事项

组装注意事项如下：

1. 防止静电

由于我们穿着的衣物会因为相互摩擦而产生静电，特别是在天气干燥的秋冬季节，人体静电可能将 CPU、内存等芯片电路击穿造成器件损坏，这是非常危险的。所以消除静电是在组装计算机前必须进行的操作，用户可以佩戴防静电腕带、防静电手套或通过触摸水管等与地面直接接触的金属器件进行放电。

2. 防止液体

在安装计算机部件时，严禁液体接触板卡。因为液体可能造成短路而使器件损坏，所以要注意不要将饮料等摆放在工作台上。天气较热时，应注意不要让汗液沾湿或滴入元件中。

3. 部件、零件摆放有序

把所有部件从盒子里拿出来，按照安装顺序排好，仔细阅读说明书，注意是否有特殊的安装需求。将螺丝放入器皿内，按类型分开。准备工作做得越好，组装工作就会越轻松。

4. 以主板为中心进行安装和连接

以主板为中心，把所有东西摆好。在主板装进机箱前，先装上处理器与内存，要不然接下来会很难装，弄不好还会损坏主板。此外要确定板卡安装是否牢固，连线是否正确、紧密，不同主板与机箱的内部连线可能有区别，连接时有必要参照主板说明书进行，以免接错线造成意外。

5. 注意安装技巧

在安装过程中一定要注意正确的安装方法，有不懂不会的地方要仔细查阅说明书，不要强行安装，插拔各种板卡时切忌盲目用力，用力不当可能使引脚折断或变形。对安装后位置不到位的设备不要强行使用螺丝钉固定，因为这样容易使板卡变形，日后易发生断裂或接触不良的情况。对配件要轻拿轻放，不要碰撞，尤其是硬盘。不要先连接电源线，通电后不要触摸机箱内的部件。在拧紧螺丝时要用力适度，避免损坏主板或其他部件。

10.2　组装计算机流程

在组装之前，一定要明确装机流程，这样能够提高效率，避免出现顾此失彼的现象。组装计算机流程如下：

(1) 做好准备工作：备齐配件和工具，消除身上的静电。

(2) 电源的安装：主要是将机箱打开，并且将电源安装在里面。

(3) CPU 的安装：在主板处理器插座上插入安装所需的 CPU，并且安装上散热风扇。

(4) 内存条的安装：将内存条插入主板内存插槽中。

(5) 主板的安装：将主板安装在机箱底板上，并根据实际情况设置好相应的跳线。

(6) 显卡的安装：根据显卡总线选择合适的插槽。

(7) 声卡和网卡的安装：现在市场声卡和网卡多为 PCI-E 插槽的声卡，如果是集成声卡或网卡可跳过该步骤。

(8) 驱动器的安装：主要针对硬盘、光驱和软驱进行安装。

(9) 机箱与主板间的连线：即各种指示灯、电源开关线。

(10) 输入设备的安装：连接键盘鼠标与主机一体化。

(11) 输出设备的安装：即显示器的安装。

(12) 再重新检查各个接线，并清理机箱内部，准备进行测试。

(13) 检查完毕后，确认机箱内没有金属异物时，盖上机箱盖。

(14) 给机器加电，若显示器能够正常显示，表明组装已经正确，此时进入 BIOS 进行系统初始设置。

(15) 保存新的配置，并重新启动系统。

10.3　组装计算机

组装计算机的具体操作如下：

1. 打开机箱

首先了解一下机箱的内部结构，如图 10-3 所示。然后从包装箱中取出机箱以及内部的零配件(螺钉、挡板等)，将机箱两侧的外壳去掉，机箱面板朝向自己，平放在桌子上。打开零配件包，挑出其中的铜柱螺钉(4～6 个)，先拿主板在机箱内部比较一下位置，然后将铜柱螺钉旋入与主板上的螺钉孔相对应的机箱铜柱螺钉孔内。

对于不同的机箱固定主板的方法不一样。它全部采用铜柱螺钉固定，稳固程度很高，但要求各个铜柱螺钉的位置必须精确。主板上一般有 5～7 个固定孔，用户要选择合适的孔与主板匹配，选好以后，把固定铜柱螺钉与底板旋紧。

图 10-3　机箱内部结构

机箱的整个机架由金属构成，它包括 5 英寸固定架(可安装光驱和硬盘等)、3 英寸固定架(可用来安装软驱)、电源固定架(用来固定电源)、底板(用来安装主板)、槽口(用来安装各种插卡)、PC 喇叭(可用来发出简单的报警声音)、接线(用来连接各信号指示灯以及开关电源)和塑料垫脚等。

2. 安装电源

一般情况下，在购买机箱时可以选择已装好电源的。不过，有时机箱自带的电源品质太差，或者不能满足特定要求，需要更换电源。

安装电源很简单，先将电源放进机箱上的电源安装架，并将电源上的螺钉固定孔与机箱上的固定孔对正。先拧上一颗螺钉(固定住电源即可)，然后将其他三颗螺钉对正位置插入，再拧紧所有的螺钉。

3. 安装 CPU 和散热风扇

1) 安装 CPU

首先在工作台上放置一块主板保护垫，然后将主板放置在主板保护垫上，拉起主板上CPU 插槽旁的拉杆，使其成 90°角，将 CPU 安装到主板的 CPU 插槽上，安装时注意观察CPU 与 CPU 插槽底座上的针脚接口是否相对应，稍微用力压 CPU 的两侧，使 CPU 安装到位，放下底座旁的拉杆，直到听到"咔"的一声轻响表示已经卡紧。

2) 安装散热器

在 CPU 背面涂上导热硅胶，不要太多，涂上一层即可。安装时，将散热器的四角对准主板相应的位置，然后用力压下四角扣具即可。固定好散热器后，我们还要将散热风扇接到主板的供电接口上。找到主板上安装风扇的接口(主板上的标识字符为 CPU_FAN)，将风扇插头插放即可。由于主板的风扇电源插头都采用了防插反设计，反方向无法插入，因此安装起来相当方便。

4. 安装内存

安装内存时，先用手将内存插槽两端的扣具打开，然后将内存平行放入内存插槽中(内存插槽也使用了防插反设计，反方向无法插入，在安装时可以对应一下内存与插槽上的缺口)，用两拇指按住内存两端轻微向下压，听到"啪"的一声响后，即说明内存安装到位。

在相同颜色的内存插槽中插入两条规格相同的内存，打开双通道功能，提高系统性能。

5. 安装主板

在安装主板之前，先将机箱提供的主板垫脚螺母安放到机箱主板托架的对应位置(有些机箱购买时就已经安装)。双手平行托住主板，将主板放入机箱中并安放到位，可以通过机箱背部的主板挡板来确定，采用对角固定的方式安装螺钉，不要一次将螺钉拧紧，而应该在主板固定到位后依次拧紧各个螺钉，固定好主板。

6. 安装显卡、声卡和网卡

目前，PCI-E 显卡已是市场主力军，AGP 基本上见不到了，因此在选择显卡时 PCI-E绝对是必选产品，用手指按下主板上 PCI-E 显卡插槽上的"卡扣"(不同主板上的 PCI-E 插槽不尽相同)，将 PCI-E 显卡金手指对准 PCI-E 插槽对应位置，然后轻轻用力向下按，如果听到"咔哒"一声，表示显卡已被安装到 PCI-E 插槽里了，最后使用螺丝将显卡与机箱后面板固定好即可。

确保显卡安装好之后，有些高端显卡需将电源上的 6 针接头连接到显卡供电接口，因为不少中高端 PCI-E 显卡需要单独供电才能使用，因此要求电源上要有对应的接口才可以使用。

现在主流独立声卡的接口为 PCI 接口，我们找到一条空余的 PCI 插槽，并移除对应这条 PCI 插槽的挡板。将声卡对准 PCI 插槽并插入 PCI 插槽中，用螺丝将其固定。网卡的安装方法与安装声卡的方法相同。

7. 安装硬盘、光驱

1) 安装硬盘

将硬盘固定在安装架上。一般机箱都设有安装硬盘的位置，用螺丝将硬盘固定在该位置上。安装时，硬盘要紧固在托架上，不能晃动，否则容易造成运行时磁头不稳定，损坏硬盘。然后连接硬盘数据线和电源线。

2) 安装光驱

先拆掉机箱前面板的一个 5.25 英寸挡板，然后把光驱平行推入。把光驱从机箱前方推入机箱时要注意光驱的方向；有些免螺丝机箱，只要将光驱完全推入机箱光驱位置即可自动卡住锁定，拆卸时松开卡扣即可拉出光驱。需要螺丝固定的光驱可在机箱内部光驱架上相应位置安装 2 颗或 4 颗螺丝；依次接好 IDE/SATA 数据线和电源线。

8. 连接线缆

在机箱面板内还有许多线头，它们是一些开关、指示灯和 PC 喇叭的连线，需要接在主板上，这些信号线的连接，在主板的说明书上都会有详细的说明。这些接线的功能如下：Power LED：连接电源指示灯；RESET SW：连接 Reset 按钮；SPEAKER：连接 PC 喇叭；H.D.D LED：连接硬盘指示灯；PWR SW：连接计算机开关。

(1) 安装 POWER LED：电源指示灯的接线只有 1、3 位，1 线通常为绿色，在主板上接头通常标为“POWER LED”。连接时注意绿线对应第 1 针。

(2) 安装 RESET SW：Reset 连接线有两芯接头，连接机箱的“Reset”按钮，它接到主板的“Reset”插针上，并且此接头无方向性，只需短路即可进行“重启”动作。

(3) 安装 SPEAKER：SPEAKER 是 PC 喇叭的 4 芯接头。注意红线对应“1”的位置，但该接头具有方向性，必需按照正负连接才可以。

(4) 安装硬盘指示灯线：在主板上这样的接头通常标着“IDE LED”或“H.D.D LED”字样，硬盘指示灯为两芯接头，一线为红色，另一线为白色，一般红色(深颜色)表示为正，白色表示为负。

(5) 安装 PWR SW：从面板引入机箱中的连接线中找到标有“PWR SW”字样的接头，这便是电源的连线了，然后在主板信号插针中，找到标有“PWRBT(或 PW2，因主板不同而异)”字样的插针，然后对应插好就可以了。

9. 整理线缆

整理机箱内部连线的具体操作步骤如下：

(1) 首先就是面板信号线的整理。整理它们很方便，只要将这些线用手理顺，然后折几个弯，再找一根常用来捆绑电线的捆绑绳，将它们捆起来即可。

(2) 机箱里最乱的恐怕就是电源线了，先用手将电源线理顺，将不用的电源线放在一起。

(3) 最后的整理工作恐怕是最困难的了，那就是对硬盘和光驱数据线的整理。

10. 装上机箱侧面板

当安装好了主机内的所有部件和连接好线缆之后，就可以装上机箱盖了，最好先不要拧螺丝，以防有问题时需要打开机箱。

11. 连接外部设备

组装主机完成后还需要把主机和显示器、键盘、鼠标、音箱等部件连接起来，这些部件的连接称为外部连接。

(1) 将显示器的信号电缆连接在显卡的插座上。

(2) 鼠标插头接在主板背后的鼠标插座上(或 USB 接口)。

(3) 键盘插头接在主板背后的键盘插座上(或 USB 接口)。

(4) 将有源的音频插头插在声卡的 Speaker Out 或 Line Out 插孔中。

(5) 将麦克风的插头插在声卡的 Mic 插孔中。

暂时不用把机箱盖上,因为还不知道安装的对不对,等确定计算机可以正常工作了再盖上也不迟。然后接上机箱的电源,有些 ATX 的机箱后面还有一个电源开关,请确定是打开状态的。

再完整地检查一遍后,打开电源。当出现我们所熟悉的 BIOS 自检声时,硬件安装就完成了。

10.4 计算机硬件拆卸

计算机硬件拆卸的一般步骤如下:

步骤 1:拔下电源线。必须拔下主机及显示器等外设的电源线。

步骤 2:拔下外设连线。拔出键盘、鼠标、USB 电缆等与主机箱的连线时,将插头直接向外平拉即可;拔出显示器信号电缆、打印机信号电缆等连线时,先松开插头两边的固定螺丝,再向外平拉插头。

步骤 3:打开机箱盖。机箱盖的固定螺丝大多在机箱后侧边缘上,用十字螺丝刀拧下螺丝取下机箱盖。

步骤 4:拔下面板插针插头。沿垂直方向向上拔出面板插针插头。

步骤 5:拔下驱动器电源插头。沿水平方向向外拔出硬盘、光驱的电源插头。拔下时绝对不能上下左右晃动电源插头。

步骤 6:拔下驱动器数据线。硬盘、光驱数据线一端插在驱动器上,另一端插在主板的接口插座上,捏紧数据线插头的两端,平稳地沿水平或垂直方向拔出插头。

步骤 7:拔下主板电源线。拔下 ATX 主板电源时,用力捏开主板电源插头上的塑料卡子。在垂直主板方向适当用力把插头拔起,另一只手轻轻压住主板,按压时应轻按在 PCI 插槽上,不能按在芯片上,或芯片的散热器上,然后拔下 CPU 专用电源插座上的插头。

步骤 8:取出主板。松开固定主板的螺丝,将主板从机箱内取出。

步骤 9:拆卸内存条。轻缓地向两边掰开内存插槽两端的固定卡子,内存条自动弹出插槽。

步骤 10:拆卸 CPU 和散热器。

10.5 开 机 测 试

装机完成后,首先需要进行通电测试基本系统,只有基本硬件测试通过,方能安装操作系统、硬件驱动程序和各种软件。

1. 通电前的检查

在通电之前都应作相应的检查,主要是电源连接的检查,其他检查的内容有:

(1) 内存条是否插入良好。

(2) 各个插头插座连接有无错误、接触是否良好。

(3) 接口适配卡与插槽是否接触良好。

(4) 各个电源插头是否插好。

(5) 各个驱动器、键盘、鼠标、显示器、音箱的电源线、数据线是否连接良好，方向是否正确。

(6) 仔细检查是否有小螺丝等杂物掉在主机板上和机箱内。

(7) 检查一下电源插头的电压是否为 220 V。

(8) 看看各部位的螺丝是否固定牢靠。

经过最后检查如果都没有问题，才可以通电测试基本系统。

2. 启动检查和测试

再三检查确定无误后，可进行开机调试，步骤如下：

步骤 1：在通电之前，务必仔细检查各种设备的连接是否正确、接触是否良好，尤其要注意各种电源线是否有接错或接反的现象。

步骤 2：打开显示器开关，按下机箱面板上的电源开关，显示器如果正常显示自检信息，说明计算机的硬件工作正常，如果没有显示，则检查部件安装是否正确。

步骤 3：硬件自检通过后，说明计算机的硬件组装完成，关闭主机电源，关闭多孔电源插座开关。

步骤 4：安装机箱挡板。装机箱盖时，要仔细检查各部分的连接情况，确保无误后，把主机的机箱盖盖上，将机箱挡板沿着轨道由向后前推移，使挡板与前面板咬合后，拧上机箱螺丝。

实验十　硬件组装

本实验要求掌握安装所有计算机组件的方法。具体步骤如下：

(1) 确认计算机各组件。

(2) 安装所有组件。

(3) 启动计算机。检查安装情况，确认无误后。按下开机按钮后，必须观察机箱内各个风扇运转情况，是否有"嘀"的一声开机声，然后再观察显示器的变化情况。

(4) 如果能启动计算机，则说明安装工作初步完成；若无法启动，切断计算机电源后细心检查。

习　题

1. 填空题

(1) 装机过程中使用工具应尽量选用_____螺丝刀。

(2) 装机过程中要注意防止人体所带_____对电子器件造成损伤。

(3) 装机应以_____为中心进行安装和连接。

2. 选择题

(1) 计算机组装中，需要先进行的安装是_____。

    A. 安装主板　　　　　　　　　B. 安装电源

    C. 安装内存　　　　　　　　　D. 安装光驱

(2) 计算机组装中，最后进行的操作是_____。

    A. 盖上机箱盖　　　　　　　　B. 连接线缆

    C. 连接外部设备　　　　　　　D. 安装驱动器

(3) 通电前不需要的检查是_____。

    A. 内存条是否插入良好　　　　B. 插头插座连接有无错误

    C. 数据线是否连接良好　　　　D. 检查配件

3. 判断题

(1) 在组装时不要先连接电源线，更不要接通电源。　　　　　　　　　（　　　　）

(2) 当安装好了主机内的所有部件后，就可以装上机箱盖，拧紧螺丝了。（　　　　）

(3) 在开机过程中发生黑屏或其他故障时，则要关闭电源。　　　　　　（　　　　）

4. 问答题

(1) 简述计算机组装的流程。

(2) 通电测试前需要进行哪些检查？

(3) 如何连接外部设备？

5. 操作题

(1) 练习组装一台计算机。

(2) 练习拆卸一台计算机的硬件。

第 11 章　设置 BIOS 参数

硬件组装完成后需要设置 BIOS 参数。本章从实用角度出发，详细介绍 BIOS 的概念、BIOS 的功能、如何进入 BIOS、BIOS 参数的设置和 BIOS 的应用。

11.1　BIOS 的概念

BIOS 是英文"Basic Input Output System"的缩略语，直译过来后中文名称就是"基本输入输出系统"。其实，BIOS 就是一组固化到计算机内主板上一个 ROM 芯片上的程序，它保存着计算机最重要的基本输入输出的程序、系统设置信息、开机后自检程序和系统自启动程序。

11.2　BIOS 的基本功能

BIOS 主要功能是为计算机提供最底层的、最直接的硬件设置和控制，主要包括中断服务程序、系统设置程序、POST 上电自检和系统自启动程序。

1. 中断服务程序

BIOS 的一个功能是 BIOS 中断调用即中断服务程序，是计算机系统软、硬件之间的一个可编程接口，用于程序软件与计算机硬件的衔接。例如 Windows 对光驱、硬盘等的管理。

2. 系统设置程序

计算机部件配置记录放在一块可写的 CMOS RAM 芯片中，主要保存着系统的基本情况、CPU 特性、软硬盘驱动器等部件的信息。在 CMOS RAM 芯片中装有"系统设置程序"，其主要用来设置 CMOS RAM 中的各项参数。这个程序在开机时按某个键就可进入状态设置界面。

3. POST 上电自检

BIOS 的另一个功能是上电自检(Power On Self Test，POST)。计算机接通电源后，系统首先由 POST 程序来对内部各个设备进行检查。通常完整的 POST 自检包括对 CPU、640K 基本内存、1M 以上的扩展内存、ROM、主板、CMOS 存储器、串并口、显示卡、软硬盘子系统及键盘进行测试，一旦在自检中发现问题，系统将给出提示信息或鸣笛警告。完成 POST 后，BIOS 将系统控制权交给系统的引导模块，由它完成操作系统的装入。

4. 系统自启程序

系统完成 POST 自检后，ROM BIOS 就首先按照系统 CMOS 设置中保存的启动顺序搜索软硬盘驱动器及 CD-ROM、网络服务器等有效地启动驱动器、读入操作系统引导记录，然后将系统控制权交给引导记录，并由引导记录来完成系统的顺序启动。

11.3　BIOS 的分类

目前市面上较流行的主板 BIOS 主要有 Award BIOS、AMI BIOS、Phoenix BIOS 三种类型。

1. Award BIOS

Award BIOS 是由 Award Software 公司开发的 BIOS 产品，在目前的主板中使用最为广泛。Award BIOS 功能较为齐全，支持许多新硬件，目前市面上多数主机板都采用了这种 BIOS。

2. AMI BIOS

AMI BIOS 是 AMI 公司出品的 BIOS 系统软件，开发于 20 世纪 80 年代中期，早期的 286、386 大多采用 AMI BIOS，它对各种软、硬件的适应性好，能保证系统性能的稳定，到 20 世纪 90 年代后，绿色节能电脑开始普及，AMI 却没能及时推出新版本来适应市场，使得 Award BIOS 占领了大半壁江山。当然现在的 AMI 产品也有非常不错的表现，新推出的版本依然功能强劲。

3. Phoenix BIOS

Phoenix BIOS 是 Phoenix 公司产品，Phoenix 意为凤凰或埃及神话中的长生鸟，有完美之物的含义。Phoenix BIOS 多用于原装品牌机和笔记本电脑上，其画面简洁，便于操作。

11.4　什么情况下设置 BIOS 参数

BIOS 中保存着系统 CPU、软硬盘驱动器、显示器、键盘等部件的信息。关机后，系统通过一块后备电池向 CMOS 供电以保持其中的信息。设置 CMOS 参数的过程，习惯上也称为"BIOS 设置"。在以下情况下，必需设置 BIOS 参数。

1. 新购计算机

新买的计算机必须进行 BIOS 参数设置，以便告诉计算机整个系统的配置情况。

2. 新增设备

由于系统不一定能认识新增的设备，所以必须通过 BIOS 设置来告诉它。

3. BIOS 设置数据意外丢失

意外造成 BIOS 设置数据丢失，如系统后备电池失效、病毒破坏了 BIOS 设置数据、意外清除了 BIOS 设置数据等。碰到这些情况，只能进入 BIOS 设置程序重新设置。

4. 系统优化

对于内存读写等待时间、硬盘数据传输模式、内/外 Cache 的使用、节能保护、电源管理、开机启动顺序等参数，BIOS 中预定的设置对系统而言并不一定就是最优的，此时往往需要经过多次试验才能找到系统优化的最佳组合。

11.5　如何进入 BIOS 设置

进入 BIOS 设置的方法有开机启动时按热键、用系统提供的软件和用一些可读写 CMOS 的应用软件。

1. 开机启动时按热键

开机时，按下特定的热键可以进入 BIOS 设置程序，不同类型的计算机进入 BIOS 设置程序的热键是不同的。通常开机时在屏幕上会给出提示，根据屏幕提示热键有：按 Del 键或 Esc 键、F10 键、Ctrl + Alt + Esc 键等。有的计算机开机时屏幕没有给出提示，这时就需要查阅相关的技术使用手册或资料，表 11-1 列出常见进入 BIOS 的热键。

表 11-1　进入 BIOS 热键

类　　型	热　　键
Award BIOS	按 Del 键或 Ctrl + Alt + Esc 键，屏幕有提示
AMI BIOS	按 Del 键或 Esc 键，屏幕有提示
COMPAQ BIOS	屏幕右上角出现光标时按 F10 键，屏幕无提示
AST BIOS	按 Ctrl + Alt + Esc 键，屏幕无提示
MR	按 Esc 键或 Ctrl + Alt + Esc 键，屏幕无提示
Quadtel	按 F2 键，屏幕有提示
Phoenix	按 Ctrl + Alt + S 键，屏幕无提示
Hewlett Packard(HP)	按 F2 键，屏幕有提示

2. 系统提供的软件

现在很多主板都支持从 DOS 下进入 BIOS 设置程序，通过运行这些工具软件也可以进行 BIOS 参数的设置。还有一些在 Windows 环境下运行的 BIOS 参数设置工具软件，另外 Windows 的控制面板和注册表中已经包含了许多 BIOS 设置项目。

3. 应用软件

现在有许多小的工具应用程序，如 QAPLUS、Award BIOS 写入工具 CBROM、DMICFG 等提供了对 CMOS 的读、写、修改功能，通过它们可以对一些基本系统配置进行修改。

11.6　BIOS 设置原则

BIOS 设置原则如下：

(1) 由于 BIOS 设置程序大多都基于英文，对于英文水平不是很高的用户来说，最好参照主板有关 BIOS 的中文说明书来进行操作。

(2) 对 BIOS 进行设置的过程中，可以利用热键进行操作。

(3) 在对 BIOS 进行设置后，系统出现兼容性问题或其他严重错误时，可使用"Load

Fail-Safe Defaults"功能项使系统工作在最保守状态,便于检查出系统错误。

(4) 当 BIOS 设置很混乱或被破坏,而且想让计算机系统工作在最优状态时,可使用 "Load Optimized Defaults"功能项将系统设置为最佳模式进行工作。

11.7 BIOS 设置画面

图 11-1 是 Award BIOS 设置画面,该画面主要由四部分组成:标题区、菜单选项区、操作提示区和注解区,各部分的主要内容如下:

(1) 标题区。该部分记录了所使用 BIOS 的系列信息,如图 11-1 所示标题区中所标识的 "Award"就表示该 BIOS 芯片为 Award 公司所生产的。

(2) 菜单选项区。该部分列出了可供使用的菜单选项。通过这些选项对各选项中的内容进行具体的设置。

(3) 操作提示区。该部分列出了可进行的键盘操作,如在图 11-1 中按 "Esc"键可以退出 BIOS 的设置,按不同的方向键可以对各菜单项进行选择。

(4) 注解区。它主要对当前选定的菜单项进行解释,为用户要选择的操作提供简要的说明。在设置主画面中,随着选定的移动,注释区将显示相应的主要设置内容。

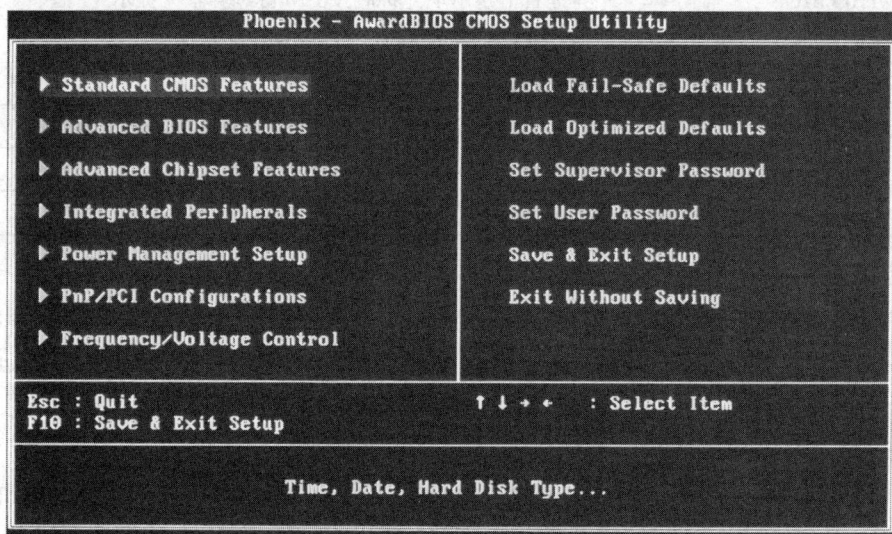

```
          Phoenix - AwardBIOS CMOS Setup Utility

  ► Standard CMOS Features          Load Fail-Safe Defaults
  ► Advanced BIOS Features          Load Optimized Defaults
  ► Advanced Chipset Features       Set Supervisor Password
  ► Integrated Peripherals          Set User Password
  ► Power Management Setup          Save & Exit Setup
  ► PnP/PCI Configurations          Exit Without Saving
  ► Frequency/Voltage Control

  Esc : Quit                    ↑ ↓ → ←   : Select Item
  F10 : Save & Exit Setup

          Time, Date, Hard Disk Type...
```

图 11-1 BIOS 设置画面

11.8 设置 BIOS 的按键

在 BIOS 设置画面中,将会用到的几个按键及功能说明如下:

(1) "F1"或 "Alt + H"组合键:弹出 General Help 窗口,并显示所有功能键的说明。

(2) "Esc"键:回到前一画面或是主画面,或从主画面中结束设置程序。另外在不存储设置值时也可直接使用该功能键。

(3) "←""→""↑""↓"键：在设置各项目中切换移动。

(4) "+"或"Page up"键：切换选项设置值(递增)。

(5) "–"或"Page Down"键：切换选项设置值(递减)。

(6) "F5"键：载入选项修改前的设置值，即上一次设置的值。

(7) "F6"键：载入选项的 BIOS 默认(Setup Default)值，即最安全的设置值。

(8) "F7"键：载入选项的最优化默认(Turbo/Optimized Default)值。

(9) "F10"键：将修改后的设置值存储后，直接离开 BIOS 设置画面。

(10) "Enter"键：确认执行、显示选项的所有设置值并进入选项子菜单。

另外不同主板、不同 BIOS 版本，其设置画面会有一定的区别。

11.9　设置 BIOS 参数

BIOS 的设置程序目前有各种流行的版本，由于每种设置都是针对某一类或几类硬件系统的，因此设置时会有一些不同，但对于主要的设置选项来说，大都相同。下面以 AMI BIOS 为例说明。

1. 进入 BIOS

计算机刚启动时，按下 Delete(或者 Del)键不放手直到进入 BIOS 设置，如图 11-2 所示为 AWARD BIOS 设置的主菜单，一般分为下面几项：

(1) Standard BIOS Features(标准 BIOS 设置)：设置日期、时间和 SATA 设备等。

(2) Advanced BIOS Features(高级 BIOS 设置)：设置系统的高级特性。

(3) Advanced Chipset Features(高级芯片组设置)：设置主板所用芯片组的相关参数。

(4) Boot Configuration Features(启动配置设置)：此设定菜单用来设置系统的启动顺序，是从硬盘启动还是光盘启动或者使用 U 盘启动。

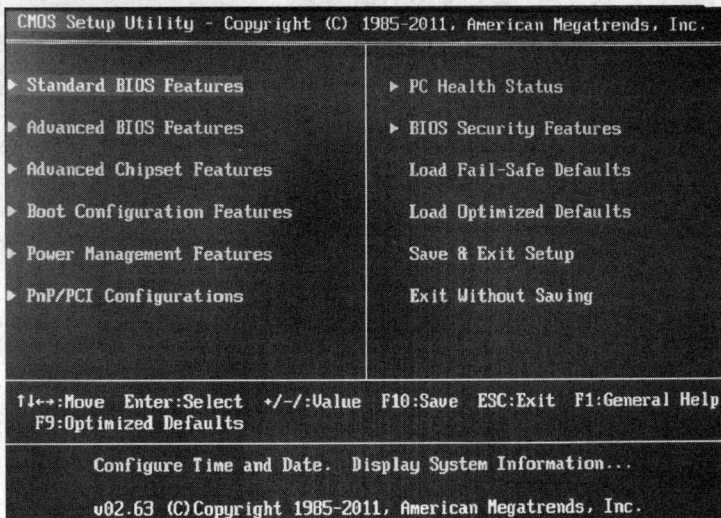

```
CMOS Setup Utility - Copyright (C) 1985-2011, American Megatrends, Inc.

► Standard BIOS Features            ► PC Health Status

► Advanced BIOS Features            ► BIOS Security Features

► Advanced Chipset Features           Load Fail-Safe Defaults

► Boot Configuration Features         Load Optimized Defaults

► Power Management Features           Save & Exit Setup

► PnP/PCI Configurations              Exit Without Saving


↑↓←→:Move  Enter:Select  +/-:Value  F10:Save  ESC:Exit  F1:General Help
   F9:Optimized Defaults

        Configure Time and Date.  Display System Information...

        v02.63 (C)Copyright 1985-2011, American Megatrends, Inc.
```

图 11-2　BIOS 设置主菜单

(5) Power Management Setup(电源管理设置)：对系统电源管理进行特殊的设置。

(6) PNP/PCI Configurations(PnP/PCI 配置)：此项仅在系统支持 PnP/PCI 时才有效。

(7) PC Health Status(计算机健康状态状态)：此项显示了 PC 的当前状态。

(8) BIOS Security Features(BISO 安全设置)：此菜单用来设置进入 BIOS 的超级用户密码和用户密码。

(9) Load Fail-Safe Defaults(载入默认设置)：使用此菜单载入工厂默认值作为稳定的系统使用。

(10) Load Optimized Defaults(载入最优默认设置)：使用此菜单载入最好的性能但有可能影响稳定的默认值。

(11) Save & Exit Setup(保存后退出)：保存对 BIOS 的修改，然后退出 Setup 程序。

(12) Exit Without Saving(不保存退出)：放弃对 BIOS 的修改，然后退出 Setup 程序。

2. 标准 BIOS 设置

在主菜单中用方向键选择"Standard BIOS Features"项然后回车，即进入了"Standard BIOS Features"项子菜单。标准 BIOS 设置(如图 11-3 所示)可以设置计算机的时间和日期、计算机的硬盘或光驱接口。

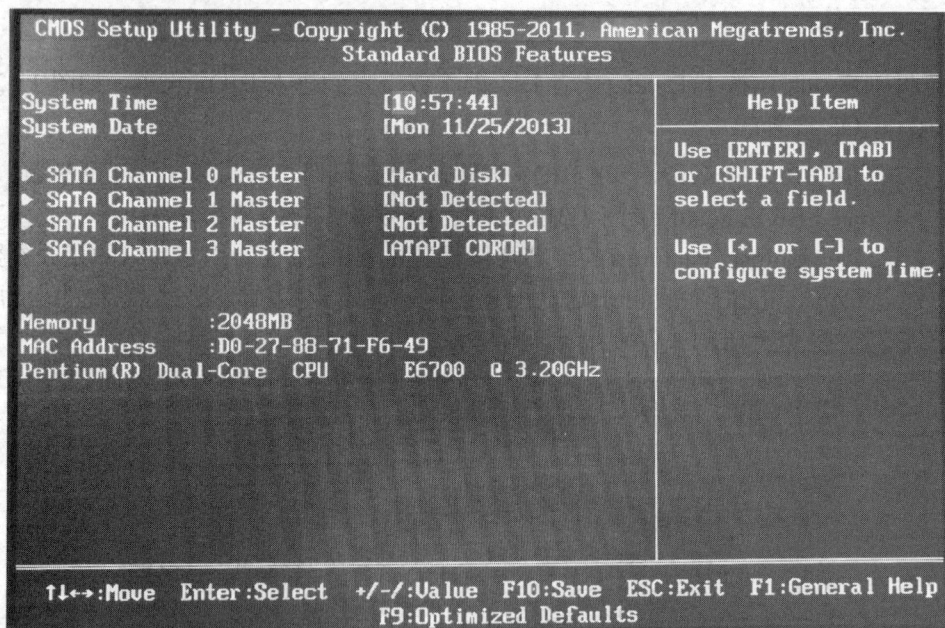

图 11-3　标准 BIOS 设置

1) 设置系统的时间和日期

修改时间的方法是将光标移动到 System Time(hh:mm:ss)选项右侧，按"Page Up"键、"Page down"键或使用键盘上的数字键逐一修改时间，设置选项的先后顺序是时、分、秒，其中"时"采用 24 小时制表示。修改日期的方法是将光标移动到 System Date(mm:dd:yy)选项右侧，按"Page Up"键、"Page down"键或使用键盘上的数字键逐一修改日期，设置选项的先后顺序是月、日、年。

2) 设置硬盘或光驱接口

设置硬盘或光驱接口的方法是在"Standard BIOS Features"界面中任意选择一个硬盘或光驱接口选项，按"Enter"键，打开硬盘或光驱参数设置界面。将光标移动到 SATA Channel 0 Master、SATA Channel 1 Master、SATA Channel 2 Master 或 SATA Channel 3 Master，回车进入设置页面，如图 11-4 所示。

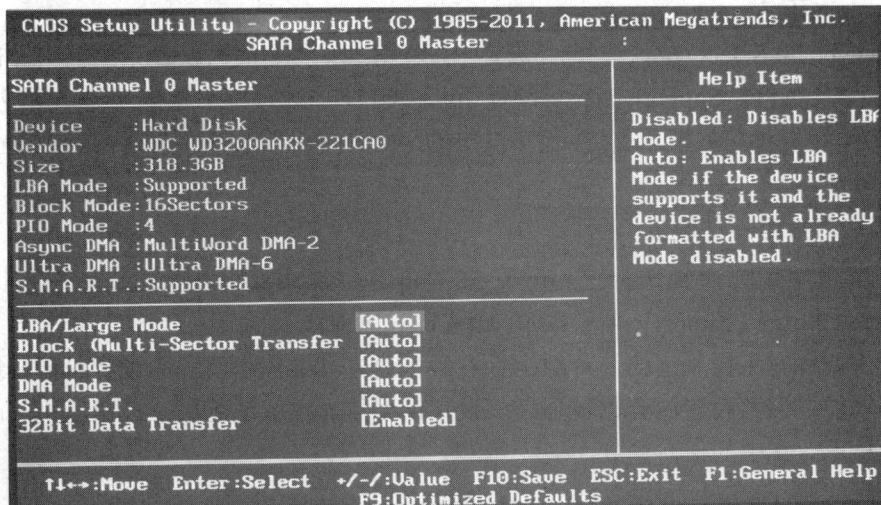

图 11-4 设置硬盘或光驱

如果不熟悉设置，最简单的办法是设置为 Auto。

3. 高级 BIOS 设置

在主菜单中用方向键选择"Advanced BIOS Features"项然后回车，即进入了"Advanced BIOS Features"项子菜单(如图 11-5 所示)。"Advanced BIOS Features"项子菜单中有如下子项：

(1) CPU Configuration(CPU 配置)：设定值有 Disabled(禁用)和 Enabled(开启)。

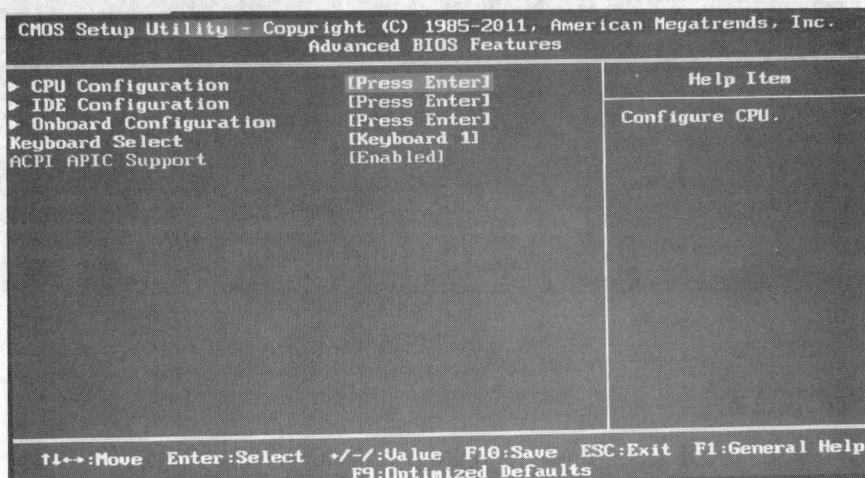

图 11-5 高级 BIOS 设置

(2) IDE Configuration(IDE 配置)：设置是否打开 CPU 内置高速缓存。默认设为打开。设定值有 Disabled(禁用)和 Enabled(开启)。

(3) Onboard Configuration(板载配置)：设定 BIOS 是否采用快速 POST 方式，也就是简化测试的方式与次数，让 POST 过程所需时间缩短。无论设成 Enabled 或 Disabled，当 POST 进行时，仍可按 Esc 键跳过测试，直接进入引导程序。默认设为禁用。设定值有 Disabled(禁用)和 Enabled(开启)。

(4) Keyboard Select (键盘选择)：设定 BIOS 第一个搜索载入操作系统的引导设备。

(5) ACPI APIC Support(高级可编程中断控制器)：此项用于激活或关闭主板 APIC。APIC 可为系统提供多处理器支持，更多的 IRQ 和更快的中断处理。选项包括 Enabled(默认)和 Disabled。

4. 高级芯片组特性设置

在主菜单中用方向键选择"Advanced Chipset Features"项，然后回车，即进入了"Advanced Chipset Features"项子菜单(如图 11-6 所示)。

该项主要针对主板采用的芯片组运行参数，通过其中各个选项的设置可更好地发挥主板芯片的功能。但其设置内容比较复杂，设置错误将导致系统无法开机或死机，所以不建议用户随意更改其中的任何参数，

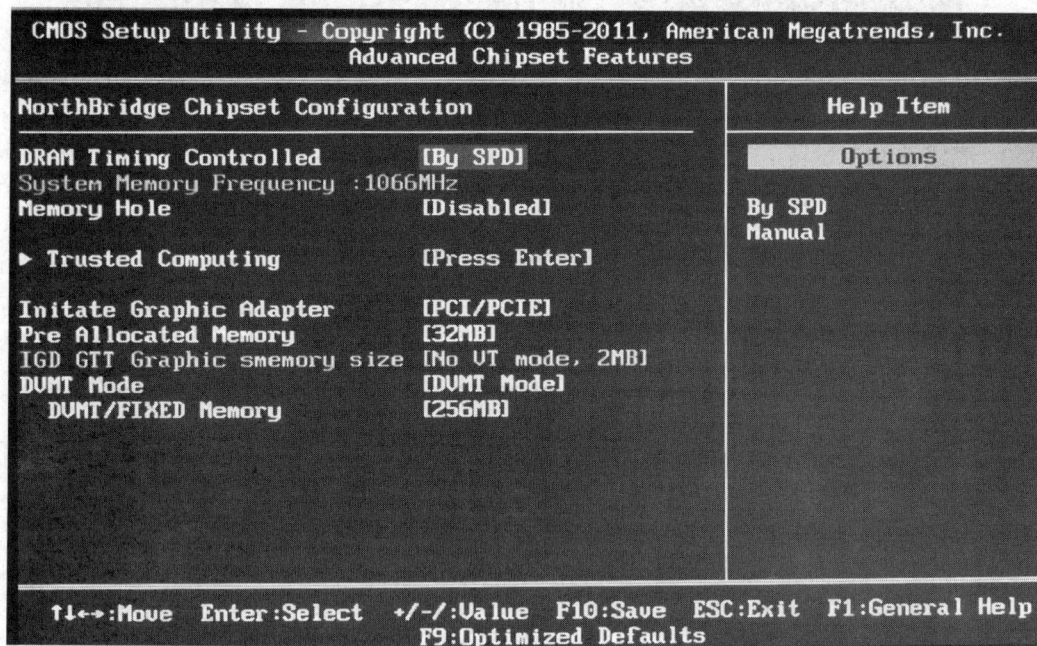

```
CMOS Setup Utility - Copyright (C) 1985-2011, American Megatrends, Inc.
                      Advanced Chipset Features

NorthBridge Chipset Configuration                    Help Item

DRAM Timing Controlled        [By SPD]                  Options
System Memory Frequency :1066MHz
Memory Hole                   [Disabled]             By SPD
                                                     Manual
▶ Trusted Computing           [Press Enter]

Initate Graphic Adapter       [PCI/PCIE]
Pre Allocated Memory          [32MB]
IGD GTT Graphic smemory size  [No VT mode, 2MB]
DVMT Mode                     [DVMT Mode]
  DVMT/FIXED Memory           [256MB]




↑↓←→:Move  Enter:Select  +/-/:Value  F10:Save  ESC:Exit  F1:General Help
                          F9:Optimized Defaults
```

图 11-6　高级芯片组特性设置

5. 启动配置设置

在主菜单中用方向键选择"Boot Configuration Features"项，然后回车，即进入了"Boot Configuration Features"项子菜单(如图 11-7 所示)。

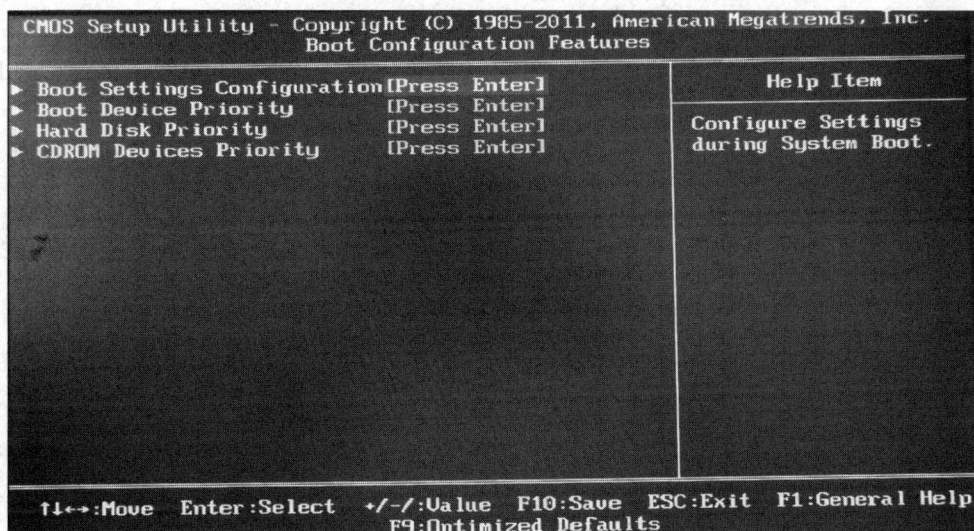

图 11-7　启动配置设置

该项主要设定启动项，主要包括启动选项设定、启动设备、引导设置配置。计算机启动时，首先进行自检，自检通过后，接下来将按安装 BIOS 中设置的启动顺序启动，正常情况下，应设为从硬盘启动以便快速进入操作系统。如果操作系统不能正常启动，则可以设置从光驱启动或从 U 盘启动。

6. 电源管理设置

在主菜单中用方向键选择"Power Management Setup"项然后回车，即进入了"Power Management Features"项子菜单(如图 11-8 所示)。

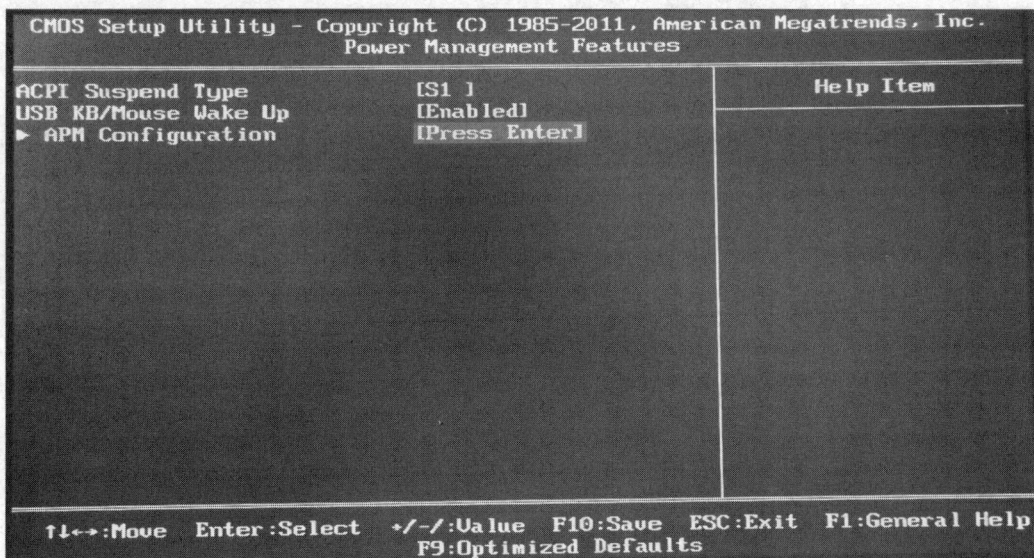

图 11-8　电源管理设置

该项主要配置计算机的电源管理功能，有效地降低系统的耗电量。计算机可以根据设置的条件自动进入不同阶段的省电模式。

7. 即插即用设备和 PCI 扩展槽设置

在主菜单中用方向键选择"PnP/PCI Configurations"项然后回车，即进入了"PnP/PCI Configurations"项子菜单(如图 11-9 所示)。

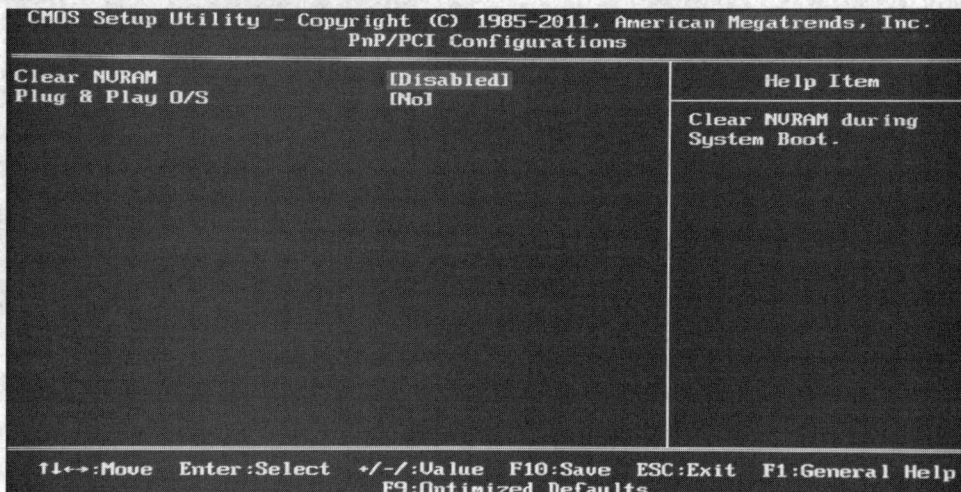

```
CMOS Setup Utility - Copyright (C) 1985-2011, American Megatrends, Inc.
                    PnP/PCI Configurations

Clear NVRAM                    [Disabled]              Help Item
Plug & Play O/S                [No]
                                                   Clear NVRAM during
                                                   System Boot.




↑↓←→:Move  Enter:Select  +/-/:Value  F10:Save  ESC:Exit  F1:General Help
                         F9:Optimized Defaults
```

图 11-9 PnP/PCI 设置

利用 PnP/PCI Configurations 菜单可以设置即插即用功能、系统资源控制方式等，在遇到系统冲突故障时，可利用该菜单中的选项解决问题。因为配置内容技术性较强，所以不建议普通用户对其进行调整，以免出现问题，建议采用系统默认设置。

8. PC 基本状态

在主菜单中用方向键选择"PC Health Status"项然后回车，即进入了"PC Health Status"项子菜单(如图 11-10 所示)。

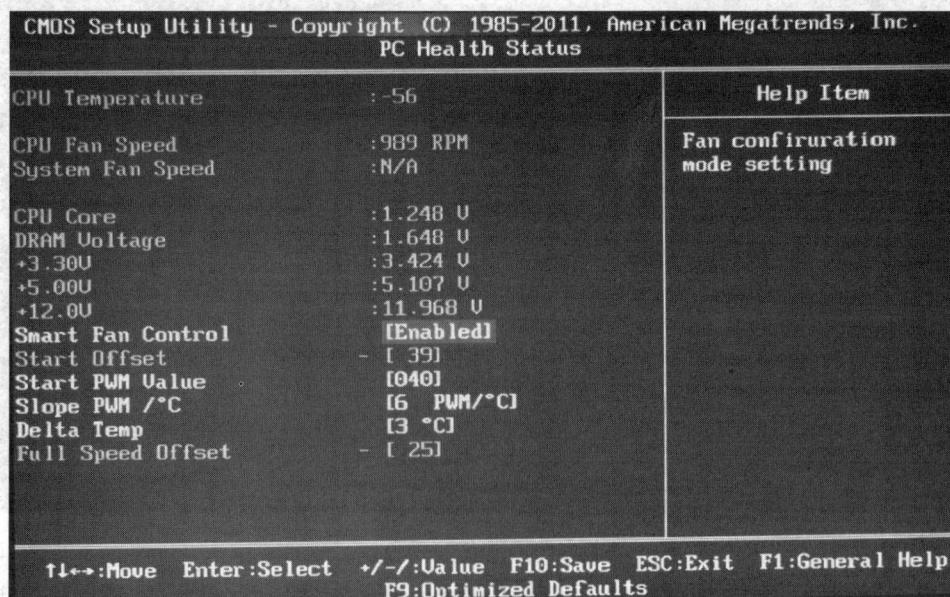

```
CMOS Setup Utility - Copyright (C) 1985-2011, American Megatrends, Inc.
                    PC Health Status

CPU Temperature          :-56                      Help Item

CPU Fan Speed            :989 RPM             Fan confiruration
System Fan Speed         :N/A                 mode setting

CPU Core                 :1.248 V
DRAM Voltage             :1.648 V
+3.30V                   :3.424 V
+5.00V                   :5.107 V
+12.0V                   :11.968 V
Smart Fan Control        [Enabled]
Start Offset             [ 39]
Start PWM Value          [040]
Slope PWM /°C            [6  PWM/°C]
Delta Temp               [3 °C]
Full Speed Offset        [ 25]

↑↓←→:Move  Enter:Select  +/-/:Value  F10:Save  ESC:Exit  F1:General Help
                         F9:Optimized Defaults
```

图 11-10 PC 基本状态设置

该项显示 CPU、风扇和整个系统等的状态。只有当主板有硬件监控装置时监控功能才被激活。

9. BIOS 安全设置

在主菜单中用方向键选择"BIOS Security Features"项然后回车，即进入了"BIOS Security Features"项子菜单(如图 11-11 所示)。

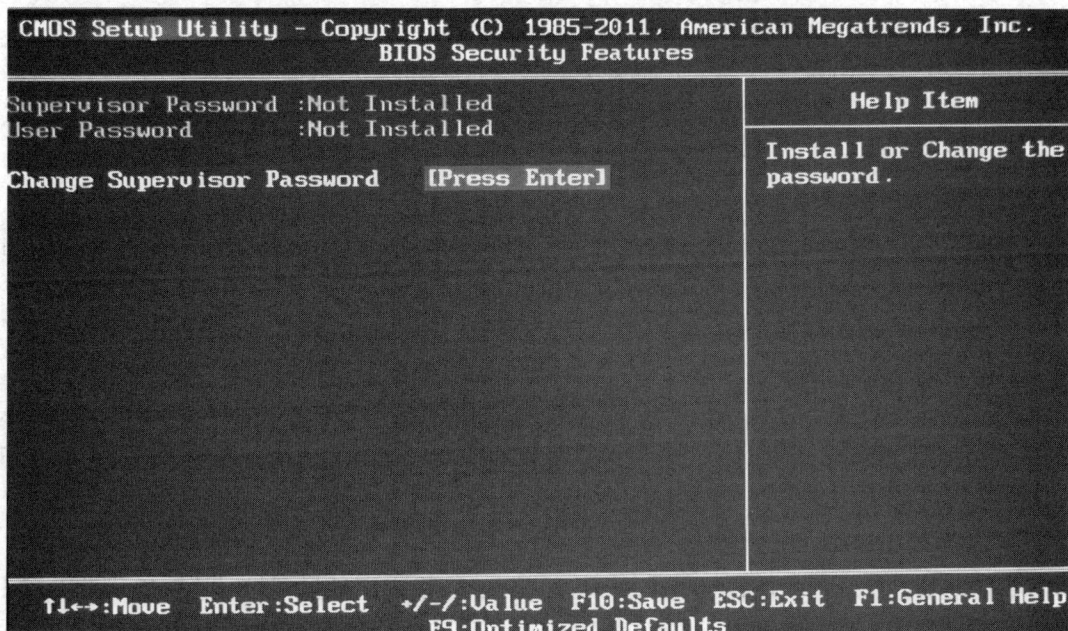

```
CMOS Setup Utility - Copyright (C) 1985-2011, American Megatrends, Inc.
                        BIOS Security Features

 Supervisor Password    :Not Installed         ┌──────────────────┐
 User Password          :Not Installed         │    Help Item     │
                                                ├──────────────────┤
 Change Supervisor Password    [Press Enter]    │ Install or Change the
                                                │ password.
```

```
↑↓←→:Move  Enter:Select  +/-/:Value  F10:Save  ESC:Exit  F1:General Help
                        F9:Optimized Defaults
```

图 11-11　BIOS 安全设置

该项用来设置进入 BIOS 的密码和系统开机密码。

10. 最安全的缺省设置

Load Fail-Safe Defaults(载入最安全的缺省值)：使用此菜单载入工厂默认值作为稳定的系统使用。

该选项允许用户设置装载系统的初始值，这些值是针对系统设置的优化值。运行该选项不会改变 STANDARK CMOS SETUP 的值。

11. 高性能缺省值设置

Load Optimized Defaults(载入高性能缺省值)：使用此菜单载入最好的性能但有可能影响稳定的默认值。

该项用于修改 BIOS 时装载 BIOS ROM 的初始值，该设置为保守设置，不是最优化设置，所以将关闭系统的高速设置。运行该选项不会改变 STANARD CMOS SETUPR 的值。

12. 保存退出

Save & Exit Setup(保存后退出)：保存对 BIOS 的修改，然后退出 Setup 程序。

13. 不保存退出

Exit Without Saving(不保存退出)：放弃对 BIOS 的修改，然后退出 Setup 程序。

11.10 BIOS 设置的应用

不同的计算机可能有不同界面,但常见的也就是 Award、AMI、Phoenix 等几种。界面形式虽然不同,但功能基本一样,所要设置的项目也差不多。其实只要明白了一种 BIOS 的设置方法,其他的就可以触类旁通了。

在主界面的下面有很多个参数需要设置,大部分项目本来就已经设置了正确的参数值,或者说许多选项对计算机的运行影响不太大,所以一般我们只要注意几个关键项就可以了。通常,在设置 BIOS 时,只需简单的以下几个步骤:

1. 设置出厂设定值

在主界面选择 Load Fail-Safe Defaults(载入最安全的缺省值)就是"调入出厂设定值"的意思,实际上就是推荐设置,即在一般情况下的优化设置。

用上下箭头将光标移到这一项,然后按回车键,屏幕提示"是否载入默认值"。输入"Y"表示"是"的意思,这样,以上几十项设置都是默认值了。

如果在这种设置下,计算机出现异常现象,可以用"Load Optimized Defaults"项恢复 BIOS 默认值,它是最基本的也是最安全的设置。在这种设置下不会出现设置问题,但有可能使计算机性能得不到最充分的发挥。

2. 检测硬盘参数

在标准 BIOS 设置中选择 SATA Channel 0 Master 设定主硬盘型号。按"PgUp"或"PgDn"键选择硬盘类型:Press Enter、Auto 或 None。如果光标移动到"Press Enter"项,回车后会出现一个子菜单,显示当前硬盘信息;Auto 是自动设定;None 是设定为没有连接设备。

主硬盘参数设置好后就可以检测下一个硬盘了。如果计算机只有一个硬盘,可以按"ESC"键取消检测。一般的 PC 都能连接四个 IDE 设备,简单地说可以接四个硬盘,如果有其他硬盘,计算机也会把它们分别检测出来。通常,我们只有一个硬盘,一般检测第一个,其他的就可略过了。

3. 设置启动顺序

在一般情况下前几项设置好以后,计算机就可以正常工作了。但通常我们还要考虑从哪一个设备启动的问题。在高级 BIOS 设置中选择 First Boot Device(设置第一启动盘),即设定 BIOS 第一个搜索载入操作系统的引导设备。安装系统时需要设置为 CD-ROM 启动,安装系统正常使用后建议设为(HDD-0)即硬盘启动。

4. 设置密码

计算机中设置开机密码主要是为了保护计算机内的资料不被非法用户删除或修改。在 BIOS 设置中,用户可以为计算机设置超级用户密码和一般用户密码。超级用户密码拥有是否允许用户开机进入系统的权限,如果设置了此类密码,一定要记住,否则会打不开计算机。一般用户密码主要是用来设置用户是否拥有修改 BIOS 的权限的。

简单地说,如果两个密码都设好了,那么用超级用户密码可以进入工作状态,也可以进入 BIOS 设置,而一般用户密码只能进入工作状态和进入 BIOS 修改用户自身的密码,但除此之外便不能对 BIOS 进行其他的设置。设置密码在 BIOS Security Features 中进行。

1) 设置超级用户密码

超级用户密码(SUPERVISOR PASSWORD)对计算机的 BIOS 设置具有最高的权限，它可以更改 BIOS 的任何设置。只有计算机的所有者或管理者才可以设置和使用此密码。选择 Set Supervisor Password 菜单就可以设置超级用户的密码。回车进入设置超级用户密码界面，要求用户输入口令。输入后，按回车键，计算机提示重新输入密码确认一遍，输入后再按回车键就可以了。如果想取消已经设置的密码，就在提示输入密码后直接按回车键，计算机提示密码取消，按任意键后密码就取消了。

2) 设置一般用户密码

设置一般用户密码的方法为：在 BIOS 主菜单中，将光标移动到"USER PASSWORD"项中，按回车键，显示 Enter Password 对话框，也需输入两次密码进行确认。

3) 清除密码

设置了 BIOS 超级用户密码后，每次开机或修改设置时，都要求输入密码。如果用户忘记密码，计算机将拒绝进入系统。下面我们就介绍几种清除密码的方法。

(1) 可先试一下通用口令，如 AMI BIOS 的通用口令是"AMI"，Award BIOS 的通用口令比较多，可能有"AWARD"、"H996"、"Syzx"、"WANTGIRL"、"AwardSW"等等，输入时请注意大小写，不过很多新的主板都不支持通用口令，或者是有通用口令但大家还没有发现，所以通用口令不是万能的。

(2) 借助于主板说明书，找到主板上清除 BIOS 信息的跳线。操作时一定要将电脑断电，再打开机箱，将跳线短路几秒就可清除密码，然后复原跳线。

(3) 首先，对整台计算机断电，然后打开主机箱，取下主板上内部供电电池；或将主板外接电池拔下，两三天后再装好，即可达到放电目的。

5. 保存设置并退出

最后就是关键的一步，要将刚才设置的所有信息进行保存。选择"Save & Exit Setup"这一项，它是保存并退出的意思。

如果不想保存刚才的设置，只是想进来看一下，那就选择"Exit Without Saving"，它表示不保存退出，那么本次进入 BIOS 所做的任何改动都不起作用。

重新启动计算机，设置就完成了，计算机就可以正常工作了。如果没有特殊情况，一般 BIOS 设置就不必改动了。

11.11　BIOS 的错误的分析

计算机在载入操作系统之前、启动或退出操作系统的过程中以及操作使用的过程中都可能会有错误提示，根据错误提示可以顺藤摸瓜，迅速查出并排除错误。

下面主要介绍载入操作系统前比较常见的 BIOS 错误提示信息。

· CH-2Time　Error

主板时钟 TIME#2 发生错误，一般需要更换主板。

- CMOS Battery State Low

系统中有一个用于存放 CMOS 参数的电池，该提示表明 CMOS 电池不足，需更换电池。

- CMOS Check Sum Failure

CMOS 参数被保存后，会产生一个代码，该值是供检查错误时使用的，若读出的值和该值不相等，则会出现此错误信息，需运行 BIOS 设置程序改正此错误。

- CMOS System Options Not Set

存放在 CMOS 中的参数不存在或被破坏，运行 BIOS 设置程序可改正此错误。

- CMOS Display Type Mismatch

存储在 CMOS 中的显示类型与 BIOS 检查出的显示类型不一致，运行 BIOS 设置程序可改正这个错误。

- Display Switch Not Proper

有些系统要求用户设置主板上的显示类型。用户的设置与实际情况不符时出现此错误提示。改正此错误必须先关机，然后重新设置主板上显示类型的跳线。

- Keyboard Error

键盘与 CMOS 中设置的键盘检测程序不兼容，或在 POST 自检时有些键被按住均会出现上面的错误信息。请检查计算机中是否安装了该 CMOS 中的键盘接口，也可将 BIOS 设置程序中的 KEYBOARD 设置项设为 Not Installed(未安装)，这样 BIOS 设置程序将略过键盘的检查。另外，在 POST 自检时不要按住键盘。

- KB/Interface Error BIOS

检查程序时发现主板上的键盘接口出现了错误，运行 BIOS 设置程序改正错误。

- CMOS Memory Size Mismatch

若 BIOS 发现主板上的内存大小与 CMOS 中存放的数值不同时，产生此错误信息，可运行 BIOS 设置程序改正。

- HDD Controller Failure

BIOS 不能与硬盘适配器进行通信。关机检查主板上的硬盘控制器与数据线是否接好、硬盘控制器是否损坏等。

- C：Drive Error

BIOS 未接收到硬盘 C: 上的任何信号。解决这个问题要运行 Hard Disk Utility(硬盘实用程序)。另外，可检查标准 CMOS 设置中的硬盘类型是否已选择正确等。

- CMOS Time&Date Not Set

CMOS 的时间和日期未设置。可运行 BIOS 设置程序，设置日期和时间。

- Cache Memory Bad，Do Not Enable Cache

BIOS 发现主板上的高速缓冲内存已损坏，可运行 BIOS 设置程序，关掉高速缓存。

- Address Line Short

地址线太短，这一般是主板的译码电路地址出现了问题，通常需更换主板。

- DMA Error

主板上的 DMA 控制器出现了错误，通常需更换主板。

- BIOS ROM Checksum Error-System halt

BIOS 校验错误，通常是由于 BIOS 信息刷新不完全所造成的，一般需要更换主板或 BIOS 芯片。

- CMOS Checksum Error-Defaults Loaded

CMOS 校验错误，载入预设的系统设定值。通常发生这种状况都是因为电池电力不足所造成，可更换电池试试。如果仍然提示该信息，则可判断是 CMOS RAM 存储器有问题，大多情况需要更换 CMOS 芯片。

- Hard Disk Install Failure

硬盘安装失败，应先检查硬盘的电源线，数据线是否安装妥当，或者硬盘跳线是否设置错误。

- Hard Disk(s) Diagnosis Fail

执行硬盘诊断时发生错误，通常代表硬盘本身故障，可以先把该硬盘接到别的电脑上试试看，如果还是一样的问题，那只好送修了。

- Memory Test Fail

内存测试失败，一般是因为内存不兼容或内存故障所导致。

- Override Enable-Defaults Loaded

目前的 CMOS 组态设定如果无法启动系统，则载入 BIOS 预设值以启动系统。

- CMOS battery failed

说明 CMOS 电池的电力已经不足，请更换新的电池。

- Press ESC to skip memory test

如果在 BIOS 内并没有设定快速加电自检的话，那么开机就会执行内存的测试，如果你不想等待，可按 ESC 键跳过或到 BIOS 内开启 Quick Power On Self Test。

- Press TAB to show POST screen

有一些 OEM 厂商会以自己设计的显示画面来取代 BIOS 预设的开机显示画面，而此提示就是要告诉使用者可以按 TAB 来把厂商的自定义画面和 BIOS 预设的开机画面进行切换。

11.12　BIOS 的升级

升级主板的 BIOS 可以获得 BIOS 版本的提升，修正以前版本中的 Bug，并且提供对新硬件新技术的支持，最重要的是能给整机带来性能上的提升和功能上的完善。

11.12.1　升级 BIOS 的准备工作

升级主板 BIOS 是一件比较慎重的工作，如果升级 BIOS 失败，将导致计算机无法启动，为了使 BIOS 升级成功，升级 BIOS 前主要要做以下准备工作：

(1) 确定主板是否可以升级。不是所有计算机的 BIOS 都能升级的，如果计算机使用的 BIOS 是一次性的 ROM 闪存，那就不用考虑升级 BIOS 了。

(2) 查看主板类型。因为不同的主板功能不同，BIOS 也会不同，因此升级前必须确认主板的型号，以避免误操作。主板的类型可以从以下三个方面获取：从主板说明书中获取、从主板的芯片组上获取、从开机画面中获取。

确定了 BIOS 的类型后，还需要确定其版本，因为相同的主板可能有多个版本的 BIOS，所以需要特别注意。主板 BIOS 版本的确定方法是在开机时看屏幕的左下角显示的信息。

(3) 备份好老版本 BIOS 文件。

(4) 下载最新版本的 BIOS 新文件。

(5) 下载合适的 BIOS 刷新工具。

(6) 更改 BIOS 中相关设定。

11.12.2　升级 BIOS 的注意事项

升级 BIOS 应注意以下问题：

(1) 在 BIOS 的刷新过程中要充分保证电源的持续性，最好配上 UPS 以备不时之需。

(2) 注意选择与自己主板型号一致的 BIOS 程序。最好在刷新前，先检查用于升级的 BIOS 文件的版本是否正确。

(3) 把 BIOS 中 Virus Warning(病毒警告)功能设置为禁用，并将对 BIOS 的禁止写开关都关掉，以确保升级操作能顺利完成。

(4) 在对 BIOS 升级前，一定要对原 BIOS 信息进行备份，目前大多数 BIOS 升级软件都提供了提取并备份原 BIOS 信息的功能。

11.12.3　升级 BIOS

BIOS 的升级方法有常规升级和在 Windows 下升级。

1. 常规升级

1) 进入“安全 DOS 模式”

一般情况下，升级 BIOS 是在纯 DOS(不能加载任何驱动程序)下进行的。在出现“Starting Windows……”画面时，立即按下“F8”键，然后选择进入纯 DOS 系统即可。

2) 复制刷新程序和 BIOS 文件

进入 DOS 后，将软件中的刷新程序和 BIOS 文件复制到硬盘(如 C 盘)中。这样即可加快刷新速度，也可防止启动软盘损坏失效无法启动的故障。

3) 开始进行升级 BIOS

直接运行 Awdflash.exe，进入 AwdFlash 的画面，屏幕显示当前的 BIOS 信息。

4) 输入要刷新的 BIOS 文件的地址和名称

在“File Name to Program:”中键入刚才复制到 C 盘中的最新的 BIOS 程序名称。输入完成后，按回车键结束。

5) 备份原有 BIOS 文件

在“File Name To Save”后面输入备份文件名，然后按回车键，程序将自动对旧的 BIOS 进行备份。

6) 刷新 BIOS

当备份完成后，程序便会再次询问是否确定要写入，选择“Y”，这时 BIOS 升级开始。如果一切顺利的话，到这儿 BIOS 就升级完成了。最后关掉电源重新启动计算机，即完成了 BIOS 的刷新工作。

2. 在 Windows 下升级 BIOS

由于现在 Windows Me/2000/XP 已取消了 MS-DOS 方式，在这种情况下，采取上面介绍的常规升级方式将极为不便。

技嘉开发的 @BIOS Flasher 能在 Windows 下对技嘉主板的 BIOS 升级，借助于它我们也可以实现对其他主板 BIOS 的升级。

@BIOS Flasher 程序运行后能自动侦察出主板的 BIOS 芯片类型、电压、容量和版本号。在 BIOS 信息的左下方是默认的执行操作，共有四项，除第一项"Internet Update"(网络在线升级)外，其余均为不可更改。选项后面有个按钮，从上到下依次为："Update New BIOS"(升级新的 BIOS)、"Save Current BIOS"(保存现有的 BIOS)、"About this program"(关于这个程序)、"Exit"(退出)。

因为 @BIOS Flasher 不支持非技嘉主板在线升级，所以要刷新非技嘉主板的 BIOS，还得先到主板厂商站点下载主板最新的 BIOS 文件，把主板上防 BIOS 写入的跳线打开，以及在 BIOS 设置程序中将防 BIOS 写入的选项设为"Disabled"。单击"Update New BIOS"按钮，并在弹出的窗口中选择要刷新的 BIOS 文件，然后在弹出的消息框上单击"Y"按钮，便会自动更新 BIOS。

整个操作在 Windows 下进行，更新结束后程序会弹出消息框，提示升级成功，并要求重启计算机。在机器重启自检时，你会发现 BIOS 已更新为新的版本了。

11.13　BIOS 报警声及其含义

在计算机开机自检的过程中，如果 BIOS 检测到错误，就会以铃声报警来提醒用户。不同的报警声代表不同的意义。

1. Award BIOS 报警声含义

Award BIOS 报警声及其含义如表 11-2 所示。

表 11-2　Award BIOS 报警声及其含义对应表

报警声	代表故障含义
1 短	系统正常启动
2 短	系统错误，只需进入 CNOS 设置中重新修改
1 长 1 短	内存或主板出错
1 长 2 短	键盘控制器错误
1 长 3 短	显卡或显示器错误
1 长 9 短	主板 BIOS 损坏
不断的长声响	内存有问题
不断的短声响	电源、显示器或显卡没有连接好
重复短声响	电源故障

2. AMI BIOS 报警声含义

AMI BIOS 报警声及其含义如表 11-3 所示。

表 11-3　AMI BIOS 报警声及其含义对应表

报警声	代表故障含义
1 短	内存刷新失败
2 短	内存 ECC 校验错误
3 短	640KB 常规内存检查失败
4 短	系统时钟出错
5 短	CPU 错误
7 短	系统实模式错误，无法切换到保护模式
8 短	显示内存错误
9 短	BIOS 检测错误
1 长 3 短	内存错误
1 长 8 短	显示测试错误

实验十一　BIOS 基本设置

本实验要求理解 BIOS 的基本功能，掌握修改 CMOS 基本参数的方法。

1. 实验内容

(1) 掌握进入、退出 BIOS 的方法。

(2) 修改系统日期与时间参数、正确设置软盘驱动器。

(3) 设置 BIOS 停止条件，检测并设置 IDE 接口设备。

(4) 设置系统启动设备顺序。

(5) 设置 CPU 报警及关机测试，设置管理员及用户口令。

2. 实验步骤

(1) 在关机状态，清除 CMOS 值。

(2) 启动计算机后，根据提示进入 BIOS 设置程序，熟悉主菜单与子菜单的组成。

(3) 将日期与时间调整至当前值，保存参数并退出 BIOS 设置程序。

(4) 重启计算机机，观察并记录 POST 提示信息。

(5) 重启后设置 IDE 设备，并检测四个 IDE 接口上连接的实际设备。

(6) 将第一启动装置设置为 U 盘、第二启动装置设置为光驱、第三启动装置设置为硬盘，并将启动 U 盘及光盘放入相应驱动器，重启计算机，观察启动过程，取出启动 U 盘，重启计算机，再次观察启动过程。

(7) 检测 CPU 健康状况并设置 CPU 报警与关机温度。

(8) 设置管理员及用户密码。

(9) 恢复最优化默认设置。

(10) 设置 CPU 超频。

习　题

1. 填空题

(1) 开机检测的过程，实际上就是计算机_____的过程。

(2) 在开机时按下特定的_____可以进入 BIOS 设置程序。

(3) _____密码对计算机的 BIOS 设置具有最高的权限，它可以更改 BIOS 的任何设置。

2. 选择题

(1) 用来设定日期、时间的参数是_____。

    A. Standard CMOS Features   B. Advanced BIOS Features

    C. Advanced Chipset Features   D. Integrated Peripherals

(2) 用来设定载入工厂默认值作为稳定的系统使用的参数是_____。

    A. Set Supervisor Password   B. Set User Password

    C. Load Fail-Safe Defaults   D. Load Optimized Defaults

3. 判断题

(1) 如果有非常严重的硬件错误，则 BIOS 在自检时不能通过。　　　　　(　　　　)

(2) 在通过了 BIOS 自检后 BIOS 会将引导权交给操作系统。　　　　　(　　　　)

4. 问答题

(1) 在 BIOS 中如何设置密码？

(2) BIOS 的设置原则是什么？

(3) 如何升级 BIOS？

5. 操作题

(1) 设置 BIOS 参数。

(2) 设置超级用户密码和开机密码以及尝试消除密码。

(3) 升级 BIOS。

第 12 章 计算机软件的安装

硬件组装完成后，计算机并不能使用，还需要安装软件。安装计算机软件的过程：第一步是硬盘的分区和格式化，第二步是安装操作系统，第三步是安装驱动程序，第四步是安装应用程序。本章介绍硬盘的分区和格式化、操作系统的知识、操作系统的安装、驱动程序的安装和应用程序的安装。

12.1 硬盘的分区和格式化

安装软件首先要对硬盘进行分区和格式化。

1. 什么是硬盘的分区

将一块硬盘(指硬盘实物)划分为"本地磁盘 C"、"本地磁盘 D"、"本地磁盘 E"等多个逻辑盘的过程即称为分区。一块新的硬盘可以用一张白纸来形容，里面什么都没有，为了能够更好地使用它，需要先在"白纸"上划分出若干个小块，这个操作称为硬盘分区。硬盘的分区主要有主分区、扩展分区和逻辑分区。

1) 主分区

要在硬盘上安装操作系统，则该硬盘必须有一个主分区，主分区包含操作系统启动所需的文件和数据。

2) 扩展分区

扩展分区是除主分区以外的分区，但它不能直接使用，必须再将它划分成为若干个逻辑分区才行。

3) 逻辑分区

逻辑分区就是我们平常使用的 D 盘、E 盘、F 盘等。对于计算机来说，逻辑盘是操作系统为控制和管理物理硬盘而建立的操作对象，也是用户分门别类的管理各种数据的重要工具。

一个硬盘经过 FDISK 的划分和高级格式化以后，会在所属的操作系统中建立分区表(Partition Table)，记录一系列数据。现将分区表内的内容归纳如下：

(1) 分区表创建在硬盘的第 0 磁柱面、第 0 磁道、第 1 个扇区上。

(2) 分区表记录操作系统的数据(DOS、OS2 或其他操作系统)。

(3) 分区表记录分区硬盘的 C(磁柱面)、H(磁头)、S(扇区)的数量。

(4) 分区表记录分配的磁柱面(Cylinder)的开始、结束和容量。

(5) 分区表记录可启动的硬盘(Active)。

(6) 分区表建立引导区(Boot Sector)。

(7) 分区表建立文件分配表(FAT)。

(8) 分区表建立根目录。

(9) 分区表建立数据存储区。

2. 硬盘分区的格式

格式化(高级格式化)是对磁盘分区的初始化过程，其目的是按照文件系统的需求，在目标磁盘分区上创建文件分配表(FAT)并划分数据区域，以便操作系统存储数据。

硬盘分区有以下几种文件格式：

(1) FAT16 文件格式。这是 MS-DOS 和早期的 Windows 95 操作系统中最常见的磁盘分区格式。它采用 16 位的文件分配表，能支持最大为 2.1 GB 的硬盘，是从前应用最为广泛的一种磁盘分区格式。FAT16 分区格式最大的缺点是磁盘利用效率低。

(2) FAT32 文件格式。FAT32 文件格式采用 32 位的文件分配表，让硬盘的管理能力大大增强，并有效提高了硬盘的实际利用率，该文件格式支持大硬盘，同时支持的最大分区已超过 2 GB。FAT32 的优点是在一个不超过 8 GB 的分区中，每个簇容量都固定为 4 KB，与 FAT16 相比，可以大大地减少磁盘的浪费，提高磁盘利用率。

(3) NTFS 文件格式。NTFS 文件格式最早应用在 Windows NT 操作系统中，该文件格式可以更好地管理硬盘，并拥有更佳的硬盘实际利用率。同时，安全性也得到了进一步提高。NTFS 分区格式用于网络操作系统 Windows NT 的硬盘分区格式，优点是安全性和稳定性极其出色，充分保护了网络系统与数据的安全，在使用中不易产生文件碎片。

(4) Linux 文件格式。Linux 的磁盘分区格式与其他操作系统完全不同，共有两种：一种是 Linux Native 主分区，一种是 Linux Swap 交换分区。这两种分区格式的安全性与稳定性极佳，结合 Linux 操作系统后，死机的机会大大减少，但支持这一分区格式的操作系统只有 Linux。

3. 硬盘如何分区

在建立分区以前，最好先规划你要如何配置，也就是要先解决以下问题：

(1) 这个硬盘要分成几个区？

(2) 每个分区占有多大的容量？

(3) 每个分区都使用什么文件系统？

在这里我们建议为操作系统分一个留有余地的分区，用来安装操作系统和应用软件。数据可以分为几个区，以保存不同类型的数据，这样就可达到安全、简洁、实用的目的。

4. 硬盘分区的步骤

(1) 启动计算机，按 DEL 进入 BIOS 设置，将系统的启动顺序设定从光驱启动。

(2) 将启动光盘放入其驱动器，重新启动计算机，进入启动选择画面，根据实际情况选择合适的启动选项。

(3) 根据实际需要，选择分区软件对硬盘进行分区和格式化。

硬盘分区从表面上看是对硬盘进行有效的划分，以提高硬盘的利用率和实现对资源有效的管理，而实质上，在创建硬盘分区时，已设置好了硬盘的各项物理参数，并指定了硬盘的主引导记录，即 MBR(Master Boot Record)和引导记录备份的存放位置。主引导记录被存放在主分区中，只有主分区中存在主引导记录时，才可以正常引导硬盘启动。当主引导记录丢失时，就会造成硬盘无法启动的现象。

5. 硬盘格式化

任何一块刚刚生产的硬盘都要经过低级格式化、分区和高级格式化(简称格式化)三个处理步骤后，计算机才能利用它们存储数据。一般情况下，新出厂的硬盘只进行了低级格式化处理，因此在安装操作系统之前，还需要对硬盘进行"分区"和"格式化"处理。系统安装光盘带有格式化功能，可以利用系统光盘进行格式化。

12.2 操作系统

计算机的工作都是依靠操作系统来完成的，操作系统是用于管理计算机资源，合理组织计算机的工作流程，协调计算机系统各部分之间、系统与用户之间、用户与用户之间关系的一组程序。操作系统的基本功能包括以下五个方面：处理机管理、存储管理、设备管理、文件管理、作业管理。

现在常用的操作系统主要有 Windows 操作系统、Unix 操作系统、Linux 操作系统等。

1. Windows 操作系统

Windows 是微软公司在 1985 年 11 月发布的第一代窗口式多任务操作系统，它使 PC 机开始进入了图形用户界面时代。直到 1995 年以前的 Windows 都是由 DOS 引导的，也就是说它们还不是一个完全独立的系统，而 1995 年推出的 Windows 95 是一个完全独立的系统，且在很多方面作了改进，集成了网络功能和即插即用功能，是全新的 32 位操作系统。

1998 年微软公司又推出了 Windows 98，它很好地整合了 Internet 浏览器技术，使得访问 Internet 资源更加方便，以及后来的 Windows NT/Me/2000 /XP/2003 等成为风靡全球的操作系统。

2006 年 7 月 22 日微软对外宣布正式名称是 Windows Vista 的操作系统。2009 年微软发布了 Windows 7，出现了开始支持触控技术的 Windows 桌面操作系统。

微软最新的操作系统 Windows 8(如图 12-1 所示)，是第一款带有 Metro 界面的桌面操作系统。

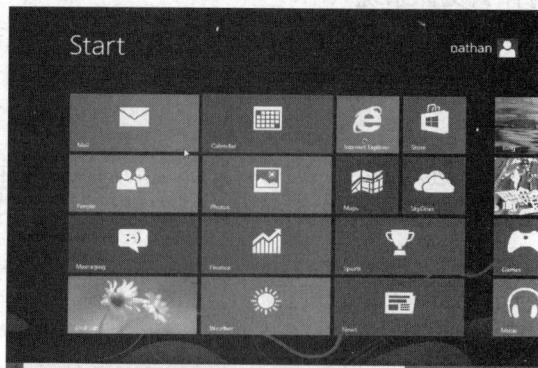

图 12-1 Windows 8 操作系统

该系统旨在让人们日常的平板电脑操作更加简单和快捷，为人们提供高效易行的工作环境，Windows 8 支持来自 Intel、AMD 和 ARM 的芯片架构。2011 年 9 月 14 日，Windows 8 开发者预览版发布，宣布兼容移动终端，微软将苹果的 IOS、谷歌的 Android 视为 Windows 8 在移动领域的主要竞争对手。2012 年 8 月 2 日，微软宣布 Windows 8 开发完成，正式发布 RTM 版本；10 月 25 号正式推出 Windows 8，微软称触摸革命将开始。

2. Unix 操作系统

Unix 操作系统是 Internet 诞生的平台，它是一个强大的多用户、多任务操作系统，支持多种处理器架构，最早由 Ken Thompson、Dennis Ritchie 和 Douglas Mcllroy 于 1969 年在 AT&T 的贝尔实验室开发。

经过长期的发展和完善，Unix 已成长为一种主流的操作系统技术和基于这种技术的产品大家族。由于 Unix 具有技术成熟、可靠性高、网络和数据库功能强、伸缩性突出和开放性好等特色，可满足各行各业的实际需要，特别能满足企业重要业务的需要，已经成为主要的工作站平台和重要的企业操作平台。

3. Linux 操作系统

Linux 操作系统(如图 12-2 所示)是一种可以免费分发的，基于 Intel 系列和与其兼容的 CPU 的"类 Unix"操作系统。它是首先由芬兰的年轻人 Linus B.Torvalds 于 1991 年编写主要系统内核，并在此基础上发展起来的。

Linux 是一个小型、快速、灵活的系统。Linux 一词有两种含义：专指 Linux 的内核，或泛指该内核上运行的任何应用程序集合，通常称之为版本。

Linux 操作系统是目前全球最大的一个自由软件，是一种类 Unix 系统，具有许多 Unix 系统的功能和特点，其源代码免费开放，它具有很多优点：支持多用户多任务、具有良好的界面、丰富的网络功能、可靠的安全稳定性及支持多种平台等。

对于用户来说，操作系统的不断发展将使其安装过程越来越简单、使用起来越来越方便。

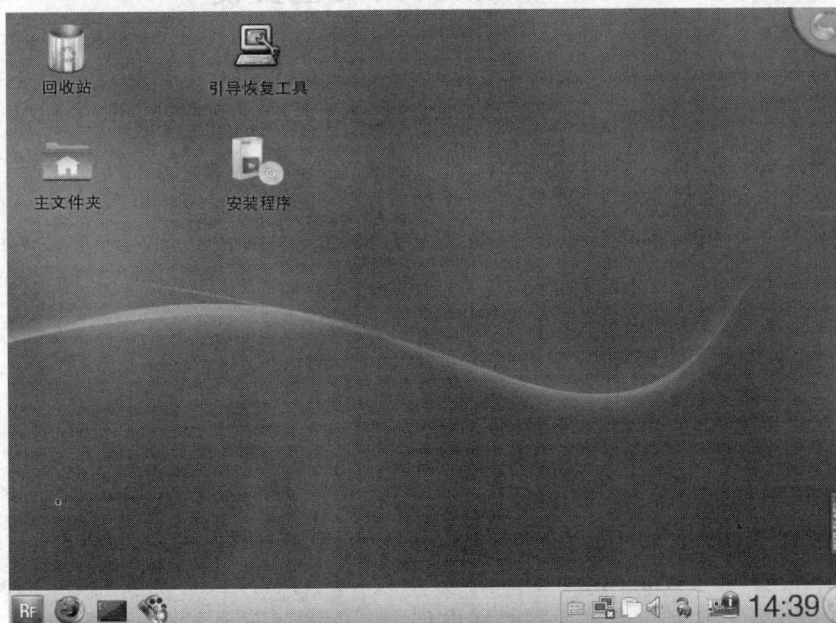

图 12-2　Linux 操作系统

12.3 软件安装经验

下面简单介绍一下系统安装的一些经验：

(1) 先安装系统软件。安装操作系统时，首先一定要拔掉网线，将网络断开；其次一定要保证你的计算机没有病毒，可以通过给 CMOS 放电、硬盘重新分区和格式化来消灭病毒；最后，最好安装正版的操作系统，只有正版操作系统才能保证你使用的安全。

(2) 安装杀毒和防护软件。安装完操作系统，要立即安装正版的杀毒软件，然后安装防护软件，这样才能有效保证系统的安全。

(3) 连接网络。接下来，就可以连接网络了。插上网线，设置 IP 地址，保证网络连接成功。

(4) 升级系统和杀毒软件。网络连接成功后，不要进入任何网页，因为你不能确保你浏览的网页没有病毒和木马，而是马上对系统进行升级、修复系统漏洞和升级杀毒软件，使它们成为最新版本。

(5) 安装其他应用程序。完成以上步骤，就可以安装驱动程序、Office 办公软件、多媒体播放软件、游戏软件等，所有软件安装完成后，还可以备份系统，然后就可以放心大胆使用计算机了。

(6) 备份系统。利用系统功能或工具软件把备份存放到 C 盘以外的分区中，以便以后有问题时及时恢复。

12.4 Windows 8 的安装

Windows 8 是由微软公司开发的，于 2012 年 10 月 26 日正式推出，具有革命性变化的操作系统。系统独特的 Metro 开始界面和触控式交互系统，旨在让人们的日常电脑操作更加简单和快捷，为人们提供高效易行的工作环境。

Windows 8 支持来自 Intel、AMD 和 ARM 的芯片架构，被应用于个人电脑和平板电脑上。该系统具有更好的续航能力，且启动速度更快、占用内存更少，并兼容 Windows 7 所支持的软件和硬件。

下面我们来看看 Windows 8 的安装。

1. 配置要求

CPU：1 GHz(支持 PAE、NX 和 SSE2)；

内存：1 GBRAM(32 位)或 2 GB RAM(64 位)；

硬盘：16 GB(32 位)或 20 GB(64 位)；

显卡：带有 WDDM 驱动程序的 Microsoft DirectX 9 图形设备；

分辨率：若要访问 Windows 应用商店并下载和运行程序，你需要有效的 Internet 连接及至少 1024×768 的屏幕分辨率。若要拖曳程序，你需要至少 1366×768 的屏幕分辨率。

其他：若要使用触控，你需要支持多点触控的平板电脑或显示器。

2．Windows 8 的常见安装方法

(1) 全新安装。

(2) 升级安装。

(3) 光盘安装。

(4) USB 安装。

(5) NT6 安装系统。

(6) IOS 安装系统。

3．Windows 8 安装过程

将 Windows 8 安装光盘放入光驱，在计算机启动时进入 BIOS 并把第一启动设备设置为光驱，按 F10 保存设置并退出 BIOS。计算机自动重启后出现图 12-3 的提示，请按键盘任意键从光驱启动计算机。

将光盘载入电脑重启后进入的安装初始界面如图 12-3 所示。

图 12-3　安装初始界面

选择需要安装的语言、时间格式和输入方法，如图 12-4 所示。

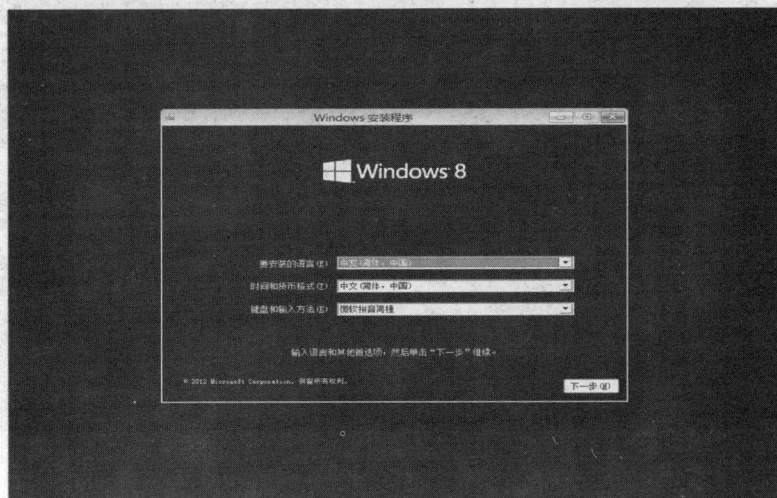

图 12-4　选择语言、时间格式和输入方法

安装程序开始运行，点击"现在安装(I)"，如图 12-5 所示。

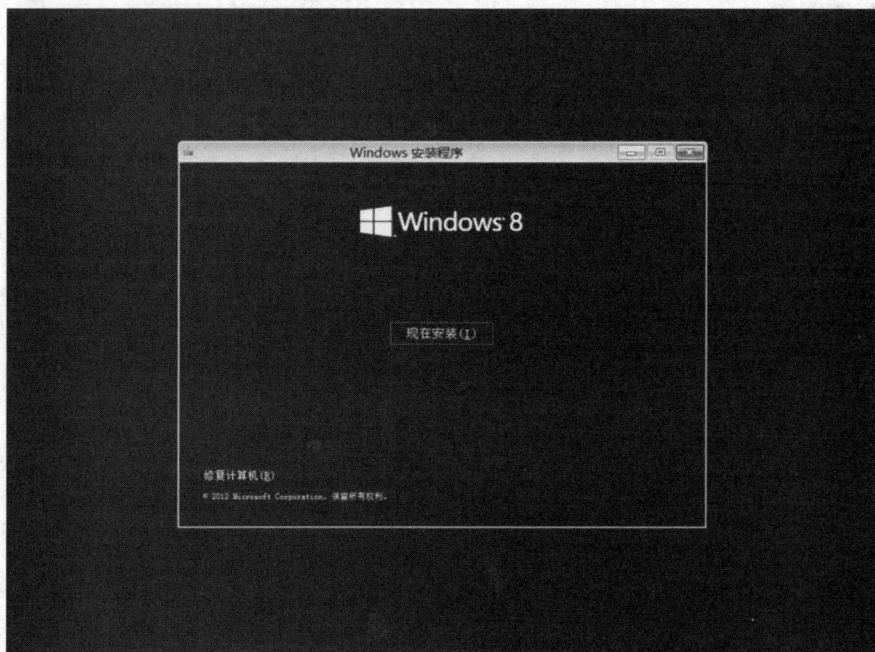

图 12-5　现在安装

安装程序正在启动，如图 12-6 所示。

图 12-6　启动安装

选择"我接受许可条款(A)"，并单击下一步，如图 12-7 所示。

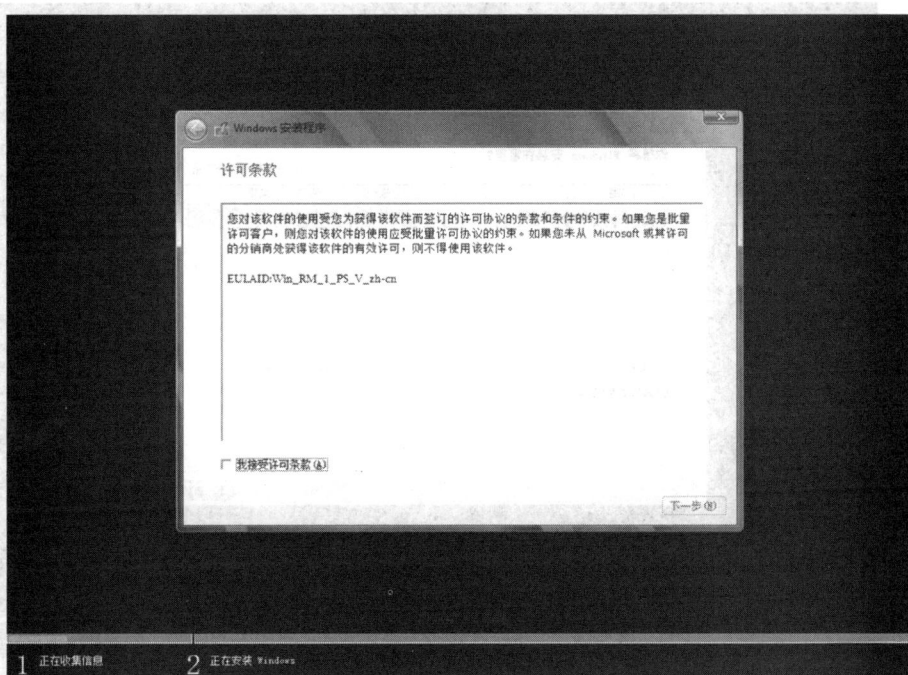

图 12-7 许可条款

这里我们选择自定义安装，如图 12-8 所示。

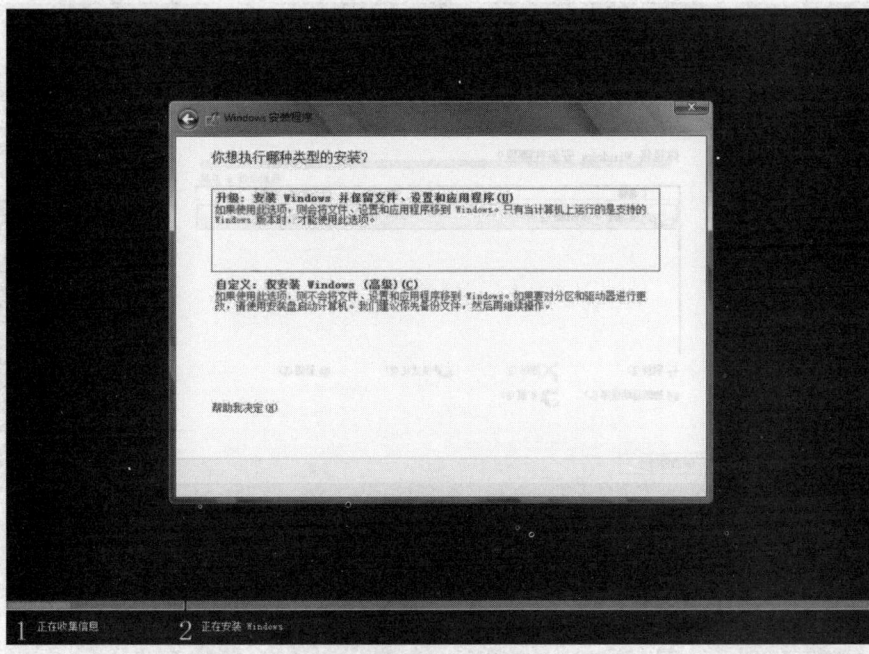

图 12-8 自定义安装

安装程序会在此显示电脑上的硬盘以及分区，如图 12-9 所示，磁盘 0 代表第一块硬盘，磁盘 1 代表第二块，以此类推……

图 12-13 重启后对系统进行设置

这里我们选择快速设置即可，如图 12-14 所示。

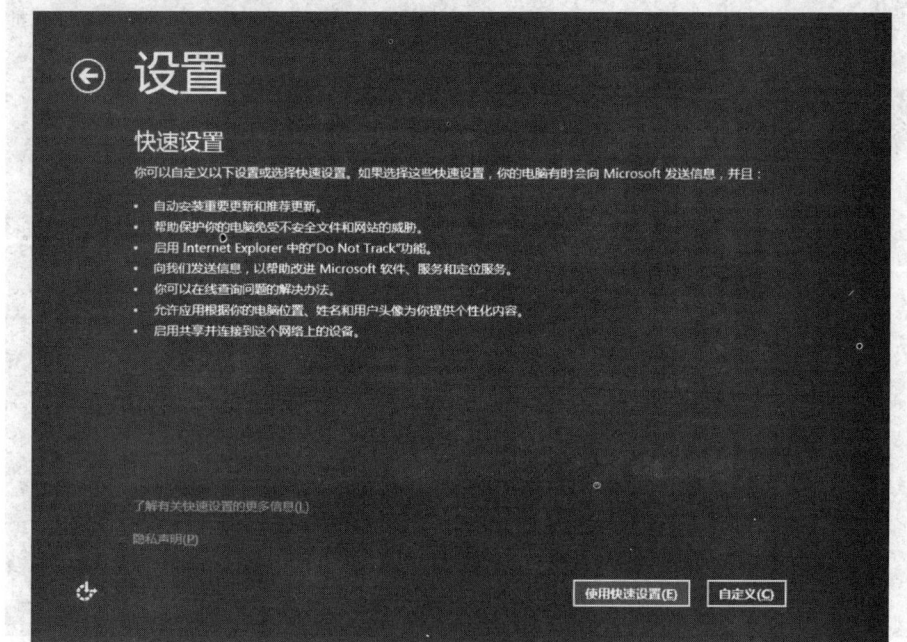

图 12-14 快速设置

这里需要输入微软账户登录电脑，如图 12-15 所示，没有微软账户的话可以选择注册电子邮件地址，也可以选择使用本地账户登录，这里我们选择本地账户。

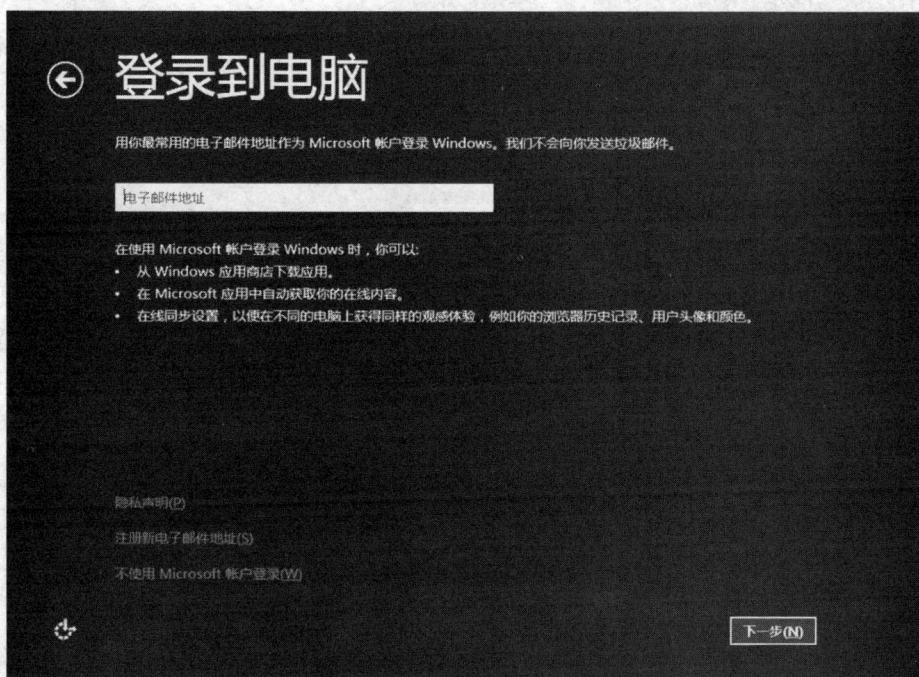

图 12-15　输入邮件地址

如图 12-16 所示，界面列出了微软账户和本地账户的区别，我们继续选择本地账户。

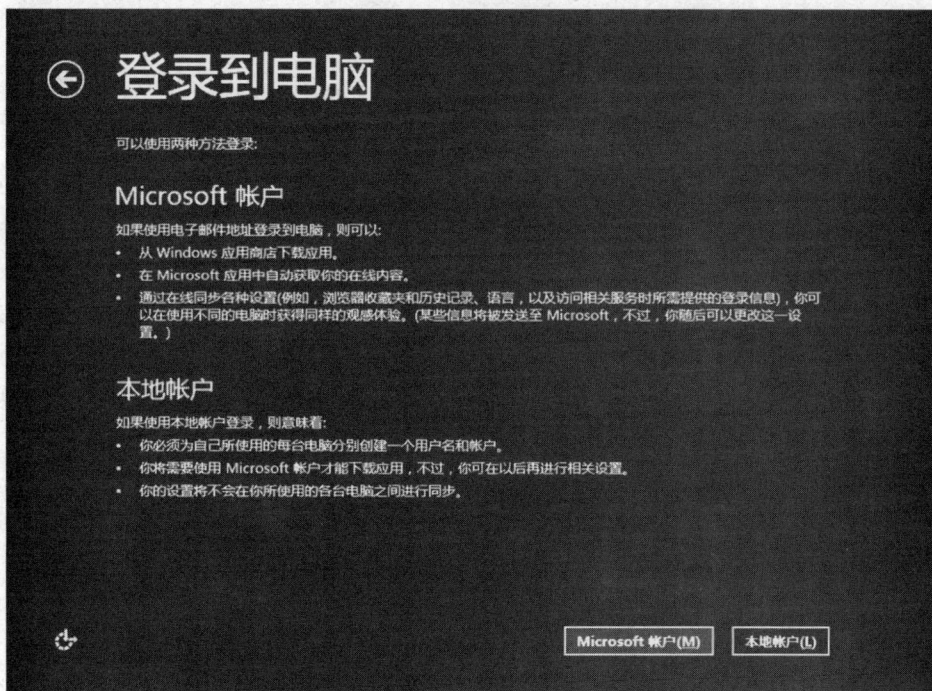

图 12-16　选择账户

如图 12-17 所示，设置用户名和密码，然后单击完成即可。

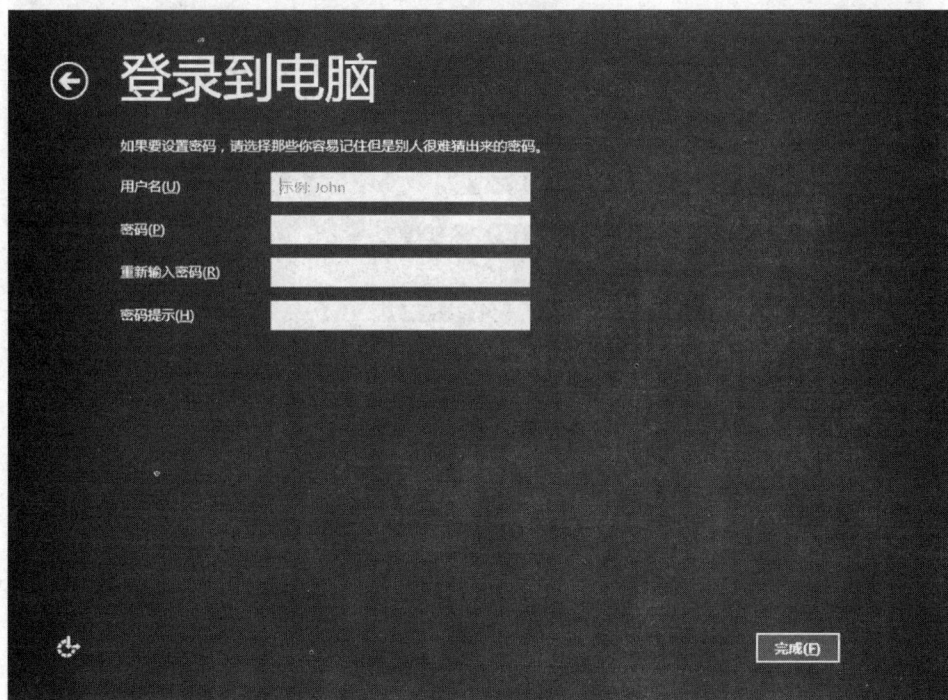

图 12-17　输入用户名和密码

接着出现系统使用前的简单介绍(如图 12-18 所示)，需稍等一至两分钟。

图 12-18　简单介绍

准备完毕，进入系统，界面如图 12-19 所示，至此，系统安装完成。

图 12-19　进入系统

　　添加桌面图标，如图 12-20 所示。在个性化左边功能栏选择更改桌面图标，选择所需要添加的桌面图标。

图 12-20　添加桌面图标

Windows 8 的隐藏项目，如图 12-21 所示，关机和重启在"设置"的"电源"选项中。

图 12-21　隐藏项目

注意事项：

(1) 由于版本原因，有用户安装时会提示输入密钥，直接输入购买的安装密钥然后单击下一步，再参照以上教程完成后续安装即可。

(2) 在没有网络的安装环境下，系统会自动以本地账户登录，关于用户账户的类型，等系统安装完成后，可以到"设置—用户"里面进行转换。

安装建议：

(1) 请不要关闭 Windows 自动更新以及 Windows 防火墙，那样会对你系统的安全与稳定造成威胁，打开自动更新可以实时安装微软最新安全更新与功能性更新，甚至可以帮你安装最新最合适的硬件驱动程序。

(2) 请不要屏蔽或关闭 Metro 界面，首先，这样的修改会造成系统不稳定；其次，**Metro** 是 Windows 8 最大的亮点，是 Windows 8 精髓所在。

12.5　安装驱动程序

安装驱动程序是操作系统安装完成之后、应用软件安装之前的必经步骤，只有在为硬件正确安装驱动程序之后，才能保证硬件设备的正常工作，计算机才能发挥出其真正的性能。

12.5.1　驱动程序

驱动程序是一种允许计算机与硬件或设备之间进行通信的软件。如果没有驱动程序，连接到计算机的硬件(例如显卡或打印机)将无法正常工作。

大多数情况下，Windows 会附带驱动程序，也可以通过"控制面板"中的 Windows Update 并检查是否有更新来查找驱动程序。如果 Windows 没有所需的驱动程序，就转到

Windows 兼容中心网站，该网站中列出了数千种设备，可直接通过链接下载驱动程序。另外，通常也可以在希望使用的硬件或设备随附的光盘中，或在制造商的网站上找到相应的驱动程序。

12.5.2 安装驱动程序的一般方法

安装驱动程序的方法主要包括以下几种。

1. 通过 Setup.exe 自动安装

"自动"即利用随硬件附带的驱动程序光盘，直接运行 Setup.exe 安装程序，全过程除单击"下一步"按钮和选择路径之外，基本是自动完成的。如果没有驱动安装盘，且不清楚硬件具体型号，可以通过 Everest 等检测软件识别，根据识别结果利用搜索引擎查找或直接登录硬件官方网站下载对应的驱动安装程序或驱动包。

2. 通过驱动包手动安装

"手动"即在"设备管理器"中右键单击需要安装或更新驱动的设备，在菜单中选择"更新驱动程序"项，弹出"硬件更新向导"对话框，选择"在这些位置上搜索最佳驱动程序"，勾选"在搜索中包含这个位置"复选框，定位到驱动包(一般是需要解压的.zip 或.rar 文件)的解压缩文件夹(一般包含.sys、.cat、.inf 后缀的系统配置文件)，"确定"后系统会在此文件夹中搜索驱动并安装。

3. 通过主动选择的方法强制安装

例如，采用 IDE 兼容模式安装系统后，磁盘控制器在"设备管理器"的 IDE ATA/ATAPI 控制器中被识别为"Storage Controller"。Intel Matrix 驱动中则包含一个系列南桥芯片组(一般包含 ICH7R/ICH8R/ICH9R/ICH10R 系列)的 AHCI 和 RAID 控制器驱动,支持 AHCI 的 Intel 芯片组，在 Windows 系统中自动安装该驱动后仍然无法自动识别 SATA II 设备。

12.5.3 安装驱动程序的顺序

一般当操作系统安装完毕后，可以根据具体需要来安装硬件设备的驱动程序。

(1) 安装顺序。主板驱动→显卡驱动→声卡驱动→其他板卡驱动→外设驱动。

(2) 驱动程序的版本。安装主板驱动一般是新版本优先，一般来说新版的驱动应该比旧版的更好，然后是厂商提供的驱动优先于公版的驱动。

12.6 常用软件的安装与卸载

计算机操作系统是计算机软件系统的基础，但是只有操作系统无法满足我们对计算机的使用要求，用户可以根据自己的情况选择安装必要的软件。常用的应用软件有办公软件及各种工具软件。当不需要某个软件时，还可以将该软件卸载，以免其占用系统资源。

12.6.1 安装软件

在使用软件前，必须先安装软件，大多数软件的安装都需要先启动软件的安装文件，然后通过安装向导来完成。这种安装文件通常以"Setup.exe"或"Install.exe"作为文件名，安装时只需双击图标即可开始安装。常用软件的安装主要有通过向导安装和解压安装两种方法。

(1) 通过向导安装。大多软件都可以采用向导安装的方式进行安装。方法是运行相应的可执行文件启动安装向导，然后在安装向导的提示下进行安装。

(2) 解压安装。多数从网络下载的软件都是以压缩包的形式存放的，它们的安装是先使用解压软件进行解压，解压后存在一个文件夹，其中一些软件需要通过安装向导安装，另一些则直接运行主程序就可启动软件。

12.6.2 修复安装软件

在使用软件的过程中，出现因软件故障而不能正常使用该软件的情况时，可以对这些软件进行修复安装。下面介绍通过控制面板中的"卸载或更改程序"功能来修复软件的操作方法。

(1) 选择"开始"→"控制面板"命令，打开"控制面板"窗口，在其中单击"卸载程序"超级链接；

(2) 在"程序和功能"列表框中选择需要修复安装的软件，然后单击"更改"按钮；

(3) 在打开的对话框中，选中"修复"单选项，单击"继续"按钮；

(4) 系统开始修复安装软件，并在打开的"配置进度"对话框中显示修复进度；

(5) 待修复安装完成后，显示已成功完成配置的提示对话框，单击"关闭"按钮；

(6) 打开"安装"对话框，提示需要重新启动计算机才能使设置生效，单击"是"按钮，重新启动计算机后完成所有安装操作。

12.6.3 卸载软件

一般情况下，将应用软件安装到操作系统中时，除了把必要的文件拷贝到系统中，还会在注册表中自动注册应用程序的信息。所以卸载时不能采用简单删除文件的方式。功能完善的应用软件都自带卸载程序，如果应用软件没有卸载程序还可以通过系统的"添加/删除程序"完成。下面介绍三种卸载软件的方法。

1. 在"程序和功能"窗口中删除

在Windows中通过"添加或删除程序"窗口执行软件卸载操作是最常用的卸载软件的方法之一。下面介绍在"程序和功能"窗口卸载蓝牙软件的操作方法。

(1) 选择"开始"→"控制面板"命令。

(2) 打开"控制面板"窗口，单击"卸载程序"超级链接。

(3) 打开"程序和功能"窗口，用鼠标左键单击需要删除的应用程序，然后在工具栏中单击"卸载"按钮。

(4) 打开"用户账户控制"提示对话框，要求经过用户许可才能进行操作，单击"继续"按钮确认卸载。

2. 在"开始"菜单中删除

通过"开始"菜单选择需要删除的软件的相应的卸载命令，可以快速地从计算机中卸载软件。下面介绍通过"开始"菜单删除软件的操作方法。

(1) 单击"开始"按钮，选择"所有程序"选项，找到要卸载的软件选项。

(2) 在其子菜单中选择"Uninstall"选项，然后根据提示操作即可进行删除。

3. 使用卸载软件删除

使用专用的卸载软件可以删除需要删除的软件。

实验十二　硬盘分区、格式化和操作系统的安装

本实验要求掌握安装操作系统的方法。实验步骤如下：

(1) 清除 CMOS 设置。

(2) 在 CMOS 正确设置日期与时间、将光驱或 U 盘设置为第一启动装置。

(3) 从安装光盘或 U 盘启动计算机。

(4) 将硬盘按需要重新分区。

(5) 格式化硬盘。

(6) 安装操作系统，并做好记录。

(7) 完成操作系统安装后，打补丁。

(8) 保管好安装源程序，查看安装以后的 C 盘信息。

(9) 安装主板、声卡、显卡和网卡等驱动程序。

(10) 安装应用程序。

(11) 备份系统。

习　　题

1. 填空题

(1) 安装操作系统可以利用＿＿＿＿＿＿＿＿＿＿对硬盘进行格式化。

(2) ＿＿＿＿＿＿＿＿＿＿是一种允许计算机与硬件或设备之间进行通信的软件。

(3) 大多数软件的安装都是执行文件＿＿＿＿＿＿＿＿＿。

2. 选择题

(1) ＿＿＿＿＿＿＿文件格式最早应用在 Windows NT 操作系统中。

　　A. FAT　　　　　　　　　　　　B. FAT16

　　C. FAT32　　　　　　　　　　　D. NTFS

(2) 在建立分区以前，最好先规划你要如何配置分区，也就是要先解决＿＿＿＿＿问题。

　　A. 这个硬盘要分割成几个区　　　B. 每个分区占有大多的容量

　　C. 每个分区都使用什么文件系统　D. 安装什么操作系统

(3) 一般当操作系统安装完毕后，需要安装的驱动程序有＿＿＿＿＿＿＿。

　　A. 主板驱动程序　　　　　　　　B. 显卡驱动程序

　　C. 声卡驱动程序　　　　　　　　D. CPU 驱动程序

3. 判断题

(1) Unix 操作系统是全球最大的一个自由软件，是一种类 Linux 系统。　　（　　）

(2) 安装应用程序常用方法是执行 Setup.exe 程序。　　（　　）

(3) 当硬盘主引导记录丢失时，就会造成硬盘无法启动的现象。　　（　　）

4. 问答题

(1) 说明安装软件过程。

(2) 什么是硬盘的分区？

(3) 有哪些软件安装经验？

5. 操作题

(1) 安装操作系统。

(2) 安装设备的驱动程序。

(3) 使用测试软件测试一下自己计算机的硬件和软件。

第 13 章　计算机系统优化和安全防护

计算机系统优化就是对系统进行优化和清理，以保证系统正常运行。计算机安全防护就是对计算机可能出现的问题的提前保护。本章介绍计算机系统优化和安全防护的知识。

13.1　操作系统的优化

在使用计算机的过程中，我们不但要掌握操作系统的基本操作，也要了解一些操作系统优化的知识和技巧，这样可以减少操作系统的故障。

1. 优化开机启动项目

在计算机中安装应用程序或系统组件后，部分程序会在系统启动时自动启动，这将影响系统开机的速度，用户可以关闭不需要的启动项来提升运行速度。

2. 设置虚拟内存

为了提高操作系统对硬件环境的兼容性，系统中采用了"虚拟内存技术"。在规划硬盘分区方案时，一定要给磁盘的系统分区留下充足的备用空间，一般要求在系统盘上预先留出大于该计算机物理内存容量 3～5 倍以上的磁盘存储空间，建议对所有分区设置虚拟内存。

3. 加载系统补丁

养成及时下载安装操作系统的补丁、更新操作系统的好习惯，保证使用的操作系统的版本总是最新的版本。根据操作系统补丁特别多的特点，应采用不同的方法尽快地获取最新的系统补丁程序并及时安装，从根本上保证计算机系统的安全性。

4. 维护注册表

操作系统都包含有注册表。注册表是控制操作系统和应用程序正常运行的重要文件。使用时间较长的操作系统，由于经常地安装或卸载应用程序，会使注册表中的内容越来越多，从而影响操作系统的运行速度，因此在计算机使用一段时间后，需要对注册表进行维护。目前通常使用操作系统优化软件来完成维护注册表的操作，常用的软件有超级兔子、Windows 优化大师以及 360 安全卫士等。

5. 备份注册表

目前有许多计算机病毒都会破坏操作系统的注册表，如果提前做好注册表的备份工作，就能够有效地降低病毒的威胁，保证操作系统稳定运行。下面介绍在 Windows 中备份注册表的操作方法。

(1) 打开"计算机"窗口，并打开系统盘中"Windows"文件夹，即"C:\Windows"文件夹。

(2) 在文件夹中找到并双击"regedit.exe"文件。

(3) 打开"注册表编辑器"窗口，选择"文件"→"导出"命令。

(4) 打开"导出注册表文件"对话框，在"保存在"下拉列表框中选择保存的位置，如选择 D 盘中的"m"文件夹。在"文件名"下拉列表框中输入保存的注册表备份文件名称，如"123"，单击"保存"按钮即可。

6. 清理没用的 dll 文件

计算机中的 dll 文件即动态链接库文件，它是应用程序的组成部分。当应用程序安装到计算机中时，应用程序会在系统盘中生成一些 dll 文件，以保证程序的运行。但当用户卸载应用程序时，某些 dll 文件却并没有被删除掉，它们就成为了系统盘中的垃圾文件。如果 dll 文件不断增加，则会严重影响操作系统的运行速度。通常要删除这些没用的 dll 文件，只能通过操作系统优化软件来完成。

7. 使用优化软件优化系统

操作系统是一个非常庞大的软件，它在运行时会对 CPU 、内存、硬盘进行不同的操作，有时某些操作并不是必要的，这就导致操作系统运行速度不快。如果使用操作系统优化软件，则能在很大程度上改善操作系统运行速度。另外，用户还可通过在软件中进行相应的设置来完善操作系统的其他操作，如设置鼠标右键菜单、优化系统桌面以及任务条等。

13.2　Windows 优化大师

由于对操作系统定期进行复杂的设置、优化操作，对于大多数普通用户来说并不容易，因此各种 Windows 系统修改、优化软件应运而生。下面介绍一款中文实用工具——Windows 优化大师，如图 13-1 所示。

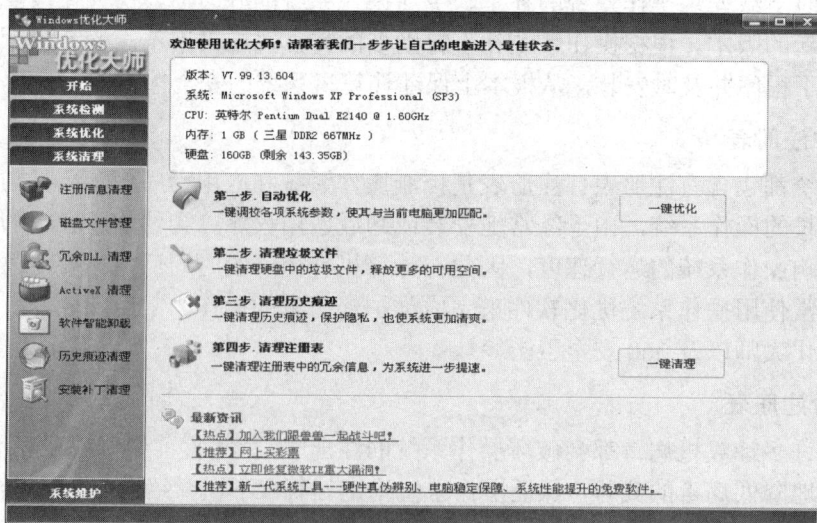

图 13-1　Windows 优化大师

Windows 优化大师是一款功能强大的系统工具软件，它提供了全面有效且简便安全的系统检测、系统优化、系统清理、系统维护四大功能模块及数个附加的工具软件。使用 Windows 优化大师，能够有效地帮助用户了解自己的计算机软硬件信息，简化操作系统设置步骤，提升计算机运行效率，清理系统运行时产生的垃圾，修复系统故障及安全漏洞，维护系统的正常运转。它支持 Windows 2000、Windows XP、Windows 2003、Vista、Windows 7、Windows 8 等操作系统，操作简单，使用方便，可以在其官网上免费下载。下面简单介绍一下它的功能模块，具体操作建议大家下载使用。

1. 系统检测

提供系统的硬件、软件情况报告，提供系统性能测试帮助用户了解计算机的 CPU、内存速度、显卡速度等，如图 13-2 所示。检测结果可以保存为文件，方便今后对比和参考。检测过程中，Windows 优化大师会对部分关键性能指标提出性能提升建议。系统检测模块包括了系统信息总览、软件信息列表和更多硬件信息。

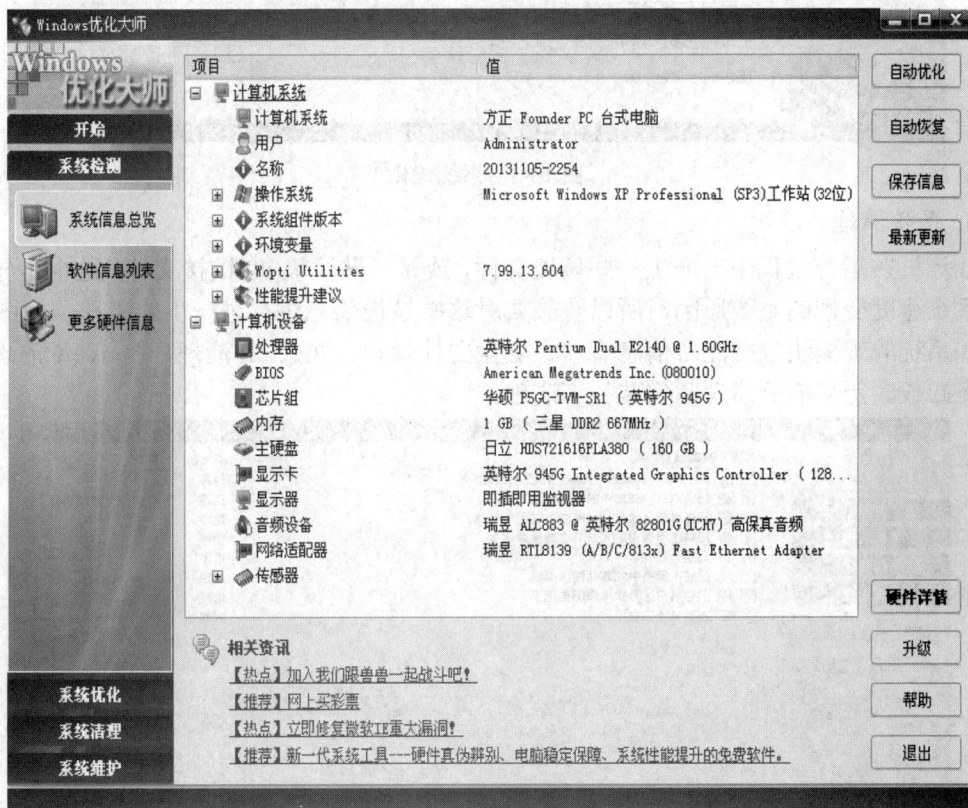

图 13-2　系统检测

2. 系统优化

提供系统优化设置服务，实现一个高效、快速的系统。同时提供了一些有效的小工具，帮助解决系统优化过程中的问题。如图 13-3 所示，系统优化模块包括了桌面菜单优化、文件系统优化、网络系统优化、开机速度优化、系统安全优化、系统个性设置、后台服务优化和自定义设置项。

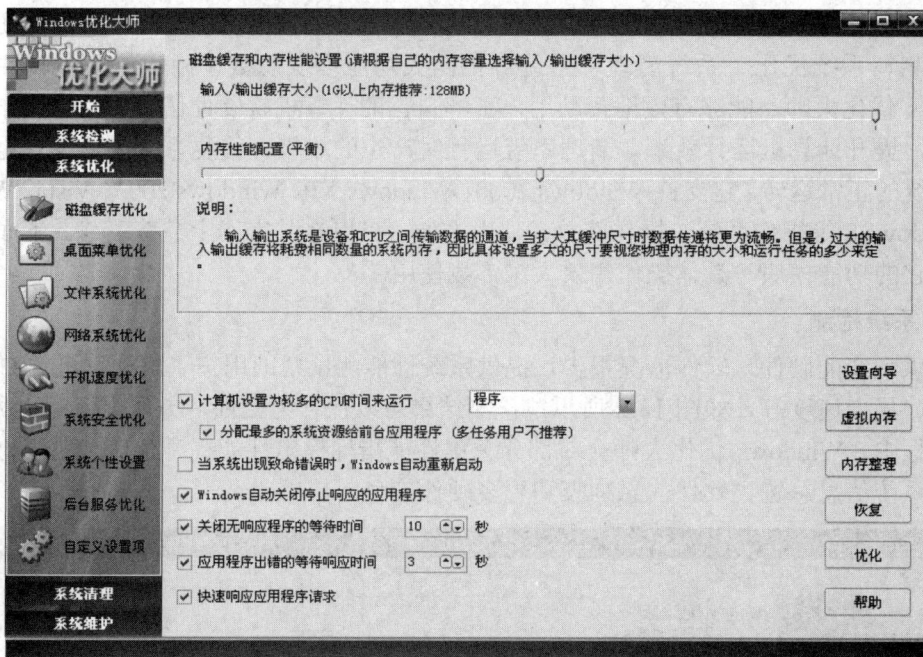

图 13-3 系统优化

3. 系统清理

计算机在运行过程中会产生一些垃圾文件，或是一些垃圾 dll 链接文件，这也是导致计算机系统速度变慢的重要原因，所以有必要对这些垃圾信息进行进一步的清理。如图 13-4 所示，系统清理模块包括注册信息清理、磁盘文件管理、冗余 dll 清理、ActiveX 清理、软件智能卸载、历史痕迹清理和安装补丁清理。

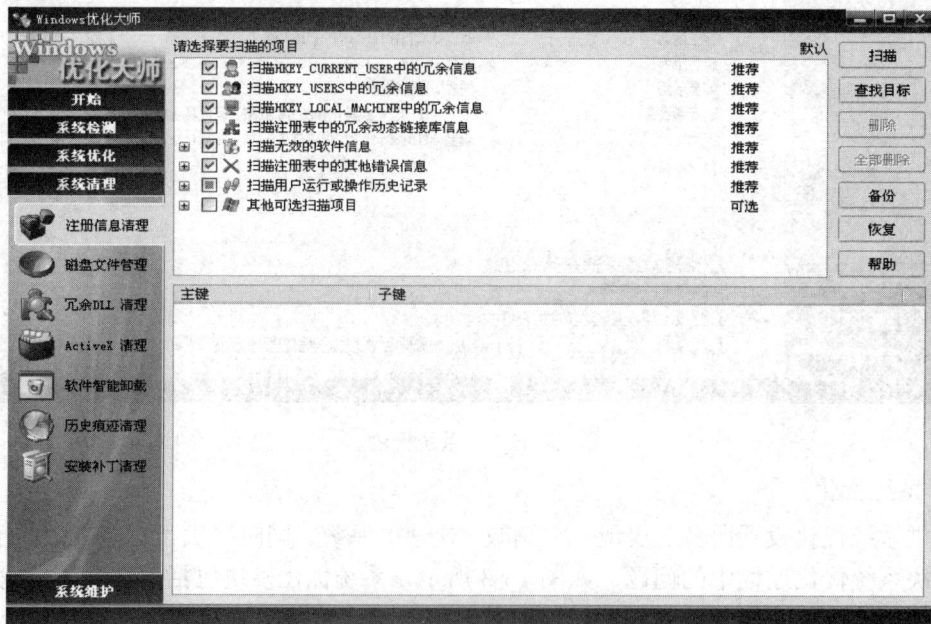

图 13-4 系统清理

4. 系统维护

提供一些实用的功能，帮助检查或者修复系统中存在的一些错误，更有效地使用系统，同时还对系统维护做了记录，可在系统维护日志中查看。如图 13-5 所示，系统维护模块包括系统磁盘医生、磁盘碎片整理、驱动智能备份、其他设置选项、系统维护日志和360 杀毒。

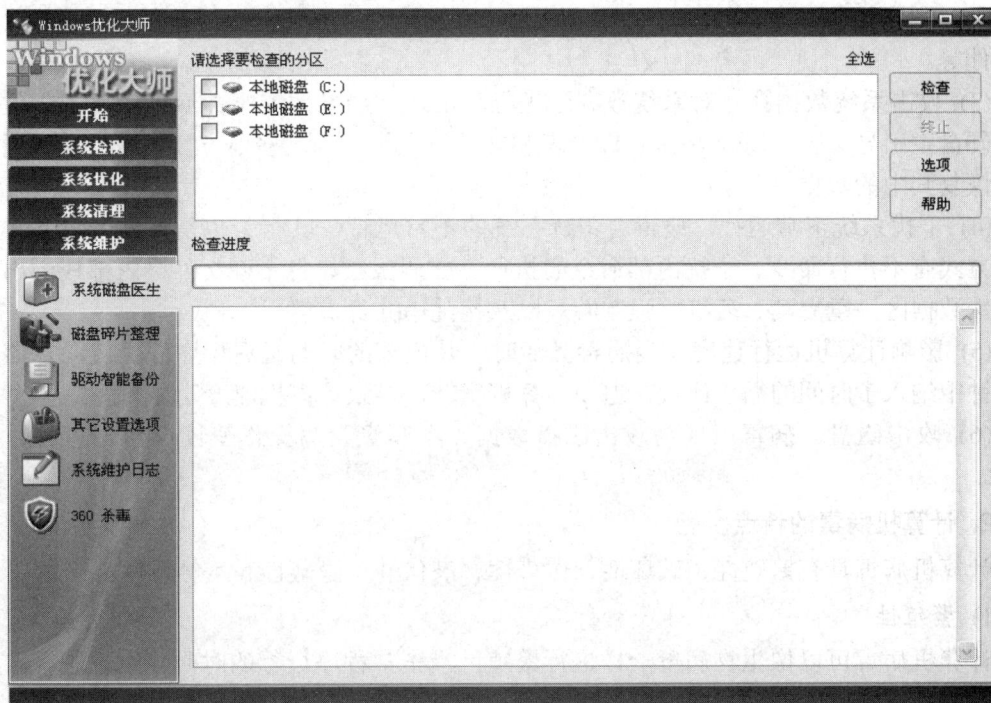

图 13-5　系统维护

13.3　计算机安全防护

随着计算机病毒种类的日益增加，以及黑客的恶意攻击，计算机系统的安全问题成为了人们所关注的问题。下面我们介绍计算机存在的安全隐患和保障计算机安全的方法。

13.3.1　计算机病毒

编制者在计算机程序中插入的破坏计算机功能或者破坏数据，影响计算机使用并且能够自我复制的一组计算机指令或者程序代码被称为计算机病毒(Computer Virus)。

计算机病毒是具有自我复制能力的计算机程序或脚本语言，这些计算机程序或脚本语言利用计算机软件或硬件的缺陷影响或控制计算机。常见的计算机病毒有引导型病毒、文件型病毒、混合型病毒、宏病毒和电子邮件病毒。

1. 计算机病毒的危害

根据现有的病毒资料可以把病毒的破坏目标和攻击部位归纳为以下几个方面。

(1) 攻击内存。内存是计算机病毒最主要的攻击目标。计算机病毒在发作时额外地占用和消耗系统的内存资源，导致系统资源匮乏，进而引起死机。病毒攻击内存的方式主要有占用大量内存、改变内存总量、禁止分配内存和消耗内存。

(2) 攻击文件。文件也是病毒主要攻击的目标。当一些文件被病毒感染后，如果不采取特殊的修复方法，很难恢复原样。病毒对文件的攻击方式主要有删除、改名、替换内容、丢失部分程序代码、内容颠倒、写入时间空白、变碎片、假冒文件、丢失文件簇或丢失数据文件等。

(3) 攻击系统数据区。对系统数据区进行攻击通常会导致灾难性后果，攻击部位主要包括硬盘主引导扇区、Boot 扇区、FAT 表和文件目录等，当这些地方被攻击后，普通用户很难恢复其中的数据。

(4) 干扰系统正常运行。病毒会干扰系统的正常运行，其行为也是花样繁多的，主要表现方式有不执行命令、干扰内部命令的执行、虚假报警、打不开文件、内部栈溢出、占用特殊数据区、重启动、死机、强制游戏以及扰乱串并行口等。

(5) 影响计算机运行速度。当病毒激活时，其内部的时间延迟程序便会启动。该程序在时钟中纳入了时间的循环计数，迫使计算机空转，导致计算机速度明显下降。

(6) 攻击磁盘。病毒表现为攻击磁盘数据、不写盘、写操作变读操作、写盘时丢字节等。

2. 计算机病毒的特点

计算机病毒具有繁殖性、破坏性、传染性、潜伏性、隐蔽性和可触发性。

1) 繁殖性

计算机病毒可以像生物病毒一样进行繁殖，当正常程序运行的时候，它也进行自身复制，是否具有繁殖、感染的特征是判断某段程序为计算机病毒的首要条件。

2) 破坏性

计算机中毒后，可能会导致正常的程序无法运行，把计算机内的文件删除或受到不同程度的损坏。通常表现为：增、删、改、移。

3) 传染性

计算机病毒不但本身具有破坏性，更有害的是具有传染性，一旦病毒被复制或产生变种，其速度之快令人难以预防。传染性是病毒的基本特征。在生物界，病毒通过传染从一个生物体扩散到另一个生物体。在适当的条件下，它可大量繁殖，并使被感染的生物体表现出病症甚至死亡。同样，计算机病毒也会通过各种渠道从已被感染的计算机扩散到未被感染的计算机，在某些情况下造成被感染的计算机工作失常甚至瘫痪。与生物病毒不同的是，计算机病毒是一段人为编制的计算机程序代码，这段程序代码一旦进入计算机并得以执行，就会搜寻其他符合其传染条件的程序或存储介质，确定目标后再将自身代码插入其中，达到自我繁殖的目的。只要一台计算机染毒，如不及时处理，那么病毒会在这台电脑上迅速扩散，计算机病毒可通过各种可能的渠道，如软盘、硬盘、移动硬盘、计算机网络去传染其他的计算机。当您在一台机器上发现了病毒时，往往曾在这台计算机上用过的软盘已感染上了病毒，而与这台机器相联网的其他计算机也许也被该病毒传染上了。是否具有传染性是判别一个程序是否为计算机病毒的最重要条件。

4) 潜伏性

有些病毒像定时炸弹一样，让它什么时间发作是预先设计好的。比如黑色星期五病毒，不到预定时间一点都觉察不出来，等到条件具备的时候一下子就爆炸开来，对系统进行破坏。一个编制精巧的计算机病毒程序，进入系统之后一般不会马上发作，因此病毒可以静静地躲在磁盘或磁带里呆上几天，甚至几年，一旦时机成熟，得到运行机会，就会四处繁殖、扩散，继续危害。潜伏性的第二种表现是指计算机病毒的内部往往有一种触发机制，不满足触发条件时，计算机病毒除了传染外不做什么破坏。触发条件一旦得到满足，有的在屏幕上显示信息、图形或特殊标识，有的则执行破坏系统的操作，如格式化磁盘、删除磁盘文件、对数据文件做加密、封锁键盘以及使系统死锁等。

5) 隐蔽性

计算机病毒具有很强的隐蔽性，有的可以通过病毒软件检查出来，有的根本就查不出来，有的时隐时现、变化无常，这类病毒处理起来通常很困难。

6) 可触发性

病毒因某个事件或数值的出现，诱使病毒实施感染或进行攻击的特性称为可触发性。为了隐蔽自己，病毒必须潜伏，少做动作。如果完全不动，一直潜伏的话，病毒既不能感染也不能进行破坏，便失去了杀伤力。病毒既要隐蔽又要维持杀伤力，它必须具有可触发性。病毒的触发机制就是用来控制感染和破坏动作的频率的。病毒具有预定的触发条件，这些条件可能是时间、日期、文件类型或某些特定数据等。病毒运行时，触发机制检查预定条件是否满足，如果满足，启动感染或破坏动作，使病毒进行感染或攻击；如果不满足，使病毒继续潜伏。

3. 计算机病毒的种类

计算机病毒可以寄生在计算机中的很多地方，如硬盘引导扇区、磁盘文件、电子邮件、网页等，按计算机病毒寄生场所的不同，可将其分为以下几类：

(1) 引导区病毒。这类病毒的攻击目标主要是软盘和硬盘的引导扇区，当系统启动时它就会自动加载到内存中，并常驻内存，而且极不容易被发现。

(2) 宏病毒。指利用宏语言编制的病毒。

(3) 文件病毒。这类病毒的攻击目标为普通文件或可执行文件等。

(4) Internet 语言病毒。一些用 Java，Visual Basic，ActiveX 等语言编写的病毒。

不同的计算机病毒的破坏程度是不一样的，从对计算机的破坏程度来看，又可以将计算机病毒分为良性病毒和恶性病毒两大类：

(1) 良性病毒。不会对磁盘信息、用户数据产生破坏，只是对屏幕产生干扰或使计算机的运行速度大大降低，如毛毛虫、欢乐时光病毒等。

(2) 恶性病毒。会对磁盘信息、用户数据产生不同程度的破坏。这类病毒大多在产生破坏后才会被人们发现，有着极大的危害性，如大麻、CIH 病毒等。

其他常见的病毒还有：

(1) 蠕虫(Worm)。蠕虫是病毒的子类。通常，蠕虫传播无须用户操作，可通过网络分发它自己的完整副本(可能有改动和变种)。蠕虫会消耗内存或网络带宽，从而可能导致计算机系统崩溃。与病毒相似，蠕虫也是将自己从一台计算机复制到另一台计算机，但是它是自动进行的。首先，它控制计算机上可以传输文件或信息的功能。一旦系统感染蠕虫，蠕虫即可独自传播。最危险的是，蠕虫可大量复制。例如，蠕虫可向电子邮件地址簿中的所有联系人发送自己的副本，那些联系人的计算机也将执行同样的操作，结果造成多米诺效应(网络通信负担沉重)，使商业网络和整个 Internet 的速度减慢。

(2) 特洛伊木马(Trojan)。特洛伊木马是一种表面上有用、实际上起破坏作用的计算机程序。在神话传说中，特洛伊木马表面上是"礼物"，但实际上藏匿了袭击特洛伊城的希腊士兵。现在，特洛伊木马是指表面上是有用的软件、实际目的却是危害计算机安全并导致严重破坏的计算机程序。木马常以电子邮件附件或与正常软件捆绑安装的形式出现，声称是某些有用的程序，但实际上是一些试图造成破坏的病毒，往往会盗取用户的账号密码等信息。

(3) 流氓软件。流氓软件是介于病毒和正规软件之间的软件，同时具备正常功能(下载、媒体播放等)和恶意行为(开后门、弹出广告以获利)，给用户带来实质危害。这类软件往往占用大量的资源，影响计算机正常使用。国内互联网上，此类有害软件特别多，一些网站在提供软件下载时，故意将下载链接篡改成流氓软件，让用户糊里糊涂安装、不知不觉中招。

13.3.2　黑客的攻击

黑客(Hacker)是指具有较高计算机水平的计算机爱好者，他们以研究操作系统、软件编程、网络技术为兴趣，并时常对操作系统或其他网络发动攻击。其攻击方式多种多样，下面将介绍几种常见的攻击方式。

1. 系统入侵攻击

入侵系统是黑客攻击的主要手段之一，其主要目的是取得系统的控制权。系统入侵攻击一般有两种方式：口令攻击和漏洞攻击。

1) 口令攻击

入侵者通过监听网络来获取系统账号，当获得系统中较高权限的账号后，就利用暴力破解工具，采用字典穷举法对账号密码进行破解，如果该账号的密码设置不够复杂，就很容易被破解。

2) 漏洞攻击

漏洞攻击是指通过对操作系统和服务器程序的漏洞攻击来达到入侵目的，有的 IIS 服务器的安全配置不够完善，从而给黑客留下可乘之机。还有针对 ASP、JavaScript 等程序的漏洞攻击。

2. Web 页欺骗

有的黑客会制作与正常网页相似的假网页，如果用户访问时没有注意，就会被其欺骗。特别是网上交易网站，如果在黑客制作的网页中输入了自己的账号、密码等信息，在提交后就会发送给黑客，这将会给用户造成很大的损失。

3. 木马攻击

木马攻击是指黑客在网络中通过散发的木马病毒攻击计算机，如果用户的安全防范比较弱，就会让木马程序进入计算机。木马程序一旦运行，就会连接黑客所在的服务器端，黑客就可以轻易控制这台计算机。黑客常常将木马程序植入网页、将其和其他程序捆绑在一起或是伪装成邮件附件。

4. 拒绝服务攻击

拒绝服务攻击是指使网络中正在使用的计算机或服务器停止响应。这种攻击行为通过发送一定数量和序列的报文，使网络服务器中充斥了大量要求回复的信息，消耗网络带宽或系统资源，导致网络或系统不堪重负而瘫痪，从而停止正常的网络服务。

5. 缓冲区溢出攻击

系统在运行时，如果调入的数据长度超出了内存缓冲区的大小，系统只有把这些数据写入缓冲区的其他区域，并将该区域原有的数据覆盖掉。如果被覆盖的数据为指令，系统将出现错误甚至崩溃。如果溢出的数据为病毒代码或木马程序，那么 CPU 将执行这些指令，从而使系统中毒或被黑客攻击。

6. 后门攻击

后门程序是程序员为了便于测试、更改模块的功能而留下的程序入口。一般在软件开发完成时，程序员应该关掉这些后门，但有时由于程序员的疏忽或其他原因，软件中的后门并未关闭。如果这些后门被黑客利用，就可轻易地对系统进行攻击。

13.3.3　计算机安全策略

为了使计算机系统得到安全保障，必须采取一定的措施。如何保障计算机安全？可以采用以下安全策略：

1. 使用杀毒软件

使用杀毒软件可最大程度地保证计算机不受病毒感染，保障计算机的安全运行。目前多数杀毒软件都带有实时病毒防火墙，可监控来自计算机外部的病毒，保护计算机免受病毒感染。

由于目前新病毒的传播速度非常快，因此在使用杀毒软件时，用户应每周对杀毒软件进行升级，而且还需要定期对硬盘进行彻底的病毒扫描，使计算机得到很好的保护。目前常用的杀毒软件有瑞星杀毒软件、金山毒霸和卡巴斯基等。

2. 使用防火墙软件

防火墙(Fire Wall)是一种网络安全防护措施，它采用隔离控制技术，是设置在内部网络和外部网络之间的一道屏障，用来分隔内部网络和外部网络的地址，使外部网络无从查探内部网络的 IP 地址，从而不会与内部系统发生直接的数据交流。

3. 修补系统漏洞

Windows 操作系统的漏洞层出不穷，因此及时安装操作系统的漏洞补丁是非常必要的。浏览网页需要 Web 浏览器，有些恶意网页利用浏览器的漏洞编写恶意代码，访问该网站会不知不觉地中毒。因此不仅要修补系统漏洞，还要修补 IE 浏览器的漏洞，这样才能减少病毒入侵的威胁。用户可在 Microsoft 公司网站上下载这种补丁，也可使用 Windows 系统的更新功能自动下载补丁。

4. 提高安全防范意识

在使用计算机的过程中，需要增强安全防护意识，如不访问非法网站，对网上传播的文件要多加注意，最好设置采用不少于 8 位的数字和字母混合的密码，及时更新操作系统的安全补丁、备份硬盘的主引导扇区和分区表、安装杀毒软件并经常升级病毒库以及开启杀毒软件的实时监测功能等，这些措施对防范计算机病毒都有积极的作用。

13.3.4　杀毒软件的使用

杀毒软件，也称反病毒软件或防毒软件，是用于消除电脑病毒、特洛伊木马和恶意软件的一类软件。杀毒软件通常集成监控识别、病毒扫描和清除、自动升级等功能，有的杀毒软件还带有数据恢复等功能，是计算机防御系统(包含杀毒软件、防火墙、特洛伊木马和其他恶意软件的查杀程序，入侵预防系统等)的重要组成部分。

目前市场上的杀毒软件有：卡巴斯基、瑞星、金山毒霸、诺顿、江民、360 杀毒等。下面以金山毒霸为例介绍怎样使用杀毒软件。

金山毒霸(Kingsoft Antivirus)是中国著名的反病毒软件，早期由金山软件开发及发行，之后在 2010 年 11 月金山软件旗下安全部门与可牛合并后由合并的新公司金山网络全权管理。金山毒霸融合了启发式搜索、代码分析、虚拟机查毒等经业界证明成熟可靠的反病毒技术，使其在查杀病毒种类、查杀病毒速度、未知病毒防治等多方面达到世界先进水平，同时金山毒霸具有病毒防火墙实时监控、压缩文件查毒、查杀电子邮件病毒等多项先进的功能。紧随世界反病毒技术的发展，为个人用户和企事业单位提供完善的反病毒解决方案。从 2010 年 11 月 10 日 15 点 30 分起，金山毒霸(个人简体中文版)的杀毒功能和升级服务永久免费。目前最新版本是新毒霸(悟空)，如图 13-6 所示。

图 13-6　金山毒霸 2013

金山毒霸 2013(又名新毒霸(悟空))具有全平台、全引擎、全面网购保护。其功能特点如下：

(1) 全平台。首创电脑、手机双平台杀毒，不仅可以查杀电脑病毒，还可以查杀手机中的病毒木马，保护手机，防止恶意扣费。手机毒霸"广告隐私管理"可以免除广告骚扰，保护手机隐私。

(2) 全引擎。引擎全新升级，KVM、火眼系统，使病毒无所遁形。KVM 是金山蓝芯 III 引擎核心的云启发引擎。应用(熵、SVM、人脸识别算法等)数学算法，超强自学习进化，无需频繁升级，直接查杀未知新病毒。结合火眼行为分析，大幅提升流行病毒变种检出。查杀能力、响应速度遥遥领先于传统杀毒引擎。3 + 3 六引擎全方位杀毒，智能立体杀毒模式，杀毒修复一体化，无懈可击的安全体验。

(3) 铠甲防御 3.0 全方位网购保护。K+ (铠甲)四维 20 层立体保护。全新架构，新一代云主防 3.0，多维立体保护，智能侦测、拦截新型威胁。全新"火眼"系统是文件行为分析专家。用户通过精准分析报告，可对病毒行为了如指掌，深入了解自己电脑安全状况。

(4) 全新手机管理。全新手机应用安全下载平台，确保应用纯净安全。率先整合游戏应用与数据，大型游戏一键安装。

(5) 软件大小不到 10 MB。不到 10 M 软件大小，不到 10 秒的安装速度，远离卡机、死机烦恼。

1. 电脑杀毒

新毒霸六引擎全方位杀毒，如图 13-7 所示。蓝芯给力升级到蓝芯 III，内置全新 KVM 云启发引擎，查杀新病毒和流行病毒更出色。小 U 高启发引擎，断网环境大杀器：自主创新研发小 U 引擎，高启发查杀 U 盘病毒，修复 U 盘文件异常，带给 U 盘极致安全保护，直接阻断断网环境下病毒感染电脑的唯一渠道。云地结合，完美杀毒：自主研发的五引擎结合国外知名杀毒引擎小红伞，云地结合杀毒，带给用户电脑极致安全感。

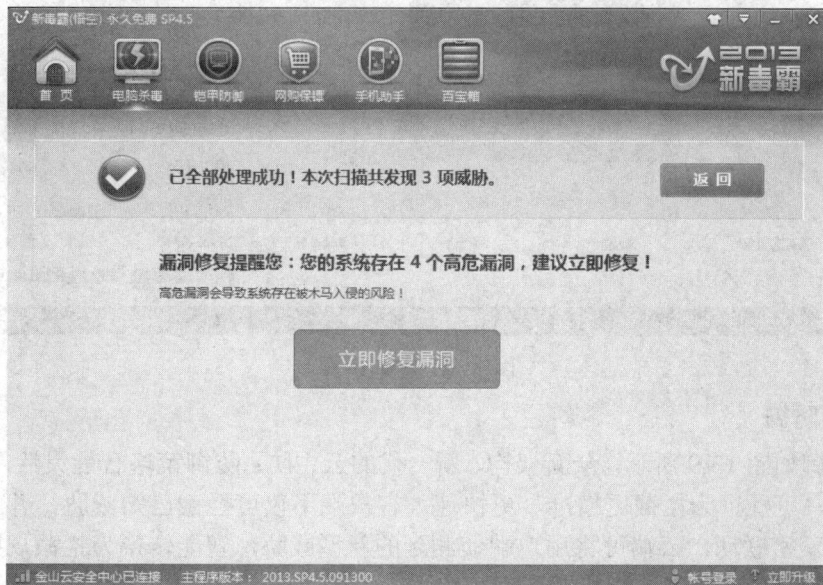

图 13-7　电脑杀毒

根据不同用户的需要,新毒霸提供了两种常用的病毒查杀模式,如图13-8所示,在"电脑杀毒"页面可以直接进行选择:

1) 一键云查杀

智能扫描,查杀更快速精准、更全面彻底:杀毒修复一体化,"五"杀毒引擎,层层嵌入式立体杀毒;"一"修复引擎:断网修复、系统文件修复和精准修复系统异常,电脑病毒和系统异常一键快速解决。

更智能灵活,全方位层层立体杀毒,扫描过程灵活切换扫描策略,加上防复活免疫机制,让病毒无处躲避;智能判断杀毒效果加上免费人工远程,创新型一条龙服务保护电脑安全。

2) 全盘查杀

全面扫描,清除更彻底干净。此模式将对电脑的全部磁盘文件系统进行完整扫描,某些病毒入侵系统后不仅仅破坏系统文件,也会在其他部分进行一些恶意破坏行为。选择此模式将对电脑系统中全部文件逐一进行过滤扫描,彻底清除非法侵入并驻留系统的全部病毒文件。

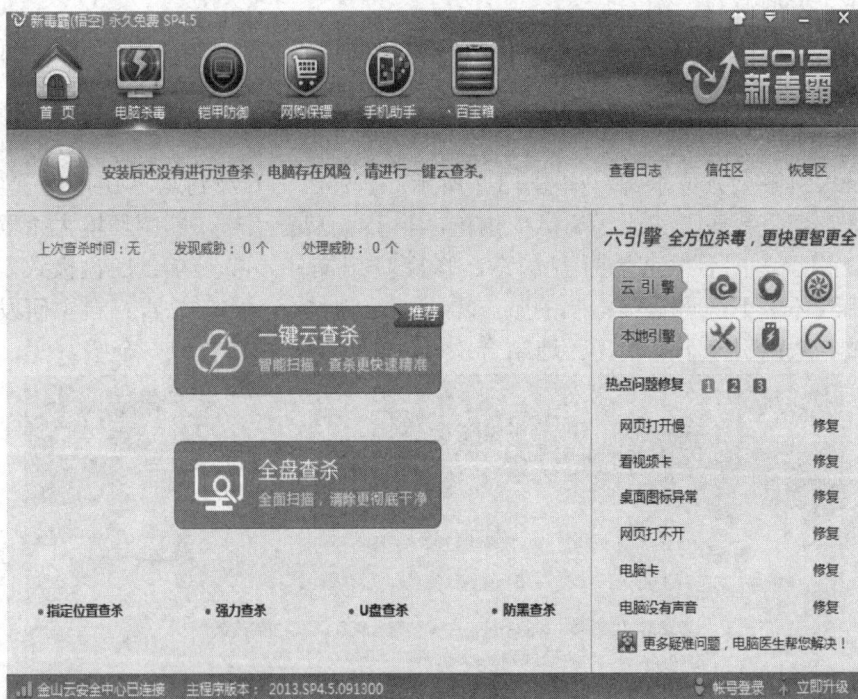

图13-8 电脑杀毒

2. 铠甲防御

铠甲防御如图13-9所示,全新架构,新一代的云主防:防御策略智能灵活,具有轻巧、极速的性能,可疑行为拦截更精准、更快速。客户端不仅可拦截已知威胁,并与金山云安全中心3.0紧密联动,云端可将用户端侦测到的新型威胁,智能转换为拦截规则,通过云指令发送到用户,可秒级速度拦截新型威胁。

断网模式保护:新增断网模式下的系统主防,保护系统内核安全。

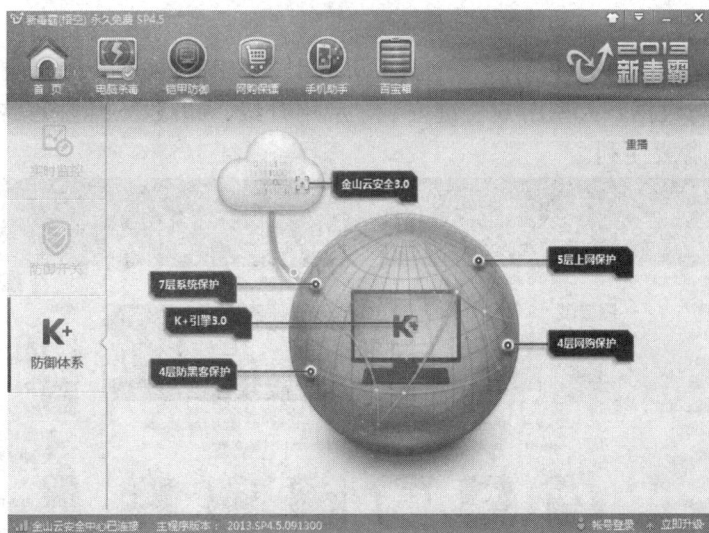

图 13-9 铠甲防御

上网保护接入全新火眼分析系统：通过客户端与云端的多维联动，智能分析病毒木马的恶意行为，并根据病毒危害等级或行为特点，为用户提供最佳拦截方案。同时，火眼分析系统在云端生成可供用户阅读的详尽分析报告，用户只需在上网保护的弹泡提示中一键调用查阅，即可对病毒行为了如指掌，满足用户深入了解自己电脑安全状况的需求。

下载保护所涵盖的范围更广：除了对主流的浏览器、下载工具全部支持外，还支持了ftp.exe 和常用网盘。对于传输办公文档时可能存在的宏病毒脚本，下载保护的拦截也更加准确，还可以提供一站式文件修复，还用户一个安全的文档处理环境。

3. 网购保镖

只要用户上网购物或是进入电子银行、支付网页时，网购保镖便会自动进行强大保护，如图 13-10 所示。

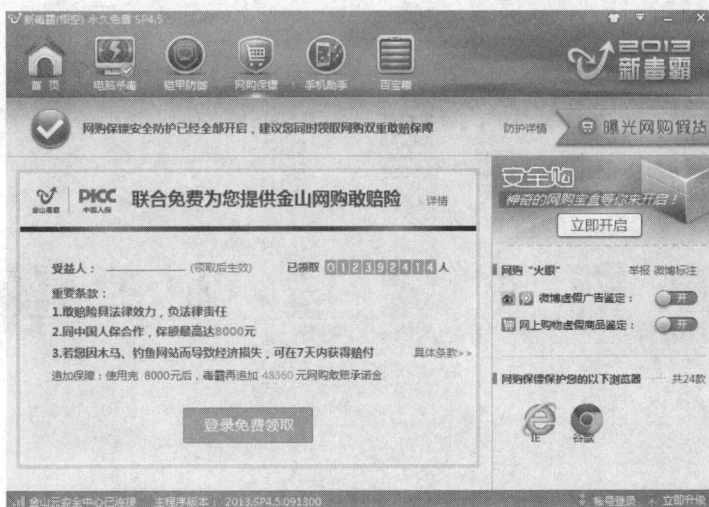

图 13-10 网购保镖

4. 手机助手

手机助手界面如图 13-11 所示，全新手机应用安全下载平台，确保应用纯净安全。率先整合游戏应用与数据，大型游戏一键安装。应用升级、卸载、一键搬家轻松畅快。图片、音乐管理如用 U 盘般便利。

图 13-11　手机助手

5. 百宝箱

如图 13-12 所示，百宝箱分类汇总了毒霸所有功能，同时提供多款系统辅助工具，可以优化修复系统，操作简单，使用方便。

图 13-12　百宝箱

13.3.5　安全防护软件介绍

360 安全卫士是一款由奇虎公司推出的完全免费的安全类上网辅助工具软件，360 安全卫士首页如图 13-13 所示。

图 13-13　360 安全卫士首页

360 安全卫士拥有查杀木马、清理插件、修复漏洞、电脑体检等多种功能，并独创了"木马防火墙"功能，依靠抢先侦测和云端鉴别，可全面、智能地拦截各类木马，保护用户的账号、隐私等重要信息。目前木马威胁之大已远超病毒，360 安全卫士运用云安全技术，在拦截和查杀木马的效果、速度以及专业性上表现出色，能有效防止个人数据和隐私被木马窃取，被誉为"防范木马的第一选择"。360 安全卫士自身非常轻巧，同时还具备开机加速、垃圾清理等多种系统优化功能，可大大加快电脑运行速度，内含的 360 软件管家还可帮助用户轻松下载、升级和强力卸载各种应用软件。

下面简要介绍一下我们常用的 360 安全卫士的功能以及操作方法。

1. 常用功能

360 安全卫士的常用功能有：

1）电脑体检

体检功能可以全面的检查电脑的各项状况。体检完成后会提交一份优化电脑的意见，可以根据需要对电脑进行优化。也可以便捷的选择一键优化。体检可以快速全面的了解电脑，并且可以提醒用户对电脑做一些必要的维护。如：木马查杀、垃圾清理、漏洞修复等。定期体检可以有效地保持电脑的健康。点开 360 安全卫士的界面，体检会自动开始进行，如图 13-14 所示。

图 13-14　电脑体检

2) 木马查杀

利用计算机程序漏洞侵入后窃取文件的程序被称为木马。木马查杀功能可以找出电脑中疑似木马的程序并在取得允许的情况下删除这些程序。木马对电脑危害非常大，可能导致包括支付宝、网络银行在内的重要账户密码丢失。木马的存在还可能导致隐私文件被拷贝或删除。所以及时查杀木马对安全上网来说十分重要。点击进入木马查杀的界面后，可以选择"快速扫描"、"全盘扫描"和"自定义扫描"来检查电脑里是否存在木马程序。扫描结束后若出现疑似木马，您可以选择删除或加入信任区。木马查杀如图 13-15 所示。

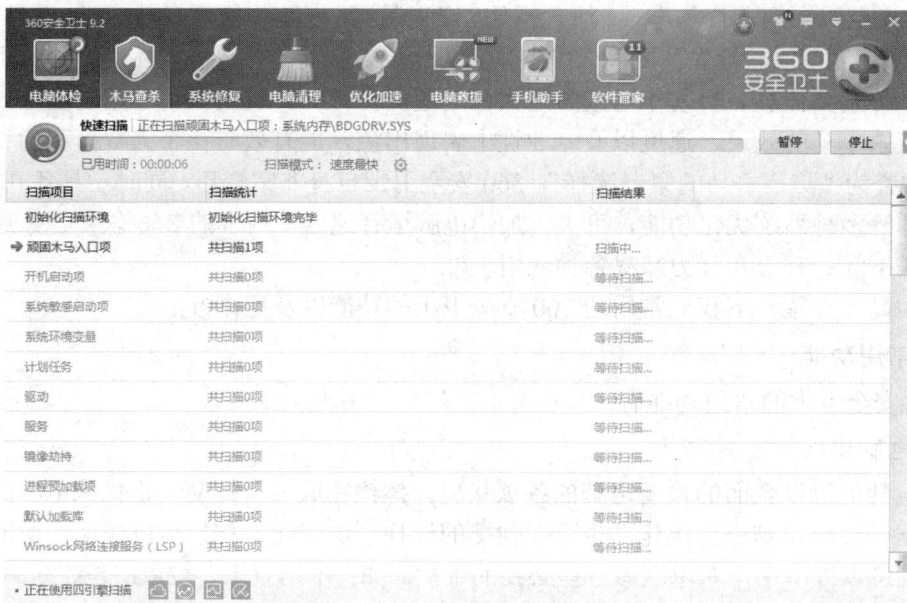

图 13-15　木马查杀

3) 系统修复

系统修复可以检查电脑中多个关键位置是否处于正常的状态。当遇到浏览器主页、开始菜单、桌面图标、文件夹、系统设置等异常时，使用系统修复功能，可以找出问题出现的原因并修复问题。系统修复界面如图 13-16 所示。

图 13-16　系统修复

4) 电脑清理

垃圾文件是指系统工作时所过滤出的剩余数据文件，虽然每个垃圾文件所占系统资源并不多，但是有一段时间没有清理的话，垃圾文件会越来越多。垃圾文件长时间堆积会拖慢电脑的运行速度和上网速度，浪费硬盘空间。可以勾选需要清理的垃圾文件种类并点击"开始扫描"。如果不清楚哪些文件该清理，哪些文件不该清理，可点击"推荐选择"，让 360 安全卫士来作合理的选择。电脑清理界面如图 13-17 所示。

图 13-17　电脑清理

5) 优化加速

全面优化您的系统，提升电脑速度，更有专业贴心的人工服务。优化加速界面如图 13-18 所示。

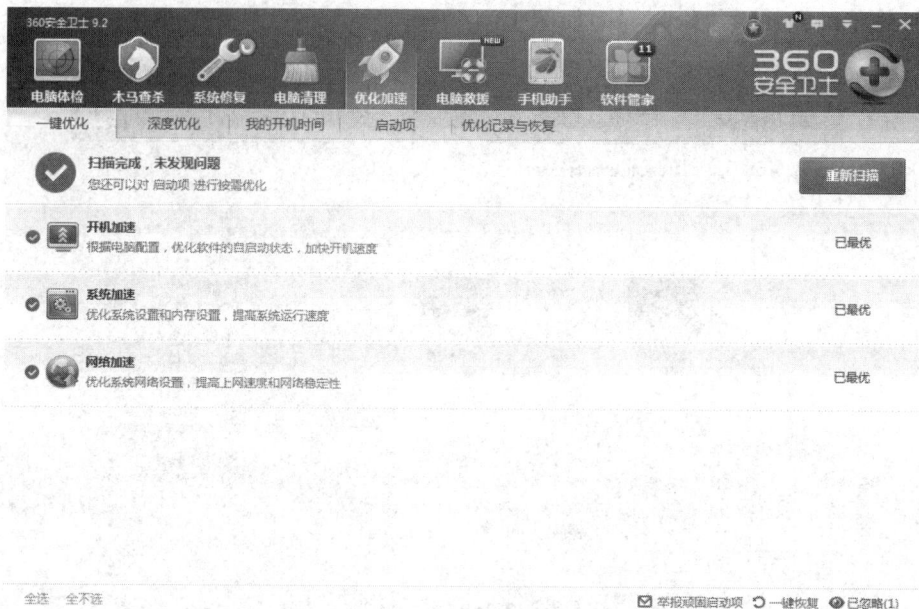

图 13-18　优化加速

6) 人工服务

360 安全卫士还提供人工服务，如图 13-19 所示。

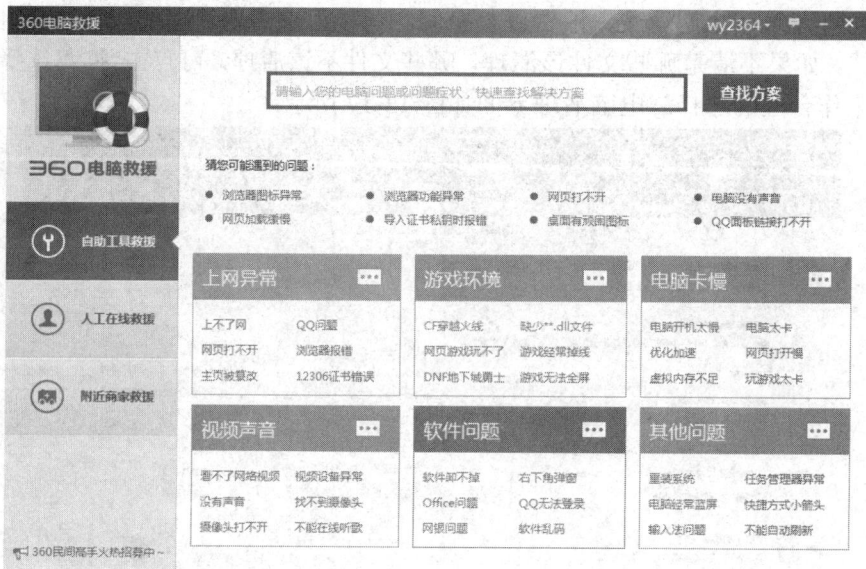

图 13-19　人工服务

7) 手机助手

手机助手可以管理和优化手机，如图 13-20 所示。

图 13-20　手机助手

2. 木马防火墙

木马的入侵会造成你的电脑被控制、你的隐私资料被窃取等很严重的后果。开启木马防火墙可以保证你的电脑不被木马侵害。当安装 360 安全卫士之后，360 木马防火墙会根据电脑的需要和网络环境自动为你开启需要的防护。也可以根据你的需要选择关闭全部或者其中的一部分防护功能。并可以设置电脑遭遇木马风险时的提示模式。木马防火墙界面如图 13-21 所示。

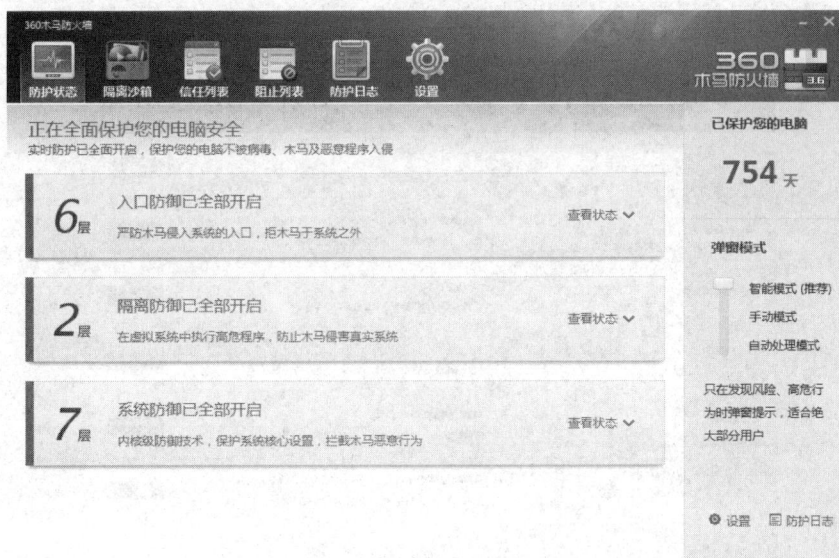

图 13-21　木马防火墙

3. 360 杀毒

360 杀毒是 360 安全中心发行的一款免费杀毒软件。它无缝整合了国际知名的 Bit

Defender 病毒查杀引擎，以及 360 安全中心潜心研发的木马云查杀引擎。双引擎的机制拥有完善的病毒防护体系，不但查杀能力出色，而且对于新产生的病毒木马能够第一时间进行防御。360 杀毒完全免费，无需激活码，轻巧快速不卡机，误杀率远远低于其他杀毒软件，能为电脑提供全面保护。360 杀毒界面如图 13-22 所示。

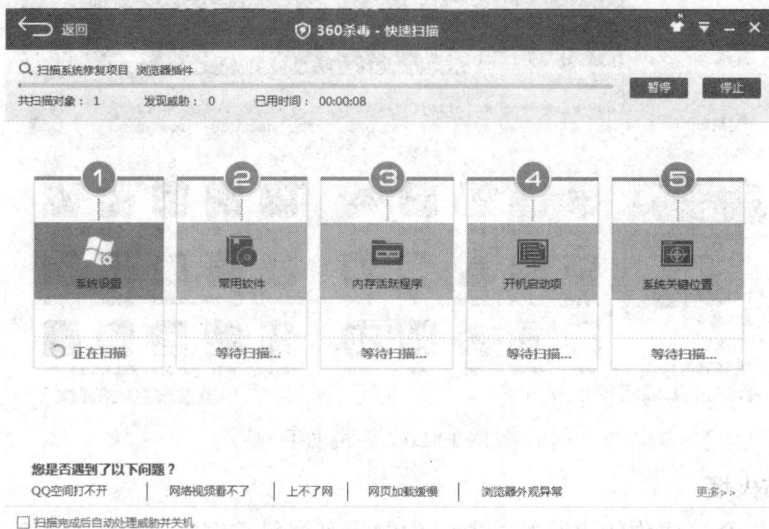

图 13-22　360 杀毒

4. 网盾

360 网盾是一款用于防木马、反欺诈的浏览器安全软件。全面支持 IE、傲游、TT、Firefox 等主流浏览器，有效拦截木马病毒、钓鱼以及欺诈等网站威胁，做到防患于未然。同时不影响用户正常浏览网页，还可以加快浏览速度。网盾如图 13-23 所示。

图 13-23　网盾

5. 防盗号

防盗号需采用 360 保险箱。360 保险箱是 360 安全中心推出的账号密码安全保护软件，是完全免费的，采用的主动防御技术可以阻止盗号木马对网游、聊天等程序的侵入，主要帮助用户保护网游账号、聊天账号、网银账号、炒股账号等，防止由于账号丢失导致的虚拟资产和真实资产受到损失。与 360 安全卫士配合使用，保护效果加倍。360 保险箱如图 13-24 所示。

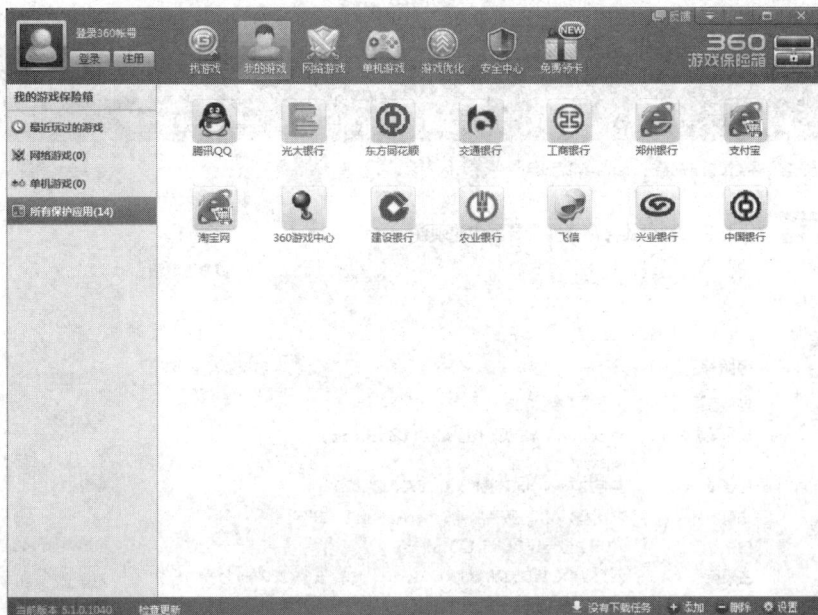

图 13-24　360 保险箱

6. 软件管家

在这里可以卸载电脑中不常用的软件，节省磁盘空间，提高系统运行速度。选中要卸载的不常用软件，单击"卸载"按钮，软件被立即卸载。单击"重新扫描"按钮，将重新扫描电脑，检查软件情况。软件管家如图 13-25 所示。

图 13-25　软件管家

7. 硬件检测

360 硬件检测使用原来的鲁大师，可以检测硬件的所有信息，如图 13-26 所示，详细内容将在下一章中介绍。

图 13-26　硬件检测

实验十三　计算机安全防护

本实验要求掌握对计算机进行优化的方法。具体步骤如下：

(1) 对硬盘进行清理。

(2) 给系统打上最新补丁。

(3) 注册表的导出与导入。

(4) 安装及运行优化大师。

(5) 熟悉优化大师功能。

(6) 利用优化大师软件对计算机进行优化。

(7) 安装和使用杀毒软件。

(8) 对系统查杀木马。

(9) 下载、安装安全防护软件。

(10) 使用安全防护软件。

习　　题

1. 填空题

(1) 计算机病毒是具有自我复制能力的计算机＿＿＿＿＿＿＿或＿＿＿＿＿＿＿＿＿。

(2) 木马攻击是指黑客在网络中通过散发的＿＿＿＿＿＿＿攻击计算机。

(3) 漏洞攻击是指通过对＿＿＿＿＿＿＿和＿＿＿＿＿＿＿＿的漏洞进行曲攻击来达到入侵目的。

2. 选择题

(1) 黑客在网络中通过散发木马病毒攻击计算机的行为是＿＿＿＿。

　　A. 系统入侵攻击　　　　　　　B. Web 页欺骗

　　C. 木马攻击　　　　　　　　　D. 拒绝服务攻击

(2) 计算机病毒的特点有＿＿＿＿＿。

　　A. 破坏性　　　　　　　　　　B. 隐蔽性

　　C. 传染性　　　　　　　　　　D. 顽固性

3. 判断题

(1) 计算机中的垃圾文件会导致系统运行速度缓慢。　　　　　　　（　　　　）

(2) 计算机病毒在发作时额外地占用和消耗系统的内存资源，导致系统资源匮乏，进而引起死机。　　　　　　　　　　　　　　　　　　　　　　　（　　　　）

(3) 操作系统的漏洞补丁可以安装也可以不安装。　　　　　　　（　　　　）

4. 问答题

(1) 计算机病毒有哪些特点？

(2) 计算机安全策略有哪些？

(3) 360 安全卫士有哪些功能？

5. 操作题

(1) 使用 Windows 优化大师优化系统。

(2) 安装并使用杀毒软件。

(3) 使用 360 安全卫士系列防护软件保护系统。

第 14 章　计算机系统的维护

在使用计算机的过程中，只要在平时注意日常维护，便可以确保计算机的正常工作，还能延长计算机的寿命。如果平时没有做好维护工作，则易导致问题的集中爆发，此时不但会影响正常工作，还会造成很多难以估量的损失。本章主要介绍如何维护计算机系统。

14.1　测试计算机

想要维护计算机系统，我们首先要了解计算机系统，但是对大多数普通计算机用户来说，通过观察来了解一台计算机的配置是困难的。如果我们掌握了一些方法和技巧，想知道计算机的配置也是很简单的。下面介绍一款了解计算机配置的工具——鲁大师(如图 14-1 所示)。

图 14-1　鲁大师首页

鲁大师是新一代的系统工具。它能轻松辨别电脑硬件真伪，保护电脑硬部件稳定运行，评估电脑硬部件性能，提升电脑运行速度。鲁大师是一款免费软件，并且不带任何广告及插件，它适用于以下操作系统：Windows 2000、Windows XP、Windows 2003、Windows Vista、Windows 2008、Windows 7 和 Windows 8。

鲁大师适合于各种品牌台式机、笔记本电脑、DIY 兼容机。实时的关键性部件的监控预警，全面的电脑硬件信息，能有效预防硬件故障。鲁大师首页给出一个系统的简介，在这里可以看到鲁大师首页主体分为四大部分：电脑各部件的对应按钮、综合评分、电脑概览和传感器信息。

鲁大师每次启动都会扫描电脑，将电脑的综合信息在首页呈现。不仅如此，鲁大师的首页还简明直观地提供了电脑的实时传感器信息，例如处理器温度、显卡温度、主硬盘温度、主板温度、处理器风扇转速等。这些信息将会随着电脑的运行实时发生变化。

在首页的上方分布着鲁大师的主要功能按钮：硬件检测、温度监测、性能测试、节能降温、驱动管理、电脑优化、新机推荐和电脑维修。点击这些功能按钮可以切换到对应功能模块。在其他页面中，您随时可以点击首页按钮回到首页。它的功能介绍如下：

1. 硬件检测

硬件检测包括电脑概览、硬件健康、处理器信息、主板信息、内存信息和功耗估算等功能，如图 14-2 所示。

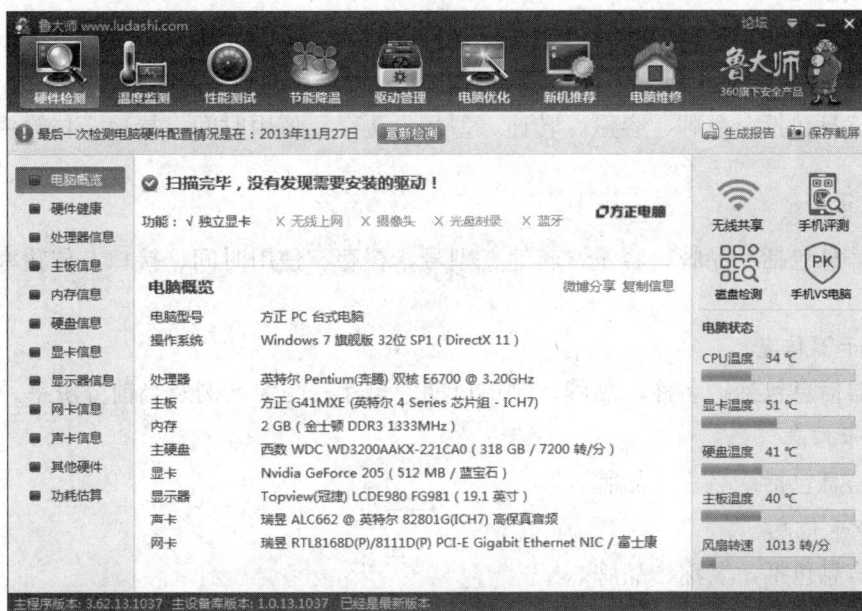

图 14-2　硬件检测

1) 电脑概览

在电脑概览中，鲁大师显示电脑的硬件配置的简洁报告，报告包含以下内容：电脑型号、操作系统、处理器型号、主板型号、内存品牌及容量、主硬盘品牌及型号、显卡品牌及显存容量、显示器品牌及尺寸、声卡型号和网卡型号。

2) 硬件健康

硬件健康详细列出电脑主要部件的制造日期和使用时间，便于大家在购买新机或者二手机的时候，进行辨识。硬件健康模块分成两部分，第一部分是"电脑寿命测试"，其中包含了电脑主要部件的制造日期和使用时间。

(1) 硬盘已使用时间，新机此处的使用时间一般都应该在 10 小时以下。

(2) 主板制造时间，新机此处的使用时间一般应该在半年以内。

(3) 显卡制造日期，新机此处的使用时间一般应该在半年以内。

(4) 操作系统安装日期，如果是预装的操作系统，一般安装时间应该在 3 个月以内。

(5) 内存制造日期，新机此处的使用时间一般应该在半年以内。

(6) 显示器制造日期，新机此处的使用时间一般应该在一年以内。

3) 处理器信息

处理器信息包括：处理器型号、核心参数、插槽类型、主频及前端总线频率、一级数据缓存类型和容量、一级代码缓存类型和容量、二级缓存类型和容量及支持特性。

检测到的电脑硬件品牌，其品牌或厂商图标会显示在页面右侧，点击这些厂商图标可以访问这些厂商的官方网站。

4) 主板信息

主板信息包括主板型号、芯片组型号、序列号、板载设备、BIOS 版本信息和制造日期。

5) 内存信息

内存信息包括：插槽、品牌、速度、容量、制造日期以及型号和序列号。

6) 硬盘信息

硬盘信息包括：品牌、容量、转速、型号、缓存、使用时间、接口、传输率及支持技术特性。

7) 显卡信息

显卡信息包括：品牌、容量、转速、型号、缓存、使用时间、接口、传输率及支持技术特性。

8) 显示器信息

显示器信息包括：名称、品牌、制造日期、尺寸、图像比例及当前分辨率。

9) 网卡信息

网卡信息包括：名称、品牌。

10) 声卡信息

声卡信息包括：名称、品牌。

11) 其他硬件

其他硬件包括：键盘信息、鼠标信息。

12) 功耗估算

当打开功耗估算页面后，鲁大师会根据硬件检测结果自动匹配当前电脑的主要设备的功耗信息并显示合计功耗估算值。用户也可以根据自己的需要按照设备类型自由选择其他设备来进行功耗估算。

2. 温度监测

在温度监测中，鲁大师显示计算机各类硬件温度的变化曲线图表，如图 14-3 所示。

温度监测包含以下内容(视当前系统的传感器而定)：CPU 温度、显卡温度(GPU 温度)、主硬盘温度、主板温度、风扇转速。

点击右侧快捷操作中的"保存监测结果"可以将监测结果保存到文件中。小提示：可以在运行温度监测时，最小化鲁大师，然后运行 3D 游戏，待游戏结束后，观察硬件温度的变化。

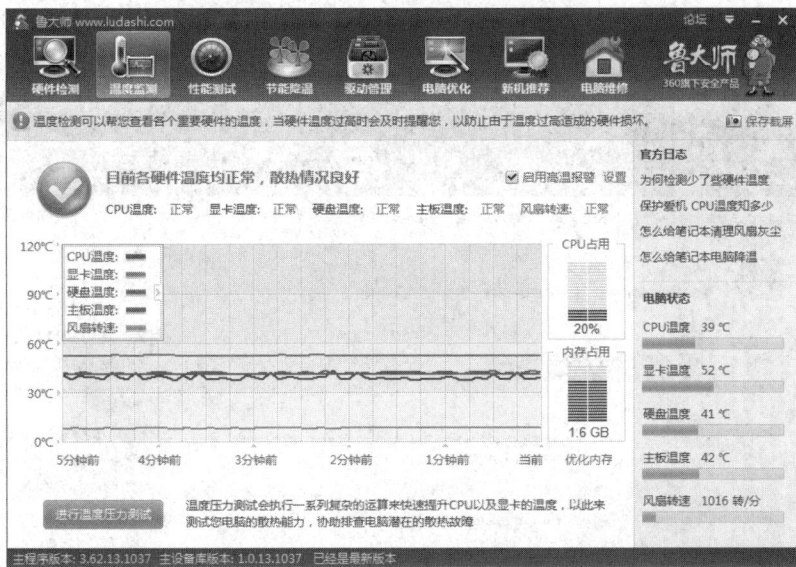

图 14-3　温度监测

3. 性能测试

鲁大师电脑综合性能评分是通过模拟电脑计算获得的 CPU 速度测评分数和模拟 3D 游戏场景获得的游戏性能测评分数综合计算所得。该分数能表示您的电脑的综合性能。测试完毕后会输出测试结果和建议，如图 14-4 所示。

图 14-4　性能测试

完成测试后您可以通过点击"查看综合排行榜"来查看您使用的电脑在鲁大师电脑整体性能排行榜中的排名情况。

4. 节能降温

节能降温主要应用在各种型号的台式机与笔记本上，其作用为智能检测电脑当下应用环境，智能控制当下硬部件的功耗，在不影响对电脑使用效率的前提下，降低电脑的不必要的功耗，从而减少电脑的电力消耗与发热量，节能降温界面如图 14-5 所示。

图 14-5 节能降温

5. 驱动管理

驱动管理分为四个功能：驱动体检、驱动备份、驱动恢复、驱动门诊，如图 14-6 所示。

图 14-6 驱动管理

6. 电脑优化

电脑优化包括了对系统响应速度优化、用户界面速度优化、文件系统优化、网络优化等优化功能，如图 14-7 所示。

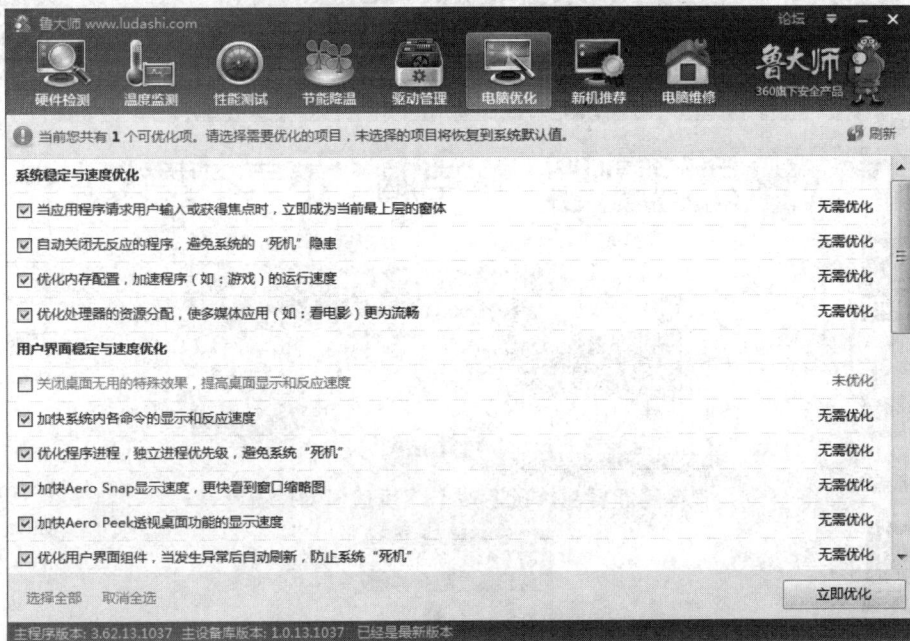

图 14-7　电脑优化

7. 新机推荐

新机推荐会推荐当前最新的笔记本电脑和台式机，如图 14-8 所示。

图 14-8　新机推荐

8. 电脑维修

电脑维修给出各地维修商的联系方式，方便用户维修，如图 14-9 所示。

图 14-9　电脑维修

14.2　计算机维护

计算机本身是各个部件组成的一个整体，在使用过程中，系统和软件会产生各种问题，硬件同时也会有很多故障产生。因此，想让计算机稳定工作的话，就需要有一个良好的使用习惯，并且要经常对计算机进行维护。

14.2.1　计算机日常维护

计算机日常维护需要注意以下三个方面。

1. 维护计算机的良好工作环境

(1) 保证适当的温度。一般计算机应工作在 20～25℃环境下。

(2) 保证一定的湿度。计算机工作的环境相对湿度应保持在 40%～70%之间。

(3) 正确使用电源。首先，必须确保使用的是适当功率的电源；其次，计算机所使用的电源应与照明电源分开。

(4) 正确安置计算机系统。不要将计算机放在不稳定的地方，例如摇晃、易坠落处等；

计算机应尽可能地避开热源，如冰箱、直射的阳光等；计算机系统应尽可能放置在远离强磁强电、高温高湿的地方；计算机应放在通风的地方，离墙壁应有 20cm 的距离。

(5) 做好防静电工作。

(6) 防止震动和噪音。

2. 正确使用计算机

(1) 正确的开关机顺序。

(2) 使用过程中，不要移动主机和显示器。

(3) 不要带电插拔硬件，要想插拔某些硬件，应先断开电源。

(4) 手机不要放在显示器或者音箱旁边，因为有短信或来电时，会干扰音箱和显示器的工作，发出杂音和显示出波纹。

(5) 不宜长时间不用。

(6) 防止静电破坏硬件。

(7) 发现主机或显示器有火星、异味、冒烟现象时应立即切断电源，在没排除故障前，千万不要再启动计算机。

(8) 当发现计算机有异常响声、过热及报警等现象时，要设法找到原因，并排除故障。

(9) 系统非正常退出或意外断电，应尽快进行硬盘扫描，及时修复错误。

(10) 计算机使用久了，最少应该一季度清洁维护一次主机内部。

3. 有效进行故障诊断排除

(1) 利用“设备管理器”来检查设备。

① 设备显示状态、结论、解决方案。

② 所属类别正确，且设备前面没有任何特殊标记，说明安装正确，能正常运行。

③ 所属类别不正确，设备前面有一个红色的“×”标记，说明在 Windows 中被停用或在 BIOS 中没被激活，应该启用它或检查 BIOS 设置以激活该设备。

④ 所属类别正确，设备前面有一个带有黄色圆圈的惊叹号，表明设备资源冲突。

⑤ 所属类别为“其他设备”说明驱动程序没有被正确安装。

⑥ 没有在“设备管理器”中列出，即没有正确安装设备或驱动程序。

(2) 启动“疑难解答”。

(3) 解决设备资源冲突。如果某个设备前面显示了一个带有黄色圆圈的惊叹号，则表明此设备有资源冲突。可以用手工的方式来重新分配该设备的资源，以解决资源冲突。

14.2.2　计算机主机的维护

为了保证计算机的正常使用，用户需要对计算机主机各部件进行日常维护。

1. CPU 的维护

CPU 的维护主要是注意静电、高温和高压。在气候比较干燥的季节，特别是冬天，人体上会积聚大量静电，所以不要用手直接接触正在运行的 CPU。高温会缩短 CPU 的寿命，高压容易烧毁 CPU。

计算机长时间使用后，CPU 散热器上会积很多灰尘，这时需要清洁该散热器。下面介绍清洗 Intel CPU 散热器的操作方法。

(1) CPU 散热器是安装在 CPU 插座上，通过其周围的卡扣来固定的。在卸载 CPU 散热器时，将卡扣按顶部的箭头方向进行旋转，然后垂直向上拉起卡扣，待所有卡扣都拉起后拔下 CPU 风扇的电源插头，就能取下 CPU 散热器了。

(2) 取下 CPU 散热器后，可将散热器上的风扇和散热片分离，分别进行清洗。其中散热片可以直接用水冲洗，对于风扇以及散热片上具有黏性的油性污垢，可用棉签或者镊子夹持布片或少量棉花擦拭干净。

(3) 如果在使用计算机时，CPU 散热器的风扇在正常运转时噪音较大，则一般是由于风扇内部润滑油消耗殆尽所致，需要给风扇轴心加注润滑油。虽然目前润滑油的种类较多，但 CPU 风扇对润滑油的种类没有什么要求，常见的黏性较小的润滑油都可使用。在添加润滑油前需将 CPU 风扇中央的商标揭开，就可以看到风扇的轴心。加油时可用镊子或牙签之类的有细小尖端的物品蘸取少量润滑油，将其滴入风扇的轴心中。完成加油操作后，马上贴好商标以防润滑油泄漏，动手旋转 CPU 风扇一段时间，待润滑油渗入轴承内部后，再将 CPU 风扇重新固定到散热片上。

(4) 如 CPU 散热器底部的导热硅胶不足，可适当涂抹一些。

(5) 在完成 CPU 散热器的维护操作后，就可以将其安装回 CPU 插座上并连接好 CPU 风扇的电源线了。

2. 主板的维护

对主板的维护，一般可以按下面几个方面进行操作：

(1) 定期清除主板上的灰尘。主板上具有较多的插槽、插座和焊接触点，这些部件是连接各种显卡、内存条、硬盘以及光驱等设备的通道，也是容易积累灰尘的地方。通常在维护这些插槽、插座时一般先用软毛刷清扫，然后用吹气球或者电吹风吹尽灰尘。如插槽内的金属接脚有油污，可用脱脂棉球蘸计算机专用清洁剂或无水酒精清除。

(2) 定期检查电路板上是否有氧化或腐蚀现象。

(3) 长时间不使用计算机的情况下，应定期开机加温一段时间，以免主机元件受潮，也可驱赶蟑螂、蚂蚁等小虫子，避免它们进入主机机箱而损坏电路板。

(4) 主机应放置在通风良好、温度和湿度合适、无辐射、电压稳定、无阳光直射的场所，这样有利于主机的保养。

(5) 在计算机运行时禁止插拔各种控制板卡和线缆。

3. 内存的维护

对于内存的维护，要注意以下几点：

(1) 静电是内存的最大威胁。当需要用手接触内存条时一定要先触摸一下导电体，将手上的静电释放掉。

(2) 潮湿的环境会导致连线的腐蚀或脱落，对内存产生损害，所以要注意机房内的湿度。

(3) 内存长时间持续高温，有可能导致内存上的元器件损坏，所以一定要注意机箱内的散热。

(4) 在运输过程中，要避免震动和碰撞，以免内存条受损或报废。

(5) 元器件的反复热胀冷缩，可能会导致接触不良，所以尽量避免频繁开关机。

4. 硬盘的维护

硬盘的维护与保养应注意以下几个问题：

(1) 及时备份数据。对硬盘中重要的文件，特别是应用软件的数据文件要按一定的方法进行备份工作，以免在发生硬件故障、软件故障或误操作等情况下造成无法挽回的损失。

(2) 禁止随意在存有重要数据的硬盘分区中运行游戏软件或使用未经检测的 U 盘或光盘。

(3) 防病毒，并养成定期检测及清除病毒的习惯。

(4) 保持环境的清洁。

(5) 减少震动和冲击。严禁在工作或刚关机时搬动机器，以免磁头与盘片产生撞击而擦伤盘片表面的磁性层。

(6) 拆装硬盘时要注意防止静电。

(7) 禁止随意在硬盘中安装软件、删除文件及对硬件进行初始化操作。

(8) 及时删除不再使用的文件和临时文件等。

(9) 减少文件碎片。

(10) 保持合理的使用温度(5℃～40℃)。

5. 光驱的维护

光驱的使用寿命一般比较短，出现问题的可能性比较大，所以对光盘和光驱的维护是非常有必要的。下面介绍光盘及光驱的日常维护要点：

(1) 选购的主机箱最好带有光驱的防尘门，选择的光驱最好是具有自动清洁激光头功能的光驱(这种光驱在取出光盘时可以自动清洗激光头)。

(2) 不要使用变形的光盘。

(3) 在选择光盘时，应尽量挑选盘面光洁度好、无划伤的盘。

(4) 保持光盘表面清洁。

(5) 由于现在一些光驱托盘很浅，如果光盘未放好就进盘，容易造成光驱门机械错齿而卡死。因此放置光盘时，应尽量把光盘放在光驱托架中并使其平稳。

6. 电源的维护

电源的具体维护可按下述步骤进行：

(1) 拆开电源盒除尘。首先关掉电源，打开机箱，从机箱后部拧下固定电源的螺丝，一般可以取下整个电源盒。不过有些箱内有电源固定螺丝，要仔细查看并全部拧下，接着拔下主机各个部件的电源接插件。一般的电源盒是由薄铁皮制造的。取下底部的四个小螺丝，将上盖板从两侧向内推，取下上盖。接下来拧下印刷电路板四角的固定螺丝，并取下整个电路板，然后用油漆刷或油画笔为整个电源盒以及电路板除尘。对于缝隙中的灰尘可以用皮老虎吹掉。

(2) 擦拭风扇叶片。注意不能让水进入风扇转轴或线圈中。

(3) 给风扇轴承加润滑油。一般情况下，风扇使用较长时间后转动的声音会明显增大，这主要是由于轴承润滑不良造成的。为风扇加油时用小刀揭开风扇正面的不干胶商标，在不干胶下面有一个薄金属盖，同样用小刀将其撬下来，这时就可以看见风扇前端轴承了。

在轴的顶端还有一个卡环，用镊子把卡环口分开取出，取出金属垫圈、塑料垫圈，最后再将电机转子连同风扇叶片一起拉出。此时便可以看到前、后轴承了。将润滑油分别在前、后轴承的内外圈之间滴上两三滴，在保证油已浸入轴承内后，依次复原，把风扇装回电源盒。轴承加油后风扇转动的声音会明显减小，同时也可以减少轴承磨损，提高工作效率。

14.2.3 计算机外设的维护

计算机的外设也需要维护。

1. 键盘的维护

键盘的维护应注意以下几点：

(1) 更换键盘时，应先断开计算机电源，再拔掉键盘的插头。

(2) 定期清洁键盘表面的污垢，清洗前，应先将键盘插头从计算机上拔下来，再用柔软的湿布进行擦拭，不能用酒精等清洁剂清洗键盘。对于顽固的污渍可以使用中性的清洁剂擦除。

(3) 当有液体进入键盘时，应当尽快关机，并拔下键盘插头。而后拆开键盘，用干净吸水的软布或纸巾擦干内部的积水，并在通风处晾干。

2. 鼠标的维护

鼠标的维护除了要经常保持鼠标滚动球清洁外，还应注意防水防潮。

(1) 鼠标的底部长期和桌面或鼠标垫接触，最容易被污染，尤其是机械式鼠标的滚动球最容易将灰尘、毛发、细纤维带入鼠标内部，所以须保持桌面或鼠标垫的清洁。

(2) 可用十字螺丝刀卸下鼠标底盖上的螺丝，取下鼠标的上盖，用棉签清理光电检测器中间或其他部分的污物。

(3) 为充分发挥鼠标的功能，应尽量使用原装的鼠标驱动程序。

(4) 应选择在光滑、平整且清洁的桌面上使用鼠标，最好使用鼠标垫。

3. 显示器的维护

显示器的维护需要注意以下问题：

(1) 显示器用的时间长了，表面就会存在许多污渍。该如何清理这些污渍呢？可用蘸有少许专用清洁剂的软布轻轻地将污渍擦去，不要将含有酒精的清洁剂涂抹到显示器上。擦拭时力度要轻，不要让清洁剂渗到内部，否则显示器屏幕会因此而短路损坏，如不慎将清洁剂溅入显示器中，应将显示器放置在干燥的环境中自然风干后再使用。对于一些擦不掉的油渍，可使用黏性较低的透明胶，贴在油渍上再揭下即可。

(2) 在使用显示器时，不要长时间将显示器处于开机或待机状态。显示器是由许许多多的液晶颗粒显示成像的，如过长时间的连续使用，容易造成液晶颗粒过早老化。一般来说，不要连续72小时以上使用显示器，而且在不用的时候应将显示器关闭。

(3) 显示器屏幕十分脆弱，在搬动显示器时应避免强烈的冲击和震动。显示器差不多是用户家中或者办公室中所有用品中最敏感的电气设备。显示器中含有很多玻璃的和灵敏的电气元件，掉落到地板上或者遭受其他类似的强烈打击会导致显示器屏幕以及内部元件的损坏。还要注意不要对显示器表面施加压力。

4. 打印机的维护

无论是针式打印机、激光打印机，还是喷墨打印机的维护，都应注意保持室内环境的防潮、防尘。下面介绍激光打印机的维护。

(1) 部分激光打印机使用可更换的墨盒，墨盒中装有墨粉、硒鼓。更换墨盒时，大多数的主要部件也随之更换，因此需要专门的维护。

(2) 激光打印机最常见的故障就是卡纸。此时控制板上的指示灯会发亮，并向计算机返回一个报警信号。处理该故障只需要打开打印机上盖，取出被卡住的纸张即可。但要注意，必须按进纸方向取纸，如果经常卡纸，就应检查进纸通道。

(3) 激光打印机的纸张与复印机用的纸完全通用，注意不要选太光滑或表面有纹路的纸张，因为这类纸打印出的清晰度差。

(4) 多数激光打印机的墨粉都不通用，因此更换的墨粉型号最好与原装的型号一致。如果选型不当，墨粉会粘在辊上，引发其他故障。

(5) 打印机中的激光很危险，能伤害眼睛，所以在正常打印时，切不可用眼睛窥视打印机内部。

5. 扫描仪的维护

扫描仪在工作时，光源从灯管发出到 CCD(光电耦合器件)接收，要经过玻璃板、若干个反光镜片、镜头，其中任何一部分落上灰尘或微小杂质，都会改变反射光线的强弱，进而会影响扫描图像的效果。所以在日常使用中，应注意对扫描仪的清洁与维护。

为了保证扫描仪在最佳状态下运行，可按如下方法进行维护：

(1) 扫描仪在不用时应放置于柜子里或用布盖上，防止灰尘落入。

(2) 避免扫描仪长时间直接暴露于阳光之下或靠近其他过热的热源。

(3) 让那些有可能溢出的液体远离扫描仪。

(4) 应在一个水平的平衡台上工作，避免震动。

(5) 在扫描一个多页装订的原稿时，不要把整个原稿都放在扫描仪的玻璃板上，而是只放一页，并用一个相同大小的书压在待扫描一面的上方，使玻璃板与要扫描的页紧密接触，这样可以避免扫描出的图像出现大片黑色痕迹，保证扫描质量。

14.2.4 计算机软件的维护

计算机软件故障在计算机故障中占有很大的比例，特别是频繁地安装和卸载软件，会产生大量的垃圾文件，降低计算机的运行速度，因此计算机软件的维护也很重要。为了保证计算机的正常使用和我们的重要资料不受损失，计算机软件维护需要做好以下几点：

(1) 系统盘的空间要足够大，以免系统盘被装满而需要清理，应用程序尽量不要安装在系统盘上，安装完成后应及时对系统进行备份。

(2) 定期对磁盘进行碎片整理和磁盘文件扫描。

(3) 及时打上系统补丁。

(4) 维护系统注册表。

(5) 正确地卸载程序。

(6) 清理 System 路径下无用的 DLL 文件。

(7) 安装杀毒软件并定期杀毒。

(8) 安装防流氓软件和安全防护软件。

(9) 备份重要文件。

(10) 优化操作系统。

实验十四　计算机系统的维护

本实验要求进一步理解 CPU、主板、内存、硬盘等组件的性能指标，掌握通过软件对这些硬件及整机综合性能进行测试的方法和维护计算机系统的技巧。具体步骤如下：

(1) 下载测试软件。

(2) 安装测试软件。

(3) 运行测试软件，记录相应信息。

(4) 分析(对比)测试结果，对计算机作简单的评价。

(5) 对计算机软硬件进行维护。

习　　题

1. 填空题

(1) 测试计算机的目的是_____。

(2) 不要频繁地开关机，并且每次关机再开机时，必须保持一定的_____。

(3) 计算机使用中应该合理对硬盘进行分区，使_____与_____分离。

2. 选择题

(1) 计算机日常维护主要分为_____。

    A. 计算机正确使用　　　　　　　B. 计算机故障排除

    C. 计算机环境维护　　　　　　　D. 计算机系统维护

(2) 计算机系统维护主要分为_____。

    A. 计算机软件维护　　　　　　　B. 计算机日常维护

    C. 计算机主机维护　　　　　　　D. 计算机外设维护

3. 判断题

(1) 禁止随意在硬盘中安装软件、删除文件及对硬件进行初始化操作。　　　(　　　)

(2) 计算机长时间不用时，也应经常开机，释放积累的静电。　　　　　　(　　　)

(3) 在使用显示器时，不要长时间将显示器处于开机或待机状态。　　　　(　　　)

4. 问答题

(1) 测试计算机有哪些方法？

(2) 如何进行计算机软件系统维护？

(3) 如何进行计算机硬件系统维护？

5. 操作题

(1) 使用测试软件测试计算机的信息。

(2) 使用工具维护计算机系统。

第 15 章　计算机故障的排除

在计算机的使用过程中，由于各种原因引起的计算机故障时有发生，给用户使用计算机带来了极大的不便。本章主要介绍计算机故障产生的原因、故障的种类和诊断的步骤，以及排除故障的基本原则、基本方法和常见故障的排除。

15.1　计算机故障产生的原因

计算机故障是计算机在使用过程中，遇到的系统不能正常运行或运行不稳定，以及硬件损坏或出错等现象。引起计算机系统故障的原因多种多样，主要的原因有：硬件质量问题、兼容性问题、使用环境问题、用户使用和维护不当、计算机病毒等。

1. 硬件质量问题

硬件质量问题主要有：

(1) 电子元件质量问题。有些厂商使用一些质量较差的电子元件，或减少电子元件数量，导致元器件达不到设计要求，影响产品质量，造成故障。

(2) 电路设计缺陷。硬件电路的设计应该遵循严格的标准，如果厂家的电路设计存在缺陷，那么在使用中就会出现故障。

(3) 假货。不法商家为了牟利，使用质量差的元件仿制品牌，造成硬件故障。

2. 兼容性问题

所谓兼容性，是指几个硬件之间、几个软件之间或是几个软硬件之间的相互配合的程度。

兼容的概念比较广，对于硬件来说，几种不同的电脑部件，如 CPU、主板、显示卡等，如果在工作时能够相互配合、稳定地工作，就说它们之间的兼容性比较好，反之就是兼容性不好。

而在软件行业，一种是指某个软件能稳定地工作在若干个操作系统之中，就说明这个软件对于各系统有良好的兼容性。再就是在多任务操作系统中，同时运行几个软件时，如果能稳定地工作，不频繁崩溃、死机，则称之为它们之间的兼容性良好，反之兼容性不好。另一种就是软件共享，几个软件之间无需复杂的转换，即能方便地共享相互间的数据，也称为兼容。

3. 使用环境问题

计算机在使用中对环境要求很高，环境问题也会引起计算机故障。

(1) 灰尘。电路板上的芯片的故障很多是由灰尘引起的。灰尘堆积在芯片上，使得元件不能正常散热而因其故障。

(2) 温度。计算机的工作环境温度过高会影响散热，甚至可能引起短路故障的发生。

(3) 湿度。计算机工作环境对湿度也有要求，湿度过高也会引起短路；而湿度过低会产生静电，损坏配件。

(4) 电源。交流电的正常范围在 220 V 左右，频率范围在 50 Hz 左右，并且应该有良好的接地系统。电压过高，设备的元器件容易损坏；电压过低，不能供给足够的功率，数据可能被破坏。

(5) 电磁波。计算机对电磁波的干扰较为敏感，较强的电磁波干扰可能会造成硬盘数据丢失、显示屏抖动等故障。

4. 用户使用和维护不当

有些硬件故障是用户使用和维护不当造成的，主要有：

(1) 组装错误。在组装计算机的时候，CPU、内存等部件接错接口或插槽造成故障；显卡、网卡和声卡等安装不当，造成板卡变形造成故障。

(2) 板卡被划伤。板卡的电路板被划伤，其中电路或电线被切断造成故障。

(3) 带电插拔。除了 USB 和 SATA 等接口的外部设备外，计算机的其他硬件都不应带电插拔，带电插拔容易造成故障。

(4) 静电破坏。静电对计算机中芯片的破坏是致命的，在使用和维护硬件时应将自己身体的静电放掉。

5. 病毒引起的故障

计算机病毒对系统的危害极大。目前已知的计算机病毒有上万种，不同的病毒会对计算机造成不同的危害。一般的病毒会造成数据丢失、系统不能正常运行的情况，严重的还会损坏主板。所以平时应加强预防措施，养成定期检测病毒的习惯，对外来磁盘要先检查后使用。对于正常情况下出现的某种故障，应首先排除病毒影响，再进行其他维修。

15.2　计算机故障的种类

在计算机的使用过程中，引起故障的因素相互交错，故障类型也多种多样，但从整体上来说可以分为软件故障和硬件故障两大类。

1. 软件故障

计算机软件故障一般是指由于操作不当或使用计算机软件不当而引起的故障，或因系统或系统参数的设置不当而出现的故障。软件故障一般是可以恢复的，但一定要注意，某些情况下有的软件故障也可以转化为硬件故障。常见的软件故障有：

(1) 当软件的版本与运行环境的配置不兼容时，造成软件不能运行、系统死机、文件丢失或被改动。

(2) 两种或多种软件程序的运行环境、存取区域或工作地址等发生冲突，造成系统工作混乱。

(3) 由于误操作而运行了具有破坏性的程序、不正确或不兼容的程序，误操作磁盘操作程序、性能测试程序等造成文件丢失和磁盘格式化等。

(4) 计算机病毒引起的故障。

(5) BIOS 设置、系统引导过程配置和系统命令配置的参数设置不正确或者没有设置，计算机也会产生操作故障。

2. 硬件故障

计算机硬件故障是指由计算机硬件引起的故障，涉及计算机主机内的各种板卡、存储器、显示器、电源等。常见的硬件故障有如下一些表现：

(1) 电源故障，导致系统和部件没有供电或只有部分供电。

(2) 部件工作故障，计算机中的主要部件如显示器、键盘、磁盘驱动器、鼠标等硬件产生的故障，造成系统工作不正常。

(3) 元器件或芯片松动、接触不良、脱落，或者因温度过高而不能正常运行。

(4) 计算机外部和内部的各部件间的连接电缆或接插头(座)松动，甚至松脱或错误连接。

(5) 板卡的跳线连接脱落、连接错误，或开关设置错误，而构成非正常的系统配置。

15.3 诊断计算机故障的步骤

判断计算机系统的故障，一般的原则是"先软后硬，先外后内"。下面介绍计算机故障诊断的一般步骤。

1. 先判断是软件故障还是硬件故障

当启动计算机后系统能进行自检，并能显示自检后的系统配置情况，可以判断主机硬件基本上没问题，故障可能是软件引起的。

2. 进一步确定软件引起故障的原因

如果是软件原因，则需要进一步确定是操作系统还是应用软件的原因，可以先将应用软件删除，然后重新安装。如果还有问题，则可以判断是操作系统的故障，这时需要重新安装操作系统。

3. 硬件故障的诊断步骤

当排除了计算机软件故障的可能后，就要进一步区分是主机故障还是外部设备的故障。这部分的诊断步骤如下：

(1) 由表及里。检测硬件故障时，应先从表面查起，如先检查计算机的外部部件：开关、插头、插座、引线等是否没连接或松动；外部故障排除后，再检查内部，也要按由表及里的步骤，先观察灰尘是否严重、有无烧焦气味等，然后再检查接插器件是否有松动现象、元器件是否有烧坏的部分。

(2) 先电源后负载。计算机硬件故障中电源出现故障的可能性很常见，检查时应从供电系统到稳压系统再到计算机内部的电源，先检查电压的稳定性等。如果电源都没有问题，再检查计算机系统本身，即计算机系统的各部件及外设部分。

(3) 先外设再主机。从计算机的价格可靠性来说，主机要优于外部设备，而且外设检查起来比主机容易。所以，在检测故障时，可以先去掉所有可以去掉的外设，再进行检查。如果没有问题，则说明故障出在外设上，反之，则说明故障出在主机上。

(4) 先静态后动态。当确定是主机的问题后，可以打开机箱进行检查。先在不通电的情况(即静态)下直接观察或用万用表等工具进行测试，然后再通电让计算机系统工作进行检查。

(5) 先共性后局部。计算机中的某些部件如果出现故障，会影响其他部分的工作，而且涉及面很广。例如，主板出现故障，则其他板卡都不能正常工作。所以应先诊断是否为主板故障，再排除其他板卡的局部性故障。

15.4　排除计算机故障的基本原则

计算机系统的故障的排除是一项非常复杂的工作，涉及的知识面也非常广泛，既要有一定的理论知识，又要有相当丰富的实践经验。下面介绍一下排除计算机故障的六个基本原则。

1. 认真观察

计算机维修时，最忌讳没有经过认真仔细的观察，就急于动手。维修时，一定要先观察，后动手。否则，轻则降低维修效率，拖延维修时间；重则可能扩大故障范围，使故障更严重。故障维修前要观察的内容主要有以下几个方面，并且最好做一下记录。

(1) 故障计算机周围的环境情况：包括位置、电源、连接、其他设备、温度与湿度等。

(2) 故障计算机所表现的现象、显示的内容，以及他们与正常情况下的异同。

(3) 故障计算机内部的环境情况：包括灰尘、连接、器件的颜色、指示灯的状态等。

(4) 故障计算机的软硬件配置：包括计算机安装了何种硬件、使用的是何种操作系统、资源的使用情况等。

2. 认真分析

当进行计算机故障维修时，一定要先分析判断，再进行维修。对于所观察到的故障现象，要根据自身已有的知识、经验来判断，对于自己不太了解或根本不了解的，一定要向有经验的人咨询，寻求帮助，必要时尽可能先查阅相关的资料，为维修工作做好充分的准备。

3. 先软后硬

计算机故障的解决应先从软件系统着手分析判断，首先确定故障是否为软件故障，如 BIOS 设置不当、病毒破坏、注册表出错等，当判断软件系统正常时，再从计算机硬件方面检查。先软后硬的原则可以避免盲目地拆卸硬件。

4. 抓主要矛盾

当计算机出现故障时，有时可能会看到多个故障现象，如计算机启动时显示器不显示，并且发出蜂鸣声等。对此，应当先判断主要故障，当维修好主要故障后，再维修次要的故障，有时也有可能次要故障现象已经自动消失。

5. 先外后内

当进行计算机故障维修时，先外后内主要指：先外设，再主机；先机箱外部，再机箱内部。根据系统报错信息进行检修时，先检查键盘、鼠标等外部设备，查看电源的连接、各种连线的连接是否正确，在排除了外部的可能原因后，再对主机内部进行检查。

6. 先简单后复杂

当进行计算机故障排除时，先排除简单易修的故障，再排除困难的不好解决的故障。有时在排除了一些简单故障后，复杂的故障也有可能变得容易解决了。对于解决起来太复杂的故障，没有一定的工具或技术，最好不要贸然下手，应直接送专业维修。

15.5 排除计算机故障的方法

前面介绍了计算机的故障有两类：软件故障和硬件故障。下面介绍排除这两类故障的常用方法。

15.5.1 软件故障

排除软件故障需要先找到故障的原因，这需要通过观察程序运行时的现象、系统所给出的提示，然后根据故障现象和错误信息来分析并确定故障出现的原因。

(1) 程序故障。对于应用程序出现的故障，需要检查程序本身是否有错误(这主要靠提示信息来判断)；程序的安装方法是否正确；计算机的配置是否符合该应用程序要求的运行环境；是否是操作不当引起的故障；计算机中是否安装有影响该程序运行的其他软件，所有这些都需要细心地检查和排除。

(2) 系统软件故障。有些软件对所使用的操作系统版本有一定要求，因此应当检查所用操作系统是否符合要求；检查是否符合软件运行的环境等。只有保证了软件所需的环境和设置后，才能保证软件的正确运行。

(3) 计算机病毒。随着计算机技术的发展，计算机病毒的种类和破坏性也在增多和加大，它不但影响软件和操作系统的运行，也会影响显示器、打印机的正常工作，严重的会损坏主板。如果计算机在正常使用中出现一些莫明其妙的现象，或是内存和硬盘容量急剧减少，这时就应考虑到有可能是感染了病毒。应准备一些杀毒软件如金山毒霸、瑞星等。

15.5.2 硬件故障

计算机出现故障后，按"先软后硬"的原则，在排除了是软件问题的可能性后，可能就是硬件出问题了，这时就要对计算机的硬件部分进行检测。常用检测方法如下：

1. 清洁法

因为计算机属于精密设备，所以它对于工作环境的要求很高。但是随着计算机的普及，人们对于计算机所处的环境一般已经不太在意了，有的机房或个人用户家庭中使用环境较差，加之使用较长时间的计算机不进行必要的清洁。所以当判断计算机出现硬件故障时应首先进行清洁，可以使用毛刷轻轻刷去灰尘，清洁完毕后再进行下一步的检查。

另外，由于板卡现在一般采用的是"即插即用"技术，在一些插卡或芯片插脚步处常因为灰尘等原因造成引脚氧化，致使接触不良，导致故障的发生。这时可以将板卡取下来，用橡皮擦去表面氧化层附着的物质，重新插好后开机检查故障是否排除。

2．最小系统法

最小系统指从维修的角度能使计算机开机或运行的最基本的硬件和软件环境。

软件最小系统由电源、主板、CPU、内存、显卡/显示器、键盘和硬盘组成。这个最小系统主要用来判断是否能完成正常的启动与运行。

对于最小系统法，应注意以下几点：

(1) 为复现故障现象，先保留用户原来的软件环境，在分析判断时，根据需要进行隔离，如卸载、屏蔽等。

(2) 在软件最小系统下，可根据需要添加或更改适当的硬件。如在判断启动故障时，由于硬盘不能启动，想检查一下能否从其他驱动器启动。这时，可以在软件最小系统下加入一个 U 盘来启动检查。又如在检查音频方面的故障时，需要在软件最小化系统中加入声卡等。

最小系统法主要是先判断在最基本的软、硬件环境中，系统是否可以正常工作，如不能正常工作，即可判断最基本的软、硬件部件有故障，从而起到故障隔离的作用。

3．直观法

所谓的直观法是指先通过表面的直观现象观察来判断可能是什么部件发生了什么问题。

首先可以先观察板卡的插头、插座是否有歪斜、松动的现象，表面是否有烧焦等；其次可以听一听电源风扇、软、硬盘读写时设备的声音是否正常。这样可以及时发现一些故障并采取措施解决，以免故障越来越大。

如果发生主机、板卡烧焦的现象，会发出难闻的味道，这对于发现故障和确定短路很有利。还可以用手轻轻地按压活动芯片，看是否松动或接触不良。在系统运行时用手触摸 CPU、显示器、硬盘等设备的外壳，如果发现十分烫手，则可能该设备已经被损坏。

4．拔插法

主板自身故障、I/O 总线故障、各种插卡故障均可能导致故障的发生，用拔插维修法来确定故障是出现在主板上或出现在 I/O 设备上。但是使用此方法之前一定要先将计算机关闭，然后轮流将板卡拔出，并且在每拔出一块板卡后就开机测试计算机是否能正常运行，一旦拔出某块板卡后主板运行正常，那么故障原因就是该插件板故障或相应 I/O 总线槽及负载电路故障。若拔出所有插件后系统启动仍不正常，那么问题很可能就出在主板上。

5．替换法

替换法是在计算机出现故障时最直接的解决方法之一。计算机内部配件众多，而且每一个几乎都可装卸，所以通过替换计算机内部配件，往往能迅速地检查出故障所在。

如果在容易拔插的维修环境下，可将同规格同功能没有故障的板卡相互交换，根据故障现象的变化情况判断故障所在。例如内存自检出现故障，可用同规格的没有故障的内存来替换，如果交换后故障现象消失，则说明换下的那块内存是有问题的。

6．比较法

如果手头有两台或更多相同或相似的计算机，可以同时运行这些计算机，并且都执行相同操作，根据不同表现可以初步判断故障产生的部位，也可以用正确的参数和有故障的机器进行比较，检查它们之间的异同，来分析确定故障的位置。

7. 振动敲击法

我们有时在计算机出现故障时会用手指敲击机箱外壳，这时所采用的方法就是振动敲击法，只不过要注意在振动敲击时一定不要太用力，因为故障可能是因接触不良或虚焊造成的。如果振动敲击的力度过大，有可能会松动其他部件而又导致其他的故障出现。

8. 升温／降温法

在计算机的各个部件中，有很多部件只有在适合的温度下才能正常工作。我们可以人为升高计算机运行环境的温度，以制造故障出现的条件来促使故障频繁出现，再根据不同的部件对温度的不同要求来观察，判断出故障所在的位置。

9. 软件测试法

现在有许多测试类软件，可以利用它们对硬件进行测试，通过测试的数据来判断哪个部件出现了问题。有效运用软件测试法的前提基础是熟悉各种诊断程序与诊断工具(如Debug、DM 等)、掌握各种地址参数(如各种 I/O 地址)以及电路组成原理等，尤其要掌握各种接口单元正常状态的诊断参考值。

10. 测量法

测量法也是一种常用的方法，使用这种方法需要用户会使用万用表、示波器等测量工具。测量法又分为在线测量法和静态测量法两种。在线测量法就是在开机的状态下，将计算机停止在某一种状态，利用万用表、示波器等测量工具测量所需的电阻、电压及波形等数据，从而找到故障的原因。如果在关机或组件与主机分离的状态下对故障部分进行测量，则称为静态测量。

15.6　排除计算机故障举例

计算机故障现象很多，由于篇幅原因我们不一一列举，希望大家参考以下介绍的故障的解决方法，利用我们前面介绍的知识，具体故障具体对待，逐渐积累经验，学会解决更多的故障。

1. 启动时黑屏故障的分析和处理

计算机启动时出现黑屏，是一种常见的故障，其特征是开机后屏幕上无任何显示，俗称"点不亮"，且对新、旧电脑都时有发生。

导致黑屏的原因很多，但绝大多数都是硬件故障所引起，比如主板的 BIOS 芯片损坏或接触不良、电源损坏、内存条损坏、CPU 损坏或接触不良、CPU 频额过度等都有可能导致启动黑屏。启动时黑屏故障的一般检查方法为

(1) 检查是否"假"黑屏。假黑屏是指主机或显示器电源插头未插好、电源开关未打开、显示器与主机上的显卡数据连线未连接好、连接插头有松动等。当出现启动黑屏时，首先要认真检查是否存在以上现象。

(2) 检查主机电源是否工作。只需用手移到主机机箱背部的开关电源的出风口，感觉

是否有风吹出，如果无风则表明是电源故障。同样，从主机面板上的电源指示灯、硬盘指示灯和开机瞬间键盘的 3 个指示灯的状态都可初步判断电源是否正常。如果电源不正常或主板不加电，显示器便接收不到数据信号。

(3) 观察在黑屏的同时其他部分是否工作正常。比如，启动时驱动器是否有自检的过程，喇叭是否有正常启动时的鸣响声等。如果其他部分工作正常，可检查显示器是否加电，显示器的亮度调节电位器是否关到了最小等。甚至还可以通过替换法用一台好的显示器接在主机上进行测试。

(4) 打开机箱检查显卡是否已正确安装，且与主板插槽是否接触良好。若因显卡没插好而导致黑屏，计算机在开机自检时会有一长二短的声音提示(对于 Award BIOS)。这时可拔出后重新安装，如果确认安装正确，可以取下显卡用酒精棉球擦一下插脚或者换一个插槽安装，如果还不行，可以换一块好的显卡重新测试。

(5) 检查其他的板卡与主板的插槽接触是否良好。这是一个许多人容易忽视的问题，如声卡等设备的安装不正确，会导致系统初始化难以完成。硬盘的数据线和电源线插错，也可能造成无显示的故障。

(6) 检查内存条与主板的接触是否良好，内存条是否已损坏。这时应把内存条重新拔插一次，或者更换新的内存条。若内存条出现问题，在计算机启动时，会有不断的长声鸣响(对于 Award BIOS)。

(7) 检查 CPU 与主板的接触是否良好。因搬动或其他因素，可能会使 CPU 与主板插口、插座接触不良。消除该故障的办法是用手按一下 CPU 或取下 CPU 重新安装。

2. CPU 故障

CPU 出现故障大多数情况都是人为造成的，主要有以下几个方面。

(1) 散热类故障。主要表现为黑屏、重启、死机等，严重的会烧毁 CPU。该类故障主要是 CPU 散热不良造成的，原因一般为 CPU 风扇停转、CPU 风扇与 CPU 接触不良以及 CPU 超频造成发热量过大。解决该类故障的方法主要有更换 CPU 风扇、在 CPU 风扇和 CPU 之间涂抹硅脂、将 CPU 的频率恢复到正常状态。

(2) 超频类故障。一般是由于对 CPU 进行超频造成 CPU 工作不正常甚至不能启动计算机。解决该类故障的方法是将 CPU 的频率恢复到正常状态。

(3) 接触不良类故障。接触不良类故障是由于 CPU 与 CPU 插槽接触不良造成计算机无法启动的故障。解决该类故障的方法是将 CPU 从 CPU 插槽中取出，并检查 CPU 针脚是否有氧化或断裂现象，除去 CPU 针脚上的氧化物或将断裂的针脚焊接上，再重新插好 CPU。

(4) CPU 是否损坏。打开机箱，取下散热器，拿出 CPU 后仔细检查 CPU 是否有烧毁、压坏的痕迹，压坏 CPU 核心的情况多见于早期的 Pentium III、AMD 毒龙等陶瓷封装的 CPU，其保护措施较差，在安装风扇时，稍不注意，便很容易压坏。

CPU 损坏还有一种现象是针脚折断。Socket 架构的 CPU 针脚数目较多，如果安装 CPU 时位置不正，就会导致 CPU 插入时的阻力过大，导致针脚弯曲甚至折断。因此拆除或安装时应注意对 CPU 的用力平衡，不要使蛮力。

(5) 风扇运行是否正常。CPU 运行是否正常与 CPU 风扇的散热效果关系很大。风扇一旦出现故障，很可能导致 CPU 因温度过高而烧坏。平时使用时，应注意对 CPU 风扇的保养，如在气温较低的情况下，风扇的润滑油容易失效，导致运行噪音大、转速降低甚至停转，此时就应该将风扇拆下清理并加润滑油。

(6) BIOS 设置是否正确。在采用硬跳线的老主板上，稍不注意就可能将 CPU 的有关参数设置错误，而现在的主板基本都是在 BIOS 中设置 CPU 参数，虽然 BIOS 可以自动识别 CPU，但是有可能用户超频或无意中改动了 CPU 参数，需进入 BIOS Setup，检查 CPU 的外频、倍频及电压，必要时恢复默认设置。

3. 主板故障

1) 主板产生故障的原因

主板可能发生故障的原因有很多，以下是常见的主板故障原因：

(1) 人为故障。由于在插拔内存、显卡和网卡等器件时用力不当，造成主板插槽损坏。

(2) 环境不良。如果主板上布满了灰尘，也会造成信号短路等。静电常造成主板上芯片被击穿。主板遇到电源损坏或电网电压瞬间产生的尖峰脉冲时，往往会损坏系统板供电插头附近的芯片。

(3) 器件质量问题。由于芯片或其他器件质量不良导致的损坏。

2) 主板故障检查维修的常用方法

(1) 清洁法。可用毛刷轻轻刷去主板上的灰尘，另外，主板上的一些插卡、芯片采用插脚形式，常会因为引脚氧化而接触不良。可用橡皮擦去表面氧化层，重新插接。

(2) 观察法。反复查看待修的板子，看各插头、插座是否歪斜，电阻、电容引脚是否相碰，表面是否烧焦，芯片表面是否开裂，主板上的铜箔是否烧断。还要查看是否有异物掉进主板的元器件之间。遇到有疑问的地方，可以借助万用表测量一下。触摸一些芯片的表面，如果异常发烫，可换一块芯片试试。

(3) 电阻、电压测量法。为防止出现意外，在加电之前应测量一下主板上电源+5V 与地(GND)之间的电阻值。最简捷的方法是测芯片的电源引脚与地之间的电阻。未插入电源插头时，该电阻一般应为 300 Ω，最低也不应低于 100 Ω。再测一下反向电阻值，略有差异，但不能相差过大。若正反向阻值很小或接近导通，就说明有短路发生，应检查短路的原因。产生这类现象的原因有以下几种：

① 系统板上有被击穿的芯片。一般来说此类故障较难排除。例如 TTL 芯片(LS 系列)的 +5 V 连在一起，可吸去 +5 V 引脚上的焊锡，使其悬浮，需要逐个测量，从而找出故障芯片。如果采用割线的方法，势必会影响主板的寿命。

② 板子上有损坏的电阻、电容。

③ 板子上存有导电杂物。

(4) 拔插交换法。主机系统产生故障的原因很多，例如主板自身故障或 I/O 总线上的各种插卡故障均可导致系统运行不正常。采用拔插维修法是确定故障在主板或 I/O 设备上的简捷方法。该方法先关机将插件板逐块拔出，每拔出一块板就开机观察机器运行状态，一旦拔出某块后主板运行正常，那么故障原因就是该插件板故障或相应 I/O 总线插槽及负载电路故障。若拔出所有插件板后系统启动仍不正常，则故障很可能就在主板上。交换法实质上就是将同型号插件板，总线方式一致、功能相同的插件板或同型号芯片相互交换，根据故障现象的变化情况判断故障所在。此法多用于易拔插的维修环境，例如内存自检出错时，可交换相同的内存芯片或内存条来确定故障原因。

(5) 静态、动态测量分析法。

① 静态测量分析法：让主板暂停在某一特写状态下，由电路逻辑原理或芯片输出与输入之间的逻辑关系，用万用表或逻辑笔测量相关点电平来分析判断故障原因。

② 动态测量分析法：编制专用论断程序或人为设置正常条件，在机器运行过程中用示波器测量观察有关组件的波形，并与正常的波形进行比较，判断故障部位。

(6) 先简单后复杂并结合组成原理的判断法。随着大规模集成电路的广泛应用，主板上的控制逻辑集成度越来越高，其逻辑正确性越来越难以通过测量来判断。可采用先判断逻辑关系简单的芯片及阻容元件，后将判断集中在逻辑关系难以判断的大规模集成电路芯片上。

(7) 软件诊断法。通过随机诊断程序、专用维修诊断卡及根据各种技术参数自编的专用诊断程序来辅助硬件维修可达到事半功倍之效。程序测试法的原理是用软件发送数据、命令，通过读线路状态及某个芯片状态来识别故障部位。此法往往用于检查各种接口电路故障及具有地址参数的各种电路。但此法应用的前提是 CPU 及基总线运行正常，能够运行有关诊断软件，能够运行安装于 I/O 总线插槽上的诊断卡等。编写的诊断程序要严格、全面有针对性，能够让某些关键部位出现有规律的信号，能够对偶发故障进行反复测试以及能够显示记录出错情况。

4. 内存故障

内存如果出现故障，会造成系统运行不稳定、程序异常出错和操作系统无法安装的故障，下面列举内存常见的故障排除实例。

1) 内存报警

内存报警(开机黑屏，蜂鸣器不断"滴滴滴"报警)是计算机故障维修过程较常见的问题。内存报警的原因可能是：

(1) 内存与内存插槽接触不良。

(2) 主板上的内存插槽损坏。

(3) 内存的金手指或芯片损坏。

(4) 主板的内存供电或相关电路有问题。

原因(2)、(3)、(4)是一般用户难以解决的硬件故障，只有返厂维修。而(1)则是很常见的情况，气温骤变、环境潮湿、机箱震动等因素都会引起内存与插槽接触不良，但内存和主板的功能都是正常的。一般的解决办法是：拆开机箱，取出内存，擦拭金手指，再插回就好了。必要时清理机箱内的灰尘，换个内存插槽安装内存。

2) 内存插入不完全导致内存条上的金手指烧毁

故障现象：在一次对机箱进行"大扫除"后机器便再也无法正常启动了，打开机箱电源后机器出现长时间的报警，根本无法正常进入操作系统。初步断定是内存条出现了问题，于是用橡皮认真地擦拭内存条的金手指，并逐个更换内存进行测试，但结果还是无济于事。既然反复测试都没法解决，那么也可能是其他部件也出现了问题。为了进一步确定故障的出处，将另一条内存条插入故障的电脑中，开机后顺利进入了操作系统，所以故障依旧出现在这条内存条上，这次很可能是内存条烧毁了。

故障分析与处理：机箱清理完毕后没有将内存条彻底地插入到内存插槽中，因为在内存没有完全插入插槽的情况下开机，将内存的金手指烧毁了。

3) 内存与主板兼容性不好

如果内存报警经常出现，而且启动 Windows 时经常出现系统文件丢失提示，而硬盘上该文件并未出现异常，计算机运行时还会经常蓝屏，在多次处理内存后仍未果，此时应为内存芯片被超频或与主板存在兼容性问题。

5. 显卡故障

通常引起显卡故障的原因有以下几种。

1) 开机无显示

此类故障一般是因为显卡与主板接触不良或主板插槽有问题造成的，此外还应检查内存是否有问题。显卡损坏或接触不良造成的开机无显示故障，开机后一般会发出一长两短的蜂鸣声(对于 Award BIOS)。

2) 显示花屏(部分或满屏彩色条纹)或死机

此类故障的一般原因和相应的解决方案如下：

(1) 显卡与主板显卡插槽接触不良，重新安装显卡。

(2) 显卡进行了超频，此时应恢复默认的 GPU 频率和显存频率。

(3) 显卡过热，一般见于运行 3D 游戏时，可以通过清理显卡上的散热器，给风扇上油解决。

(4) 显卡 PCB 板与元件接触不良，需找到虚焊点重新焊接。

(5) 显卡驱动程序与系统中其他程序冲突，常见于播放视频时的花屏或死机，应更换其他版本的显卡驱动程序。或者显卡 BIOS 有问题(常见于更新显卡 BIOS 后)，可以尝试刷新 BIOS。

3) 颜色显示不正常

此类故障一般有以下原因：

(1) 显示卡与显示器信号线接触不良。

(2) 显示器自身故障：在某些软件里运行时颜色不正常，一般常见于老式机，在 BIOS 里有一项校验颜色的选项，将其开启即可。

(3) 显卡损坏。

(4) 显示器被磁化，此类现象一般是由于与有磁性能的物体过分接近所致，磁化后还可能会引起显示画面出现偏转的现象。

(5) 死机。此类故障的出现一般多见于主板与显卡的不兼容或主板与显卡接触不良；显卡与其他扩展卡不兼容也会造成死机。

(6) 屏幕出现异常杂点或图案：此类故障一般是由于显卡的显存出现问题或显卡与主板接触不良造成。需清洁显卡金手指部位或更换显卡。

(7) 显卡驱动程序丢失。

(8) 经常性显卡驱动程序丢失。显卡驱动程序载入后，运行一段时间后出现驱动程序自动丢失的情况，此类故障一般是由于显卡质量不佳或显卡与主板不兼容，使显卡温度太高，导致系统运行不稳定或出现死机现象，此时只有更换显卡才能解决。

6. 显示器故障

显示器如果出现故障，则无法得知计算机处理的结果是怎样的。显示器发生故障的原因一般有以下几种：

(1) 磁场干扰。显示器周围如果有磁场，将会使显示器局部出现色块，严重磁化会导致无法消磁，显示器的显示效果将受到很大影响。

(2) 潮湿的环境。如果显示器工作的环境太过潮湿，将会导致显示器屏幕显示图像模糊，严重的话会损坏显示器的内部部件。

(3) 显像管老化。显示器工作时间久了，其内部部件会自然老化，从而使显示器的显示质量下降。

(4) 灰尘。灰尘很容易附着在显示器的屏幕表面，从而影响显示效果。也可能通过显示器的散热孔进入显示器内部，引起内部电路故障。

7. 硬盘故障

硬盘上存储有大量的数据，一旦硬盘出现故障导致不能使用，对用户来说不仅是金钱上的损失，还有很多资料也会丢失。下面将根据硬盘的故障排除实例来讲解如何处理一般的硬盘故障。

1) 处理磁盘的坏道

故障现象：系统运行磁盘扫描程序后，提示发现有坏道。

故障分析和处理：磁盘出现的坏道有两种，一种是逻辑坏道，也就是非法关机或运行一些程序时出现错误，导致系统将某个扇区标识出来，这样的坏道是软件因素造成的且可以通过软件方式进行修复，因此称为逻辑坏道；另一种是物理坏道，是由于硬盘盘面上有杂点或磁头将盘表面划伤造成的坏道，由于这种坏道是硬件因素造成的且不可修复，因此称为物理坏道。

对于硬盘的逻辑坏道来说，在一般情况下可通过工具软件对硬盘进行扫描，甚至可以用低级格式化的方式来修复硬盘的逻辑坏道，清除引导区病毒。

对于硬盘的物理坏道来说，一般是通过分区软件将硬盘的物理坏道分在一个区中，并将这个区域屏蔽，以防止磁头再次读写这个区域，造成坏道扩散。

2) 断电导致硬盘分区表错误

故障现象：在使用 Partition Magic 调整硬盘的分区时突然停电，重启后，硬盘空间少了 5 GB。

故障分析和处理：由于 Partition Magic 调整硬盘分区其实是对硬盘分区表的调整，当停电时会因没有保存分区表数据而导致分区表损坏。可以利用 Partition Magic 看能否修复损坏的分区表，也可以利用 Disk Genius 的强大功能重建硬盘分区表。

3) 硬盘容量急剧减少

故障现象：硬盘空间在使用的过程中容量急剧减小。

故障分析与处理：硬盘容量发生变化可能有以下几种情况。

(1) 硬盘上有坏块、坏道，使硬盘可用空间降低，尤其是一些使用时间较长的硬盘容易出现坏道。

(2) 硬盘中有大容量的文件丢失，但是没有释放占用的磁盘空间，可以使用 Windows

操作系统自带的磁盘扫描程序对硬盘进行检测，并找回丢失的磁盘空间。

(3) 系统感染某些病毒时，该病毒会不断地复制直到将硬盘塞满为止，可以使用杀毒软件杀毒。

4) 硬盘零磁道损坏故障

故障现象：计算机启动时出现故障，无法引导操作系统，系统提示"TRACK 0 BAD"(零磁道坏)。

故障分析和处理：由于硬盘的零磁道包含了许多信息，如果零磁道损坏，硬盘就会无法正常使用。遇到这种情况可将硬盘的零磁道由其他磁道来代替使用。如通过诺顿工具包中 DOS 下的中文 PNU 8.0 工具来修复硬盘的零磁道，然后格式化硬盘即可。

8. 光驱故障

光驱出现故障的原因主要有以下两点：

(1) 光驱中的激光头老化或被灰尘遮挡。

(2) 由于光驱的电源线、数据线松脱造成不能正常工作和读取数据。

9. 网卡故障

故障现象：一个小型局域网，ping 各自的 IP 地址没有问题，但互相不能 ping 通。

故障分析与处理：经检查，每台计算机 IP 地址的设置都没有问题，网线的做法和连接也都是正确的，但其中一台计算机通过网线连接到集线器上的指示灯为红色，说明该计算机没有正常连接到网络。开始以为是网卡没连接好，重新插拔网卡并安装驱动后，故障依旧。打开机箱后发现，紧邻网卡的插槽中还插着一块 Modem。尝试把 Modem 拔下后，网络访问正常。

10. 声卡故障

如果声卡安装过程一切正常，设备都能正常识别，也没有插错槽，但却依然无法发出任何声音，这就要从以下几个方面来检查了。

(1) 与音箱或者耳机是否正确连接。

(2) 音箱或者耳机是否性能完好。

(3) 音频连接线有无损坏。

(4) Windows 音量控制中的各项声音通道是否被屏蔽。

如果以上 4 条都很正常，依然没有声音，那么我们可以试着更换较新版本的驱动程序试试。如果还不行则可把声卡插到其他的机器上进行试验，以确认声卡是否损坏。

11. 电源故障

故障现象：计算机启动时能通过自检，大约十多分钟后，电源突然自动关闭，若重新启动计算机，有时无反应，有时又可以正常启动，但十多分钟后，电源又会自动关闭，有时隔一两分钟系统又自动重新启动，但马上又断电。

故障分析与处理：对于该故障应从以下几方面进行检查。

(1) 检查是否是电源出现故障，将电源连接到其他计算机中看运行是否正常。一般的电源只能在 220 V ± 10% 的环境下工作，当超过这个额定范围时，电源的过流保护和过压保护电路工作，便会自动关闭电源。因此有必要检查交流市电是否为 220 V。

(2) 如果确认电源和市电都没有问题，就应该怀疑系统硬件问题。如果计算机中有部件局部漏电或短路，将导致电源输出电流过大，电源的过流保护将起作用，自动关闭电源。此时可用最小系统法逐步检查，找出硬件故障。

(3) 电源与主板不兼容也可能导致此故障，此时需要更换电源。

12. 键盘故障

1) "按键失灵" 故障维修

具体的操作步骤如下：

(1) 拆开键盘。

(2) 翻开线路板。最好用浓度在 97% 以上的酒精棉花(75% 以上的医用酒精棉花也可以，但最好是用高浓度的酒精棉花)轻轻地在线路板上擦洗二遍。对于按键失灵部分的线路要多处理几遍。

(3) 查看按键失灵部分的导电塑胶。如果上面积攒了大量的污垢的话，同样使用酒精擦洗。假设导电塑胶有损坏的话，那么建议把不常用按键上的导电塑胶换到已损坏的部分，虽然这种"拆东墙补西墙"的举措无法让键盘发挥出所有功能，但最起码可以延长常用按键的寿命。

(4) 清除键盘内角落中的污垢。

(5) 查看焊接模块有无虚焊或脱焊。

(6) 装好键盘。

2) "开机时搜索不到键盘" 故障维修

导致"开机时搜索不到键盘"的因素有很多，例如连接不牢固、键盘接口损坏、线路有问题、主板损坏等，但主要的问题几乎都是在连接上(概率在 60% 左右)。对于这类故障我们通常采用的方法是先关机，然后拔掉键盘接头，再用力插进主板上的键盘接口即可。

13. 鼠标故障

1) 电缆芯断路

电缆芯线断路的主要表现为光标不动或时好时坏，用手推动连线，光标抖动。一般断线故障多发生在插头或电缆线引出端等频繁弯折处，此时护套完好无损，从外表上一般看不出来，而且由于断开处时接时断，用万用表也不好测量。

处理方法：拆开鼠标，将电缆排线插头从电路板上拔下，并按芯线的颜色与插针的对应关系做好标记后，把芯线按断线的位置剪去 5～6 cm 左右，如果手头有孔形插针和压线器，就可以照原样压线，否则只能采用焊接的方法，将芯线焊在孔形插针的尾部。

2) 按键故障

(1) 按键磨损。这是由于微动开关上的条形按钮与塑料上盖的条形按钮接触部位长时间频繁摩擦所致，若测量微动开关能正常通断，说明微动开关本身没有问题。可通过在上盖与条形按钮接触处刷一层快干胶解决，也可贴一张不干胶纸做应急处理。

(2) 按键失灵。按键失灵多为微动开关中的簧片断裂或内部接触不良，这种情况须另换一只按键；对于规格比较特殊的按键开关，如果一时无法找到代用品，则通过可以考虑将不常使用的中键与左键交换，具体操作是：用电烙铁焊下鼠标左、中键，做好记号，把拆下的中键焊回左键位置，按键开关须贴紧电路板焊接，否则该按键会高于其他按键而导致手感不适，严重时会导致其他按键失灵。

3) 灵敏度变差

灵敏度变差是光电鼠标的常见故障，具体表现为移动鼠标时，光标反应迟钝，不听指挥。故障原因及解决方法分类讨论如下：

(1) 发光管或光敏元件老化。此时只能更换型号相同的发光管或光敏管。

(2) 光电接收系统偏移，焦距没有对准。此时，要耐心调节发光管的位置，使之恢复原位，直到在水平与垂直方向移动时，指针最灵敏为止，再用少量的 502 胶水固定发光管的位置，合上盖板即可。

(3) 外界光线影响。

(4) 透镜通路有污染，使光线不能顺利到达。处理方法是用棉球沾无水乙醇擦洗，擦洗的部件包括发光管、透镜及反光镜、光敏管表面，要注意无水乙醇一定要纯，否则会越清洗越脏，也可以在用无水乙醇清洗后，对准透镜及反光镜片呵一口气，然后再用干净的棉棒轻轻擦拭，直到光洁如初为止。

(5) 光电板磨损或位置不正。

4) 鼠标定位不准

故障表现为鼠标位置不定或经常无故发生飘移，故障原因主要有以下几种：

(1) 外界的杂散光影响。

(2) 电路中有虚焊。此时，需要仔细检查电路的焊点，特别是某些易受力的部位。发现虚焊点后，用电烙铁补焊即可。

(3) 晶振或 IC 质量不好，受温度影响使其工作频率不稳或产生飘移，此时只能用同型号、同频率的集成电路或晶振替换。

14. 打印故障

故障现象：计算机在接入局域网后不能打印文档。

故障分析与处理：首先怀疑计算机感染了病毒，使用杀毒软件查毒，可能发现计算机感染了 2708 病毒，该病毒是由软盘的引导区转移到硬盘的 27H 道第 8 扇区中引起的。当该病毒发作时，主机和打印机的通信不能正常进行，用杀毒软件杀毒后，可以排除故障。

15. 软件故障

常见软件故障如下：

• 不明原因启动故障。

不明原因启动故障的解决方法有：

① 使用最后一次正确的配置。 如果启动错误发生在初始化内核阶段之前，那么开机时按"F8"键，尝试用"最后一次正确的配置"来启动操作系统不失为一个好办法。该功能可以取消任何在注册表 CurrentControlSet 键上做出的导致问题的修改，用系统最后一次正常启动的 CurrentControlSet 键值来取代当前的键值。

② 使用系统还原。能够帮助解决 Windows 启动问题的另一个工具是系统还原。系统还原作为一项服务在后台运行，并且持续监视重要系统组件的变化。当它发现一项改变即将发生，系统还原会立即在变化发生之前，为这些重要组件作一个名为恢复点的备份，而且系统恢复默认的设置是每 24 个小时创建恢复点。系统自动创建还原点的前提是，系统还

原服务开启，可通过打开"系统属性"→"系统还原"选项卡查看各硬盘分区，特别是查看系统分区是否在"监视"状态下。

- Windows 中不能安装软件。

故障现象：一台安装了 Windows 的计算机在运行了一段时间后，无法再安装其他软件，每次安装的时候都会提示出错。

故障分析与处理：出现这种故障是由于系统盘的临时文件太多，占据了大量的磁盘空间，使得安装软件所需要的硬盘空间不足。这时需要运行磁盘清理程序，将系统盘的临时文件夹清空。

- Windows 运行时出现蓝屏。

故障现象：在 Windows 启动时或在 Windows 中运行一些软件时经常出现蓝屏。

故障分析与处理：出现此类故障一般是由于用户操作不当导致 Windows 系统损坏造成的，此类现象的具体表现为以安全模式引导时不能正常进入系统，出现蓝屏故障。可能是由内存原因引发该故障的。

内存原因：由于内存原因引发该故障的现象较为常见，一般是由于芯片质量不好造成的，但有时通过修改 CMOS 设置中的延迟时间 CAS 可解决该问题，倘若不行则只有更换内存条。

- 无法浏览网页。

故障现象：局域网中所有的计算机都可以互相访问，都可以浏览网页，但是有一台计算机使用 IE 浏览器浏览网页时总提示找不到网址。

故障分析与处理：这有可能是因为不能上网的计算机设置了代理服务器，而代理服务器现在不能被访问，因此也就不能通过代理服务器上网了。解决的方法是：打开 IE 浏览器后，选择"工具"→"Internet 选项"命令，在打开的"Internet 选项"对话框中单击"连接"选项卡，在打开的"局域网(LAN)设置"对话框中的"代理服务器"栏中取消选中。

- Windows 7 中无法识别光盘。

故障现象：在 Windows 7 中，很多光盘都无法识别和打开。这个问题是由 Windows 中的一个功能导致的，启用该功能将可能导致无法浏览打开光盘目录，只能加载自动运行程序或自动播放媒体文件，禁用此功能即可解决问题。此问题对于自己刻录的光盘尤其严重。或表现为光驱不读盘，双击盘符提示："请将一张光盘插入驱动器"。

故障分析与处理：

(1) 选择"Win + R"组合键打开"运行"窗口，输入 Services.msc，选择确定，或依次点击"控制面板"—"系统和安全"—"管理工具"—"服务"，打开本地服务管理器。

(2) 找到如下服务：Shell Hardware Detection(为自动播放硬件事件提供通知)。

(3) 双击此服务，将"启动类型"设置为"禁用"，并单击下方"停止"按钮。

(4) 重启生效。

- Windows 7 开机时死机的解决办法。

故障现象：应用某些主板的计算机安装 Windows 7，在复制安装文件后进入"正在启动 Windows"(Starting Windows)界面时死机。现象为四个小光球一直不出现或是出现到一半时卡死。

故障分析与处理：出现此问题时请先在 BIOS 中尝试禁用 ACPI，如上述方法无效则在继续安装前使用 PE 或 Win7 系统安装盘(修复模式)引导进入系统，使用下面的文件替换 Windows 7 分区中的 Winload.exe 文件，例如，Win7 被安装在 D 盘时，Winload.exe 文件路径即为 D:\Windows\System32\Winload.exe，此文件从 Windows 7 Beta 7000 安装盘中提取，实验证实此版本的 Winload.exe 比新版本产生不兼容故障的概率要低。替换文件后，请重新启动计算机。

• Windows 7 中如何删除病毒文件夹？

故障现象：Windows 7 系统中了木马病毒，它在每个盘里都生成了一个"System Volume Information"文件夹，文件夹里面是空的，什么都没有，用 360 急救箱和金山急救箱清除了木马，但是这个文件夹却怎么都删不了，用各种杀毒和查杀木马工具也没有效。

故障分析与处理："System Volume Information"文件夹是一个隐藏的系统文件夹，"系统还原"工具使用该文件夹来存储它的信息和还原点。每个分区上都有这个文件夹，存储着系统还原的备份信息。它不是病毒文件夹，但不少病毒喜欢栖身在此。关闭系统还原后，要彻底删除该文件夹方法如下：在"开始"→"运行"中输入"gpedit.msc"，启动组策略编辑器，依次展开"计算机配置"→"管理模板"→"系统"→"系统还原"，在右侧找到"关闭系统还原"，双击后设为"启用"。再展开"计算机配置"→"管理模板"→"Windows 组件"→"Windows Installer"，在右边会有一个"关闭创建系统还原检查点"，双击设置为"启用"，再运用"cacls"命令(cacls "C:\System Volume Information" /g everyone:f)赋予当前用户完全控制权限后，即可删除"System Volume Information"文件夹了。

• Windows 8 触控界面怎么关闭窗口？

把鼠标放在屏幕左上角，不要按，往下拉，可以看到已经打开的窗口。选择要关闭的窗口，按着鼠标左键，拉出来，不能放手，直接向屏幕下方一拉，直到看不见窗口了，就表示窗口关闭了。

• Windows 8 我的电脑在哪里？

桌面上没有我的电脑或者计算机图标的话，我们操作起来还是有一些不方便的，其实找回它还是十分简单的，桌面右键单击，选择"个性化"→"修改桌面图标"，在"计算机"上打钩，选择确定。

• Windows 8 怎么进安全模式？

要想在开机时快速调出 Windows 8 的安全模式等菜单，快捷键不是传统的 F8，而是换成了"Shift + F8"。Windows 8 提供了更多启动选项，包括普通安全模式、网络安全模式、命令提示符安全模式、启用启动日志、启用低分辨率、调试模式、系统失败时禁止自动重启、禁止强制驱动签名、禁用先期启动安全软件驱动。

• Windows 8 Metro 应用安装在哪里？

Windows 8 Metro 界面的 APP 程序安装在 C:\Program Files\WindowsApps 下。这个文件默认是隐藏的，要显示隐藏文件之后才能查看。

• Windows 8 如何查看已安装的 Metro 应用程序？

Metro 应用程序默认全部显示在开始菜单里。另外在开始菜单的空白处右击，右下角有个所有应用，单击它即可查看已安装的所有程序。

• 突然发现 Windows 8 Metro 界面的图标变少了？

可能将 Metro 界面的图标给取消了，不过可以通过以下方法找出来。在 Metro 界面按下快捷键"WIN＋Q"然后在 APPS 中找到它，右键单击一下，右上角会出现对号，再单击下右下角的 Pin(针头)就好了。

• Windows 8 关机键在哪？

相信这个问题很多朋友在第一次使用 Windows 8 的时候都遇到过的，其实只要把鼠标放到右下角，再往上移，就会在右侧出现黑色的一条，然后选择设置，里面有电源选项，点一下，里面有关机选项。

• Windows 8 命令提示符在哪？

在 Metro 界面单击右键，在下方有个"所有应用"，再点击"所有应用"，就可以找到命令提示符。之前 Windows 操作系统开始菜单里的功能，基本都在这里可以找到。

实验十五　计算机故障的排除

本实验要求观察计算机故障现象，了解常用计算机故障检测方法，学会一种基本检测技能。具体步骤如下：

(1) 拆除内存条或者内存条安装不到位来模拟内存故障，启动电脑，观察及记录故障现象。

(2) 分析故障原因，以硬件最小系统法或者观察法找出故障，并加以修复。

(3) 计算机正常运行后，关闭计算机。松动(或者拆除)硬盘电源接线(或数据线)。

(4) 启动计算机，观察及记录故障现象。

(5) 分析故障原因，利用 BIOS 信息初步判断故障位置。

(6) 进入 BIOS 设置，利用硬盘自动检测功能检测硬盘信息。

(7) 打开机箱，修复故障，重新启动计算机。

习　　题

1. 填空题

(1) 计算机故障可以分为＿＿＿＿＿＿＿和＿＿＿＿＿＿＿两大类。

(2) 计算机硬件故障是指由＿＿＿＿＿＿＿引起的故障。

(3) 判断计算机系统的故障，一般的原则是"＿＿＿＿＿＿＿"。

2. 选择题

(1) 下面现象中，＿＿＿＿＿是软件故障。

　　A. 系统没有供电　　　　　　B. 显示器故障

　　C. 键盘故障　　　　　　　　D. 计算机病毒

(2) 下面现象中，＿＿＿＿＿是硬件故障。

　　A. 系统故障　　　　　　　　B. 应用软件故障

　　C. 键盘故障　　　　　　　　D. 计算机病毒

(3) ＿＿＿＿＿＿是在计算机出故障时最直接的解决方法之一。

　　　　A. 直观法　　　　　　　B. 拔插法
　　　　C. 替换法　　　　　　　D. 最小系统法

3. 判断题

(1) 硬件故障一般是可以恢复的。　　　　　　　　　　　　　　　　（　　　）
(2) 硬件最小系统由电源、主板、CPU、内存、显卡、显示器、键盘和硬盘组成。
　　　　　　　　　　　　　　　　　　　　　　　　　　　　　　（　　　）

4. 问答题

(1) 诊断计算机故障有哪些步骤？
(2) 排除计算机故障的基本原则是什么？
(3) 排除计算机故障的基本方法有哪些？

5. 操作题

(1) 掌握软、硬件故障检测与维修的基本步骤和方法。
(2) 排除现实中遇到的计算机故障。

第四篇

笔记本电脑和平板电脑

随着笔记本电脑和平板电脑价格的下降，笔记本电脑和平板电脑越来越普及，本篇主要介绍了笔记本电脑和平板电脑的一些知识。

第 16 章 笔记本电脑和平板电脑

笔记本电脑已经走进寻常百姓家里，而且随着笔记本电脑性能的提高，越来越多的用户选择使用方便易于携带的笔记本电脑。本章主要介绍笔记本电脑和平板电脑的组成、分类、选购和使用等。

16.1 笔记本电脑简介

笔记本电脑(Note Book Computer，简称为：Note Book、NB)，中文又称笔记型、手提或膝上电脑(Laptop Computer，可简为 Laptop)，是一种小型、可携带的个人电脑，通常重 1～3 kg。其发展趋势是体积越来越小，重量越来越轻，而功能却越发强大。笔记本电脑如图 16-1 所示。

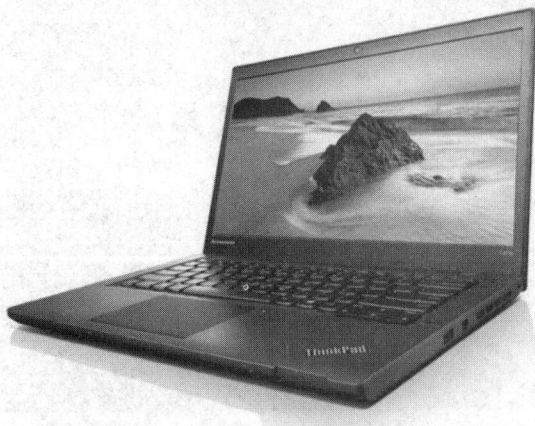

图 16-1 笔记本电脑

一般来说，便携性是笔记本相对于台式电脑最大的优势，一般的笔记本电脑的重量只有 2 公斤左右，无论是外出工作还是旅游，都可以随身携带，非常方便。

16.2 笔记本电脑的组成

笔记本电脑与台式计算机基本组成是相同的，它的主要组成也包括外壳、显示屏、主板、CPU、内存、硬盘、光驱和软驱、音频系统、输入设备、接口、网络接入设备、电池和电源适配等。

1. 笔记本电脑的外壳

笔记本电脑的外壳的最重要的功能是保护笔记本电脑，笔记本电脑的外壳既是保护机体的最直接的方式，也是影响其散热效果、重量、美观度的重要因素。笔记本电脑常见的外壳用料有：合金外壳有铝镁合金与钛合金，塑料外壳有碳纤维、PC-GF-##(聚碳酸酯 PC)和 ABS 工程塑料。

1) 铝镁合金

铝镁合金的主要元素一般是铝，再掺入少量的镁或是其他的金属材料来加强其硬度。因本身就是金属，其导热性能和强度尤为突出。铝镁合金质坚量轻、密度低、散热性较好、抗压性较强，能充分满足 3C 产品高度集成化、轻薄化、微型化、抗摔撞及电磁屏蔽和散热的要求。其硬度是传统塑料机壳的数倍，但重量仅为后者的三分之一，通常被用于中高档超薄型或尺寸较小的笔记本的外壳。而且，银白色的镁铝合金外壳可使产品显得更豪华、美观，并且易于上色，可以通过表面处理工艺变成个性化的粉蓝色和粉红色，为笔记本电脑增色不少，这是工程塑料以及碳纤维所无法比拟的。

2) 钛合金

钛合金材质可以说是铝镁合金的加强版，钛合金与镁合金除了掺入金属本身的不同外，最大的分别之处就是还渗入了碳纤维材料，无论散热，强度还是表面质感都优于铝镁合金材质，而且加工性能更好，外形比铝镁合金更加的复杂多变。其关键性的突破是强韧性更强、而且变得更薄。就强韧性看，钛合金是镁合金的三至四倍，强韧性越高，能承受的压力越大，也越能够支持大尺寸的显示器。

3) 碳纤维

碳纤维材质是很有趣的一种材质，它既拥有铝镁合金高雅坚固的特性，又有 ABS 工程塑料的高可塑性。它的外观类似塑料，但是强度和导热能力优于普通的 ABS 塑料，而且碳纤维是一种导电材质，可以起到类似金属的屏蔽作用(ABS 外壳需要另外镀一层金属膜来实现屏蔽)。

4) 聚碳酸酯 PC

聚碳酸酯 PC 是笔记本电脑外壳采用的材料的一种，它的原料是石油，经聚酯切片工厂加工后就成了聚酯切片颗粒物，再经塑料厂加工就成了成品。从实用的角度，其散热性能比 ABS 塑料较好，热量分散比较均匀，它的最大缺点是比较脆，一跌就破，我们常见的光盘就是用这种材料制成的。运用这种材料比较多的就是 FUJITSU 了，在很多型号中都是用这种材料，而且是全外壳都采用这种材料。不管从表面还是从触摸的感觉上，这种材料感觉都像是金属。如果笔记本电脑内没有标识的话，单从外表面不仔细地观察，可能会以为是合金物。

5) ABS 工程塑料

ABS 工程塑料即 PC＋ABS(工程塑料合金)，在化工业的中文名字叫塑料合金，之所以命名为 PC＋ABS，是因为这种材料既具有 PC 树脂的优良耐热耐候性、尺寸稳定性和耐冲击性能，又具有 ABS 树脂优良的加工流动性。所以应用在薄壁及复杂形状制品中时，能保持其优异的性能，以及保持塑料与一种酯组成的材料的成型性。ABS 工程塑料最大的缺点就是质量重、导热性能欠佳。

2. 笔记本电脑的显示屏

显示屏是笔记本的关键硬件之一，约占成本的四分之一左右。笔记本电脑显示屏主要分为 LCD 和 LED 两种类型。LCD 是液晶显示屏的全称，主要分为 TFT、UFB、TFD 和 STN 等，最常用的是 TFT。

笔记本液晶屏常用的是 TFT，TFT 屏幕是薄膜晶体管，是有源矩阵类型液晶显示器，在其背部设置特殊光管，可以主动对屏幕上的各个独立的像素进行控制，这也是所谓的主动矩阵 TFT 的来历，这样可以大大缩短响应时间，约为 80 毫秒，有效改善了 STN(STN 响应时间为 200 毫秒)闪烁模糊的现象，有效的提高了播放动态画面的能力。和 STN 相比，TFT 有出色的色彩饱和度、还原能力和更高的对比度，太阳下依然看的非常清楚，但是缺点是比较耗电，而且成本也较高。

LED 是发光二极管 Light Emitting Diode 的英文缩写。LED 是由发光二极管组成的显示屏，它在亮度、功耗、可视角度和刷新频率等方面都具有优势。

显示屏的大小也就是显示屏的尺寸是指屏幕对角线的长度，笔记本电脑显示屏的尺寸有：

(1) 11 寸：11.1、11.6 英寸。

(2) 12 寸：12.1 英寸。

(3) 13 寸：13、13.1、13.3 英寸。

(4) 14 寸：14、14.1 英寸。

(5) 15 寸：15.5、15.6 英寸。

(6) 17 寸以上：17、17.3、18.4 英寸。

3. 笔记本电脑的主板

一般来说，由于笔记本电脑的体积小，因此，笔记本电脑主板具有很高的集成性，同时其设计也非常精密，如图 16-2 所示。

图 16-2　笔记本电脑主板

由于受笔记本体积和散热性能影响，笔记本电脑主板上的电子元件虽然与台式机主板的电子元件种类差别不是很大，但这些元件的体积要小而性能要高许多倍，集成性也要强得多，制造工艺比较复杂。

1) 笔记本电脑主板的组成

笔记本电脑的主板与台式机不同，笔记本电脑采用 All-in-One 设计，只有一块主板，集中安装了 CPU、显示控制器、软硬盘控制器、输入输出控制器等一系列部件。它与笔记本专用 CPU 一起，通过高性能散热技术，保证笔记本电脑的正常运转。

2) 笔记本电脑主板的芯片组

芯片组按照在主板上的排列位置的不同，通常分为北桥芯片和南桥芯片。北桥芯片提供对 CPU 的类型和主频、内存的类型、ISA/PCI/AGP 插槽、ECC 纠错等的支持。南桥芯片则提供对 KBC(键盘控制器)、RTC(实时时钟控制器)、USB(通用串行总线)、Ultra DMA/33(66)EIDE 数据传输方式和 ACPI(高级能源管理)等的支持。其中由于北桥芯片起着主导性的作用，所以也称之为主桥(Host Bridge)。

3) 笔记本电脑主板的选购

当然，在选购笔记本电脑时，我们除了看主板芯片组外，还要注意其主板的外围接口，例如 USB 接口有多少个？主板的内存插槽有多少条？

4. 笔记本电脑的 CPU

笔记本电脑专用的 CPU 英文称 Mobile CPU(移动 CPU)，它除了追求性能，也追求低热量和低耗电，最早的笔记本电脑直接使用台式机的 CPU，但是随 CPU 主频的提高，笔记本电脑狭窄的空间不能迅速散发 CPU 产生的热量，并且笔记本电脑的电池也无法负担台式 CPU 庞大的耗电量，所以开始出现专门为笔记本设计的 Mobile CPU。图 16-3 和图 16-4 分别是 Intel 和 AMD 的 CPU。

图 16-3　Intel 酷睿 i7 660LM 处理器　　　图 16-4　AMD Fusion APU A8-3530MX 处理器

CPU 可以说是笔记本电脑最核心的部件，一方面它是许多用户最为关注的部件，另一方面它也是笔记本电脑成本最高的部件之一(通常占整机成本的 20%)。笔记本电脑的 CPU 基本上是由 4 家厂商供应的：Intel、AMD、VIA 和 Transmeta，其中 Transmeta 已经逐步退出笔记本电脑处理器的市场，在市面上已经很少能够看到。在剩下的 3 家中，Intel 和 AMD 又占据着绝对领先的市场份额。

Intel 的产品占据了个人计算机市场的大部分份额，Intel 生产的 CPU 制订了 x86CPU 技术的基本规范和标准。目前典型的笔记本电脑 CPU 有酷睿 i7、酷睿 i5 和酷睿 i3 等。

AMD 的产品有比较高的性价比。目前典型的笔记本电脑 CPU 有 A8、A6、A4 等。

5. 笔记本电脑的内存

笔记本电脑的内存(如图 16-5 所示)可以在一定程度上弥补因处理器速度较慢而导致的性能下降。一些笔记本电脑将缓存内存放置在 CPU 上或非常靠近 CPU 的地方，以便 CPU 能够更快地存取数据。有些笔记本电脑还有更大的总线，以便在处理器、主板和内存之间更快传输数据。

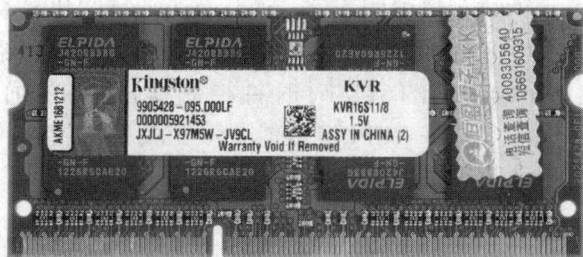

图 16-5　笔记本电脑内存

由于笔记本电脑整合性高，设计精密，对于内存的要求比较高，笔记本内存必须符合小巧的特点。需采用优质的元件和先进的工艺，使其拥有体积小、容量大、速度快、耗电低、散热好等特性。出于追求体积小巧的考虑，大部分笔记本电脑最多只有两个内存插槽。

笔记本电脑内存主要有 DDR2(667/800/1066)和 DDR3(1066/1333/1600)等类型。内存容量有 1G、2G、4G、8G 等。

在选购笔记本内存时，原则上与选购台式机内存一样，最主要的指标是容量，那么我们需要多大容量的内存好呢？一般来说，这主要取决于两个方面的因素，一个是处理器的主频，另一个是用户对笔记本电脑性能的需求。

还有一点对于笔记本电脑的内存至关重要，那就是众多内存虽然统一使用相同的内存芯片，但在焊接、检测、PCB 板设计、制造等方面水平参差不齐，导致实际产品在性能上存在着极大的差距。所以选择内存时，品牌很重要。目前市面上比较著名的品牌主要有 Kingston、Kingmax、Kinghorse、现代等。

6. 笔记本电脑的硬盘

笔记本硬盘(如图 16-6 所示)是专为像笔记本电脑这样的移动设备而设计的，具有小体积，低功耗，防震等特点。一般笔记本硬盘都是 2.5 寸的，更小巧的做到了 1.8 寸。

但是笔记本电脑硬盘有个台式机硬盘没有的参数，就是厚度，标准的笔记本电脑硬盘

图 16-6　笔记本电脑硬盘

有 7 mm、9.5 mm、12.5 mm、17.5 mm 四种厚度。9.5 mm 的硬盘是为超轻超薄机型设计的，12.5 mm 的硬盘主要用于厚度较大的光软互换和全内置机型，至于 17.5 mm 的硬盘是以前

单碟容量较小时的产物，现在已经基本没有机型采用了。

　　笔记本电脑硬盘的转速有 5400 r/mim、7200 r/min 和 10 000 r/min。容量有 500 G、750 G、1 T 和 2 T。

　　笔记本电脑硬盘一般采用 3 种形式和主板相连：用硬盘针脚直接和主板上的插座连接、用特殊的硬盘线和主板相连或者采用转接口和主板上的插座连接。不管采用哪种方式，效果都是一样的，只是取决于厂家的设计。

　　由于应用程序越来越庞大，硬盘容量也有愈来愈高的趋势，对于笔记本电脑的硬盘来说，不但要求其容量大，还要求其体积小。为解决这个矛盾，笔记本电脑的硬盘普遍采用了磁阻磁头(MR)技术或扩展磁阻磁头(MRX)技术。MR 磁头以极高的密度记录数据，从而增加了磁盘容量、提高数据吞吐率，同时还能减少磁头数目和磁盘空间，提高磁盘的可靠性和抗干扰、震动性能。它还采用了诸如增强型自适应电池寿命扩展器、PRML 数字通道、新型平滑磁头加载/卸载等高新技术。

　　7. 笔记本电脑的显卡

　　笔记本电脑的显卡主要分为两大类：集成显卡和独立显卡。在性能上，独立显卡一般来说要好于集成显卡。图 16-7 所示为微星 N760 GAMING 2G 显卡。

图 16-7　微星 N760 GAMING 2G 显卡

　　集成显卡是将显示芯片、显存及其相关电路都做在主板上，与主板融为一体；集成显卡的显示芯片有单独的，但大部分都集成在主板的北桥芯片中。一些主板集成的显卡也在主板上单独安装了显存，但其容量较小，集成显卡的显示效果与处理性能相对较弱，不能对显卡进行硬件升级，但可以通过 CMOS 调节频率或刷入新 BIOS 文件实现软件升级来挖掘显示芯片的潜能。集成显卡的优点是功耗低、发热量小、部分集成显卡的性能已经可以媲美入门级的独立显卡，所以不用花费额外的资金购买显卡。

　　独立显卡是指将显示芯片、显存及其相关电路单独做在一块电路板上，自成一体而作为一块独立的板卡存在，它需占用主板的扩展插槽(ISA、PCI、AGP 或 PCI-E)。独立显卡单独安装有显存，一般不占用系统内存，在技术上也较集成显卡先进得多，比集成显卡能够得到更好的显示效果和性能，容易进行显卡的硬件升级。其缺点是系统功耗有所加大，发热量也较大，需额外花费购买显卡的资金。

　　8. 笔记本电脑的光驱

　　随着用户对多媒体需求的增加，这就要求笔记本电脑除了可以满足工作的需要外还应该具备很丰富的多媒体功能，而 DVD 光驱自然是当今媒体流的老大哥了。图 16-8 为笔记本电脑的光驱。

图 16-8　笔记本电脑的光驱

为了减小体积，笔记本电脑使用的光驱的激光头与托盘是结合在一起的，托盘弹出时，激光头也会跟随一起弹出。

9. 笔记本电脑的音频设备

笔记本电脑的音频系统由笔记本电脑声卡和笔记本电脑音箱(如图 16-9 所示)组成。

图 16-9　笔记本电脑音箱

大部分的笔记本电脑还带有声卡或者在主板上集成了声音处理芯片，并且配备小型内置音箱。但是，笔记本电脑的狭小内部空间通常不足以容纳顶级音质的声卡或高品质音箱。游戏发烧友和音响爱好者可以利用外部音频控制器(使用 USB 或火线端口连接到笔记本电脑)来弥补笔记本电脑在声音品质上的不足。

10. 笔记本电脑的输入设备

由于受到体积上的限制，笔记本电脑的主要输入设备鼠标和键盘都与台式机有一些区别。

1) 笔记本电脑的鼠标

目前笔记本电脑内置的常见鼠标设备(确切地说应是指点设备)有四种，它们分别是轨迹球、触摸屏、触摸板和指点杆，其外观都与标准鼠标大相径庭，但功能是一致的。

(1) 轨迹球。轨迹球的特点是体积较大，比较重，容易磨损和进灰尘，且定位精度的能力一般，现在轨迹球已经被淘汰了。

(2) 触摸屏。触摸屏使用起来最方便，但定位精度较差，制造成本也最高，目前多用于超便携笔记本电脑之中，在全内置和超轻超薄笔记本电脑上比较少见。触摸屏是根据手指触摸的图标或菜单位置来定位选择信息输入。触摸屏由触摸检测部件和触摸屏控制器组成；触摸检测部件安装在显示器屏幕前面，用于检测用户触摸位置，接受后发送给触摸屏控制器，然后把接受的信息发送给主机。

(3) 触摸板。触摸板(如图 16-10 所示)是目前使用得最为广泛的笔记本电脑鼠标，Compaq、DELL 等品牌的笔记本电脑均配有触摸板。触摸板由一块能够感应手指运行轨迹的压感板和两个按钮组成，两个按钮相当于标准鼠标的左右键。触摸板的优点是没有机械磨损，控制精度也不错，最重要的是它操作起来很方便，初学者很容易上手，一些笔记本电脑甚至把触摸板的功能扩展为手写板，可用于输入手写汉字。不过，缺点是使用者的手指潮湿或者脏污的话，控制起来就不那么顺手了。

图 16-10　触摸板

现在很多笔记本电脑都采用了第三代的触摸板，它除了具有鼠标的作用外，还可直接用于手写汉字输入，当手写板用，如富士通 P5020 就采用的是这种第三代触摸板。触摸板的优点是反应灵敏，移动快。缺点是反应过于灵敏，造成定位精度较低；当使用电脑时间较长，手指出汗时，鼠标就不太灵光，经常出现打滑；对环境适应性较差，不适合在潮湿，多灰的环境工作。

(4) 指点杆。指点杆(Track Point)是由 IBM 发明的，如图 16-11 所示，目前常见于 IBM 和 Toshiba 的笔记本电脑中，它有一个小按钮位于键盘的 G、B、H 三键之间，在空白键下方还有两个大按钮，其中小按钮能够感应手指推力的大小和方向，并由此来控制鼠标的移动轨迹，而大按钮相当于标准鼠标的左右键。指点杆的特点是移动速度快，定位精确，但控制起来却有点困难，初学者不容易上手，但不少用户在掌握了指点杆的使用诀窍后，往往对它爱不释手。缺点是用久了按钮外套易磨损脱落，需要更换。

图 16-11　指点杆

2) 笔记本电脑的键盘

笔记本键盘与台式机键盘一样，主要起向电脑输入字符和操控电脑的作用。我们在选购笔记本电脑时，在键盘方面，主要看其做工精不精细，用料是不是上乘。另外一个就是弹性了，弹性的高低在一定程度上决定了用户使用的舒适度，键盘弹性越高，用户使用起来越顺手。弹性好的键盘只需轻轻按下键帽，字符就随之输进了电脑里，而弹性不好的键盘则可能要求用户重复敲打才能完成输入工作，或按下去好一阵子后才能将字符输入到电脑里。另外，太紧和太松的键盘都会影响用户使用的心情和效率。

11. 笔记本电脑的接口

笔记本电脑接口如图 16-12 所示，常见的笔记本电脑的接口主要有 RJ-45 接口、USB 接口、VGA 接口、读卡器接口、耳机和音频接口、HDMI 接口等。

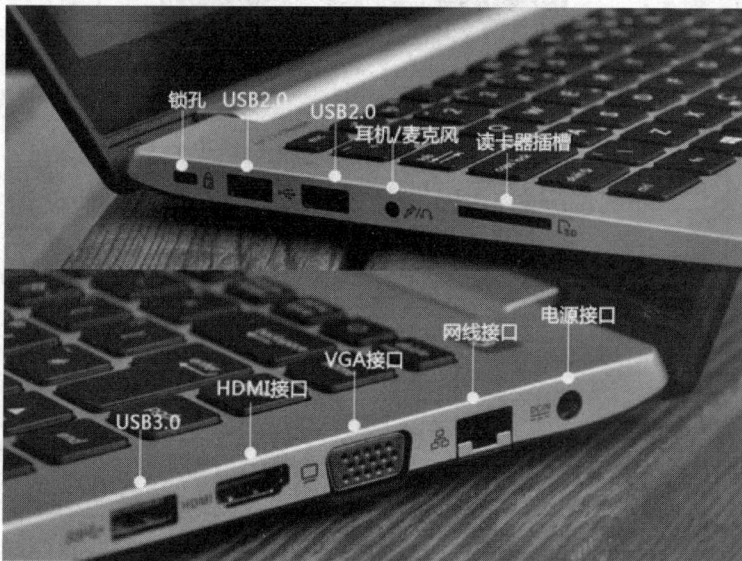

图 16-12　笔记本电脑接口

1) RJ-45 接口

目前多数的笔记本电脑都内置了以太网卡芯片到主板上，同时在笔记本外头提供一个以太网卡接口，也叫 RJ-45 接口。通过这类接口，用户只需将一条开通了宽带上网的双绞线插入到里面就能实现宽带上网了。

2) USB 接口

USB 已经广泛应用于鼠标、键盘、打印机、扫描仪、Modem、音箱等各种设备。USB 总线的设备一般是外置式的，具有不占用计算机扩展槽和热插拔的优点，因而安装更为方便。一般笔记本电脑都配置 USB2.0 接口，有些也开始配置 USB3.0 接口了。

3) VGA 接口

笔记本电脑的 VGA 接口，英文名为 Video Graphic Array，即视频图形阵列，是笔记本电脑显卡上输出模拟信号的接口，又称 D-Sub 接口，他是 15 针的梯形插头，传输模拟视频信号。

4) 读卡器接口

读卡器接口是近年来才兴起的一种接口类型，这是因为近年来数码产品逐步普及，而数码产品多数都采用储存卡来储存数据，用户如果要将储存卡上的数据下载到笔记本电脑里，该笔记本就必须具备同类型的接口，否则用户就必须额外购买一块能读取该储存卡的读卡器才行。

读卡器接口大致可分为单一功能型和多功能型，前者只能读取一种储存卡上的数据，而后者则能读取二种以上的储存卡上的数据，例如我们常说的二合一、四合一、七合一读卡器接口即可分别读取二种、四种和七种储存卡上的数据。目前常的储存卡有 CF 卡、SD 卡等。

5) 耳机和音频接口

耳机和音频接口的大小都是一样的，这类接口分别与耳机、麦克风连接，从而实现输出或输入音频信号。

6) HDMI 接口

HDMI 接口传输的也是数字信号，所以在视频质量上和 DVI 接口传输所实现的效果基本相同。HDMI 接口还能够传送音频信号。假如显示器除了有显示功能，还带有音箱时，HDMI 的接口可以同时将电脑视频和音频的信号传递给显示器。

12. 笔记本电脑的网络接入设备

笔记本电脑也和台式机一样，许多用户都需要用它来与互联网连接，给工作和生活、娱乐带来便利。笔记本电脑与互联网要实现连接，就要用上网卡，下面我们来介绍一下笔记本网卡的种类，以及它们各自的特点。

1) 有线网卡

(1) 调制调解器。这是一种比较古老的上网设备。其实调制调解器也是网卡的一种，只是它是窄带网卡，所以通常人们一般并不称它为网卡。以前的调制调解器速度只有 33.6 kb/s、28 kb/s 甚至以下，后来才发展到 56 kb/s，而且这个连接速度一直维持至今。调制调解器又称为 Modem。采用调制调解器与互联网进行连接的好处是比较方便，因为多数室内场所一般都有电话线，你只需将电话线接入笔记本电脑的调制调解器接口，就可实现上网。

(2) 有线局域网网卡。有线局域网就是我们常说的 LAN。这是一种宽带上网方式，上网速度比用调制调解器快许多倍，当然，具体的上网速度还要看你是用哪种网络接入商的服务，例如用联通宽带提供给用户的带宽为 10M 共享，而有些网络接入商则能提供 100M 共享的带宽，带宽值越大，上网的速度就越快。当然，这还要网卡的配合才能实现。

(3) 10/100M 自适应笔记本有线局域网卡。有线局域网卡除了能直接接入 LAN 信号外，还能接入 ADSL 信号。ADSL 信号与 LAN 信号是不同的，LAN 是专线上网，需要一条独立的专门用来上网的线缆接入设备才能实现上网，而 ADSL 则是基于电话线的一种宽带上网方式，而且它还要配合一个外置的调制调解器才能上网，普通个人用户一般需要拨号，而 LAN 是不用拨号的。

2) 无线网卡

(1) 无线局域网网卡。无线局域网英文缩写为 WLAN。它一般是基于 802.11 系列协议下进行无线数据传输的。它的优点是传输速度快，在无线上网方式中传输速度基本上是最快的，采用 802.11B 协议理论上最快可达 11M，速度已与有线局域网接近；缺点是要受范围限制，还是以采用 802.11B 协议为例，它的覆盖范围为 100 米，WLAN 的用户一般只能在家或单位、有无线热点等建有 WLAN 的场合下接入互联网。目前市面上的无线局域网卡多数都是 802.11B 协议的，有些能兼容 802.11B 协议和 802.11G 协议。802.11G 协议最高传输速率达 54M 左右。

(2) GPRS 无线上网卡指的是无线广域网卡，连接到无线广域网，如中国移动的 TD-SCDMA、中国电信的 CDMA2000 和 CDMA 1X 以及中国联通的 WCDMA 网络等。无论是有线局域网还是无线局域网，受设备或信号限制，用户一般只能在家或公司，以及有无线热点的场所进行上网，而一旦离开了这些场所则无法上网，具有较大的局限性。无线广域网则可为用户提供几乎不受范围、场所限制的无线上网方式，例如 GPRS，它目前几乎在全国所有省份和自治区的主要城市都开通了业务，用户无论走到哪里都能通过 GPRS接入互联网。当然，这个"不受范围限制"是相对的，有些经济比较落后的县城或农村目前还是没有 GPRS 信号而不能用上无线广域网。

无线上网卡的作用、功能相当于有线的调制解调器，也就是我们俗称的"猫"。它可以在拥有无线电话信号覆盖的任何地方，利用 USIM 或 SIM 卡来连接到互联网上。国内它的支持网络是中国移动推出的 GPRS 和中国联通推出的 CDMA 1X 两种。其常见的接口类型有 PCMCIA、USB、CF 等。联通的无线网络有 CDMA，移动的有 EDGE、GPRS。EDGE的理论最高数据传输速率可达 460.8 kb/s。CDMA 的理论最高数据传输速率可达 230.4 kb/s。

13. 笔记本电脑的电池和电源适配器

使用可充电电池(如图 16-13 所示)是笔记本电脑相对于台式机的优势之一，它可以极大地方便在各种环境下笔记本电脑的使用。最早推出的电池是镍镉电池(NiCd)，但这种电池具有"记忆效应"，每次充电前必须放电，使用起来很不方便，不久就被镍氢电池(NiMH)所取代，NiMH 不仅没有"记忆效应"，而且每单位重量可提高 10%的电量。

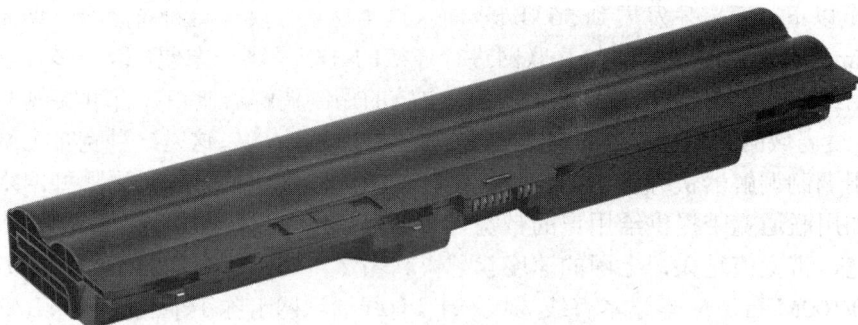

图 16-13　笔记本电脑的电池

笔记本电脑使用的电池主要分为镍镉电池、镍氢电池和锂电池(Li)。

笔记本电脑的电源适配器(如图 16-14 所示)是小型便携式电子设备及电子电器的供电电源变换设备，一般由外壳、电源变压器和整流电路组成，按其输出类型可分为交流输出型和直流输出型。按连接方式可分为插墙式和桌面式。

图 16-14　笔记本电脑的电源适配器

笔记本电脑电源适配器可以自动检测 100～240 V 交流电(50/60Hz)。基本上所有的笔记本电脑都把电源外置，用一条线和主机连接，这样可以缩小主机的体积和重量。

在电源适配器上都有一个铭牌，上面标示着功率、输入输出电压和电流量等指标，特别要注意输入电压的范围。

16.3　笔记本电脑的分类

经过二十多年的迅速发展，笔记本产品以及笔记本行业都已经发展得相当成熟，一个成熟的产品，自然也就有了分类。

1. 按用途分类

笔记本电脑从用途上分为三大种类：

1) 专业型笔记本电脑

专业型笔记本电脑通常也叫高功能型笔记本电脑，或者多媒体笔记本电脑。其特点是专业性要求较高，专业配置全面周到，主要表现在运行速度快、显示区域大，可以满足三维图形和动画设计、CAD 和图文排版、甚至是摄像或电影音乐等超大容量内容的信息编辑环境。这类产品具有清晰的大幅面显示屏，大容量硬盘驱动等高性能系统配置，辅以极强的扩展解决方案，可靠的稳定性，为用户提供了广阔的应用及发展空间。

2) 通用型笔记本电脑

通用型笔记本电脑即主流型笔记本电脑，实际上是一种用成熟技术生产的笔记本产品，其特点是价格适中，能面向各个领域的用户。除了基本功能外，还增设了快速开机功能、屏幕亮度和对比度调整功能、音箱音量调整功能、外接显示器切换开关等功能，可以为繁忙的工作提供一个强有力的支持平台。

3) 迷你/超薄笔记本电脑

迷你/超薄笔记本电脑皆采用 B5 或 A5 纸张尺寸设计，重量在 1.5 kg 以内。迷你笔记本电脑因为体积的限制，扩充性能不足，显示器较小，因而不适合长时间阅读，键盘按键设计也比标准键盘小许多，不适合长时间输入文字的使用者。

2. 按屏幕分类

笔记本电脑最直观的分类是按照屏幕分类。按照屏幕的长宽比例，可分为常规屏笔记本和宽屏笔记本两种。

常规屏笔记本采用的液晶显示屏的长宽比例为 4：3，这个比例和传统的 CRT 显示器长宽比例相同。宽屏笔记本显示屏的长宽比例为 16：9、16：10。

3. 按重量分类

按照重量分类，笔记本电脑可分为桌面替代型(DeskTop Replacement，DTR)、便携型、轻薄型以及超轻薄型。

DTR 的意义在于，能给用户台式机的性能，同时给用户一定的台式机不具备的移动性，它们的重量一般在 3 kg 以上；便携型笔记本市场定位在移动商务，性能和移动性兼顾，这类笔记本重量集中在 2 kg 到 3 kg 范围内，是目前笔记本的主流重量；轻薄型笔记本瞄准轻松商务，它们有完美的移动性，性能也能兼顾，重量在 1 kg 到 2 kg 范围内；对于 1 kg 以内的笔记本我们称为超轻薄笔记本，如索尼 X505AP、东芝 R100、华硕 S200N 等，这类机型的概念大于实用，它们有匪夷所思的便携性，但在性能上，却做出了一定的牺牲。

4. 按处理器厂家分类

按照处理器厂家的不同可分为：英特尔笔记本(包括 Pentium4 系列、celeron4 系列、Pentium-M 系列以及 Celeron-M 系列)、AMD 笔记本、全美达笔记本以及 VIA 笔记本。

16.4　笔记本电脑的选购

下面给出选购笔记本电脑的建议：

1. 前期准备必不可少

购买前的细心准备往往能达到事半功倍的效果。前期准备首先要根据自己的预算，决定适合的品牌，千万别因贪图便宜而选择品质、售后都较差的小品牌或杂牌；其次要摸清这款机器的配置情况，以及预装系统和基本售后服务；最后要知道看好机型的近期的市场行情，价格走势，甚至是促销活动，这些资料都可以通过专业的网站和平面媒体查找到。而且由于网络媒体的反应速度较快，一般能第一时间洞察市场变化，只要在购买前对相关网站保持关注，就能基本摸清市场行情。也可以通过拨打所选品牌的售后电话，或者访问相关品牌的网站找到。这样不仅能掌握到最新最准确的价格信息，还可以避免商家克扣你的赠品。

2. 开箱前检查相当重要

在选好机型，并与商家谈好价钱后，就该进入繁琐但又必须仔细的验机过程。验机主要包括验箱、验外观和验配置三个过程。

可别小看开箱前对产品箱子的检验，这里往往是奸商设置陷阱的地方。机器被商家拿出来后，千万别着急开箱。首先我们要观察箱子的外观，如果发现包装箱发黄、发暗可就要小心了，这种箱子很可能被商家积压很久，在消费者要购买相关产品时，他们将展示的样机装在里面，重新封口。而如果机箱崭新，但外面稍有小的损伤，这倒不用太在意，这往往是运输过程中的问题，有时是无法避免的。

另外，包装箱往往能为我们提供一些有用的信息。很多厂商都会在包装箱上粘贴机器的身份证明——产品序号。一些大品牌还会提供产品序号的查询。产品序号一定要与机箱内的保修卡、笔记本身上的号码相符合才行。

3. 检查外观分辨样机

样机是卖场里所展示的笔记本的俗称，有时候会因销售人员的保护措施不当，使机身外壳有所损伤。其实大多数样机的硬件质量并无任何问题，因此如果商家愿意便宜点出售，对资金紧缺的朋友来说，是很有诱惑力的。尤其是一些外壳没有损伤、或损伤很小的机器，如果能便宜 500 多元，还是超值的。可恨的是，多数商家并不会这样做，而是将样机装在箱子里，重新封口以新品销售。消费者如果稍不注意，就会被其蒙混过去。

有时候买到样机，不仅在"面子"上过不去，还会因样机出厂时间过长而减少或丧失相关服务。由于某些品牌对国际联保采用了出厂后一段时间自动生效的规定，如 HP 的机器通常在出厂后 59 天自动激活联保服务。如果您不幸买到了这些品牌的样机，很可能由于该机出厂时间过长而失去应得的售后服务。

检查样机是件考验眼神的事情，由于样机往往经过了一段时间的展示，所以仔细查看一定会发现蛛丝马迹。我们先仔细检查机器的顶盖，通过不同角度与光线的组合，查找是否有划痕。另外，还可以检查机器的 I/O 端口、电源插头以及电池接口，全新的机器一定不会出现尘土、污物和使用过的痕迹。

4. 硬件辨别软件帮忙

经过上面的包装箱、机器外观检验，就进入了实质性的硬件配置检测环节。其实通过查看 Windows 的系统属性也能简单了解相关的硬件情况，但是为了更加严谨、准确地辨别硬件，推荐使用一些优秀的检测程序。

首先就要检查硬件是否符合说明书上所描述的内容，不过由于很多识别软件都需要机器本身安装好驱动后才能检测，无疑在准确性和便捷性上大打折扣。Hwinfo32 则是特殊的一款软件，它不仅能"免驱动"进行识别，还可以直接使用，无需安装。只要运行这个软件之后，一切的硬件信息就可以知道了。

然后就是检查 LCD 屏幕了，相信任何人都不想买到带有 LCD 坏点的笔记本，虽然厂商和商家大肆宣扬坏点 3 个以内属正常现象，但并不能成为我们为其买单的理由。

通常所指的坏点，其实是"亮点"，它是坏点中的一种，比较明显，也容易发现。目前有少数几个品牌承诺的 LCD 无坏点，就是指无亮点。检测亮点的最好方法就是使用专业软件，如 Nokia Ntest。它是专业的显示器测试软件，能够查找亮点、偏色、聚焦不良等问题。不用安装，拷贝到硬盘里就可以直接使用，并且支持多个系统。

所以在准备购机的时候，一定要准备好检测软件、U 盘以及相关资料，并记得携带。

5. 保修卡、发票、售后服务的保障

如果上面的所有检查都能通过，索要发票和填写保修卡也是不可忽视的重要环节。发

票是商家履行国家三包规定的唯一合法证明。另外，大多数厂商都在自己的售后服务条款中规定，维修时必须同时出示保修卡与发票，否则在机器的合法性上无法得到确认。

在填写发票时还要注意，一定要将机器的型号、产品编码、填写在上面，这一般也是厂商保修条款中的规定。保修卡也一定要加盖商家的公章，并将附联交由商家邮寄给厂商。

16.5　笔记本电脑的使用

下面介绍笔记本电脑使用与维护中要注意的几个问题。

1. 注意维护外壳

笔记本电脑的外壳通常相当光滑，一些采用铝合金属外壳设计的就更容易维护了，通常只要一块棉布便可以使外壳一尘不染。需要注意的是，在移动的过程中，一定要使用独立的皮包或是布包将笔记本电脑装好，免得在途中划损外壳；在工作的时候，亦不要将笔记本电脑放到粗糙的桌面上，以保护外壳的光亮常新。建议可以使用湿纸巾来进行外壳的擦拭。

2. 注意维护屏幕

笔记本电脑的外形大多数就像一本笔记本，折叠式的设计，内面为显示屏，另一面为键盘、Mouse 操作设备，侧面为各种外设(如 CD-ROM、软驱)和接口(USB、IDE、红外线接口)，整体的外形设计趋向更轻巧更时尚的方向发展。在笔记本电脑中，最容易受到损坏的是 LCD，一些超薄便携型的 LCD 面如果受到挤压就很容易会受到损坏，而一些使用了铝镁合金外壳的笔记本电脑，可承受的压力会大些。建议在一般时候不要将任何物件放在笔记本电脑之上。除了防止受到挤压之外，当然要进行日常的清洁，清洁液晶显示屏最好用蘸了清水(或纯净水)的不会掉绒的软布轻轻擦拭。除此之外，在软件上运用全黑屏幕保护亦有利于 LCD 的寿命。

3. 注意维护键盘

键盘是使用得最多的输入设备，按键时要注意力量的控制，不要用力过猛。在清洁键盘时，应先用真空吸尘器加上带最小最软刷子的吸嘴，将各键缝隙间的灰尘吸净，再用稍稍蘸湿的软布擦拭键帽，擦完一个以后马上用一块干布抹干。根据厂家的测试结论：洒向键盘的水滴是笔记本电脑最危险的杀手，它所造成的损失将是难以挽回的。幸好现在有一些笔记本电脑具备了防水键盘，这使得一些粗心大意的用户可以稍稍放心了。

4. 注意维护光驱

现在很多笔记本电脑都配备了 DVD 光驱，当然这和 CD 光驱也是一样需要维护的。除了进行必要的定期的清洗光头之外，还要注意在携带笔记本电脑出门之前，应将光驱中的光盘取出来，否则，在发生坠地或碰撞时，盘片与磁头或激光头碰撞，会损坏盘中的数据或者光驱。

5. 注意维护硬盘

尽管笔记本电脑都标榜着其硬盘拥有非常好的防震系数，但应注意震荡对于笔记本电脑硬件的危险还是相当大的。因此，尽量在平稳的地方进行工作。当然，像台式机一样进行数据整理与备份也是必要的。

6. 注意维护电源

笔记本都可以使用市内的交流电来进行工作，这时需要注意电压是否稳定的问题，有条件的话可以配合稳压器，如果因为电流的波动大而造成笔记本的损伤，那是相当不值得的。

7. 笔记本的升级

笔记本电脑的升级方式，可分为软件升级与硬件升级，软件升级包括操作系统升级和 BIOS 的升级。操作系统升级按照系统提示进行即可。

1) BIOS 的升级

第一步先关机，必须是在 Windows 中选择关闭计算机选项，而不可采用合上面板的方式关机。还有一个要点就是刷新 BIOS 时要用外接电源，不要用笔记本电脑的电池电源，以防在刷新过程中电池电力耗尽，导致刷新失败。做好准备工作，开机进入 BIOS 设置菜单，把启动顺序设置成从软驱启动。接下来到所用的笔记本电脑的厂家网站下载最新的 BIOS 文件，一定要检查下载的 BIOS 文件是否与机器型号相吻合，以免造成严重后果。将下载的 BIOS 文件解压到一张干净的软盘上。关机后，按住 F12 键开机，开始刷新 BIOS，全过程大约 30 秒左右，具体请参照屏幕上的提示操作，中途千万不可以把软盘从软驱中取出。BIOS 升级完成后会显示"ROM Write Successful!"，升级完成后要注意把启动顺序调回来。BIOS 的升级虽然不能直接对笔记本电脑的性能产生很明显的提高，但是在升级其他硬件前升级一下 BIOS 可以提高笔记本电脑对新硬件的兼容性。

2) 硬件的升级

硬件升级包括 CPU 的升级、内存的升级、硬盘的升级、显卡的升级和光驱的升级。

(1) CPU 的升级：笔记本电脑的 CPU 一般都是焊接在主板上的，不可更换的。虽然也有一些笔记本电脑的 CPU 是抽取式的可以进行更换，但笔记本电脑的 CPU 价格较贵，所以升级的意义不大。

(2) 内存的升级：是笔记本电脑升级中最简单的，也是提高性能最明显的方式。对于笔记本电脑来讲，如果采用共享方式使用，同时负责内存、显存等所有存储功能，那么相比之下笔记本内存对于整机性能的影响则更为显著。大部分笔记本电脑都预留了两个 DIMM 插槽，有些采用集成内存设计的不需要占用扩展槽，有些则占用一个插槽来安置内存。因为笔记本内存不同于台式机的内存，有时会出现兼容性不好或不兼容的问题，买的时候要选择名牌大厂的产品，尽量选用 BGA 封装的内存，它不仅比 TSOP 封装的内存体积更小，而且 BGA 封装使内存芯片尽可能少的被陶瓷所覆盖，可以获得更好的散热性能，对笔记本电脑的耗电量与散热都有好处。如有条件最好经过测试之后再购买。容量方面，当然是越大越好了。

(3) 硬盘的升级：随着使用时间的增长，储存的文件越来越多，原本就不大的硬盘空间越来越少。从体积上来说，笔记本电脑硬盘主要有 9.5 mm 和 12.5 mm 两种厚度规格，因此升级之前首先要注意尺寸，这是一个比较关键的问题，比如超轻薄机型只能使用 9.5 mm 的硬盘，光软互换和全内置机型既可以使用 9.5 mm，也可以使用 12.5 mm 的硬盘，部分超轻薄机型还使用的是特殊规格的硬盘。所以，在升级之前，最好查看一下机器的相关说明，看看电脑能够支持多大容量的硬盘，如果不支持是否可以通过升级 BIOS 来解决。如果已经没有可供升级的 BIOS，比如那些比较老的机型，建议最好是在最大容量限定的范围内来选择。对于替换下来的旧硬盘，可以买一个 USB 硬盘盒做一个移动硬盘。其次，还要注意一下转速最好选用高转速的硬盘，这样虽然发热量要大一些，但速度会提高很多，想想还是值得的。

(4) 显卡的升级：笔记本电脑的显卡分为共享显存显卡和独立显存显卡。以前的笔记本电脑，无论是共享还是独立显存的显卡，都是主板集成的，也就是说焊接在主板上，是无法升级的。现在有的厂家生产的笔记本电脑，带有独立的 AGP 插槽，如 DLL 等大公司的一些机型，这样就给笔记本电脑显卡的升级带来了可能。其实，大多数人用笔记本电脑，是做文字处理等办公应用，所以对显卡的 3D 显示功能要求并不高，显卡的升级意义就不大，因为现在所有的笔记本电脑，也包括一些老机型的显卡，都可以很好地完成这些工作。但如果喜欢经常玩一些 3D 游戏，以及做一些图形处理的话，那你就可以考虑升级你的显卡。

(5) 光驱的升级：一般老机器的光驱都是 CD-ROM，分为内置式与外置式。内置的升级比较麻烦，需要到厂家的技术服务部门，去更换一个内置光驱模块，这样的升级花费较多。如果嫌花钱太多，那只好舍去一些便携性，选择升级成外置式的光驱。

16.6 平板电脑

平板电脑也叫平板计算机(Tablet Personal Computer，简称 Tablet PC、Flat PC、Tablet、Slates)，是一种小型、方便携带的个人电脑，以触摸屏作为基本的输入设备。它拥有的触摸屏(也称为数位板技术)允许用户通过触控笔或数字笔来进行作业而不是传统的键盘或鼠标。用户可以通过内建的手写识别、屏幕上的软键盘、语音识别实现一个真正的键盘的功能。图 16-15 所示为三星 Galaxy Note 10.1。

图 16-15　三星 Galaxy Note 10.1

平板电脑由比尔·盖茨提出，支持来自高通骁龙处理器、Intel、AMD 和 ARM 的芯片架构，平板电脑分为 ARM 架构与 X86 架构。X86 架构平板电脑一般采用 Intel 处理器及

Windows 操作系统,具有完整的电脑及平板功能,支持 exe 程序。图 16-16 所示为微软 Surface 2。

图 16-16　微软 Surface 2

从微软提出的平板电脑概念产品上看,平板电脑就是一款无须翻盖、没有键盘、小到可以放入女士手袋,但却功能完整的计算机。同时,平板电脑还包括了专门为学生打造的学习辅助工具,在充分整合教育资源的基础上,推出的专门针对学生用户的学生平板电脑。

平板电脑的概念由微软公司在 2002 年提出,但由于当时的硬件技术水平还未成熟,而且所使用的 Windows XP 和 Windows 7 操作系统是为传统电脑设计,并不适合平板电脑的操作方式。

直到 2010 年,平板电脑才突然火爆起来。苹果公司首席执行官史蒂夫·乔布斯于 2010 年 1 月 27 日在美国旧金山欧巴布也那艺术中心发布的 iPad,让各 IT 厂商将目光重新聚焦在了平板电脑上。iPad 重新定义了平板电脑的概念和设计思想,取得了巨大的成功,从而使平板电脑真正成为了一种带动巨大市场需求的产品。这个平板电脑(Pad)的概念和微软那时(Tablet)已不一样。iPad 让人们意识到,并不是只有装 Windows 的才是电脑。图 16-17 所示为苹果 iPad Air。

图 16-17　苹果 iPad Air

1. 发展历程

来自施乐的艾伦·凯(Alan Kay)在 60 年代末提出了一种可以用笔输入信息的叫做平板电脑 Dynabook 的新型笔记本电脑的构想。然而,帕洛阿尔托研究中心没有对该构想提供支持。

第一台用作商业的平板电脑是 1989 年 9 月上市的 GRiD Systems 制造的 GRiDPad,它的操作系统基于 MS-DOS。

1991 年，另外一台 Go Corporation 制造的平板电脑 Momenta Pentop 上市。

1992 年，Go 推出了一款专用操作系统，命名为 PenPoint OS，同时微软公司也推出了 Windows for Pen Computing。跟"ThinkPad"这个词暗示的一样，IBM ThinkPad 系列的原始型号也都是平板电脑。这些例子都失败了，令人诟病的手写识别率根本就不符合用户的需求，并且居高不下的价格和重量也很成问题。

2002 年 12 月 8 日，微软在纽约正式发布了 Tablet PC 及其专用操作系统 Windows XP Tablet PC Edition，这标志着 Tablet PC 正式进入商业销售阶段。但由于当时的硬件技术水平还未成熟，而且所使用的 Windows XP 操作系统是为传统电脑设计，并不适合平板电脑的操作方式。

直到 2010 年，苹果公司首席执行官史蒂夫·乔布斯于 2010 年 1 月 27 日在美国旧金山欧巴布也那艺术中心发布了 iPad。

2011 年 9 月，随着微软的 Windows 8 系统发布，平板电脑阵营再次扩大。

2012 年 6 月 19 日，微软在美国洛杉矶发布 Surface 平板电脑，Surface 可以外接键盘。微软称这款平板电脑接上键盘后可以变身"全桌面 PC"，微软提供了多种色彩的外接键盘。

2012 年 6 月，中国国内平板电脑厂商乐凡推出乐凡 F1，为国内首款支持 Windows 8 的平板电脑。此时，国内 Windows 8 PC "圈地运动"正式拉开帷幕，越来越多的厂商加入 Windows 8 平板电脑的开发中。但由于技术及成本的高门槛，初涉 Windows 8 的厂商均为国内实力大品牌。

2012 年 10 月，微软的 Windows 8 平板发布，掀起业界又一次高潮，这次发布是决定 Windows 8 发展方向的关键事件。

2. 平板电脑的组成

平板电脑从系统上来说和电脑是一样的，都是由控制器、运算器、存储器、输入设备、输出设备五大要素组成的。控制器和运算器都被整合在 CPU 里，存储器和电脑一样分内外存储器，在电脑上是内存和硬盘，在平板上内存是一样的，不过被直接焊在主板上了，平板上相当于硬盘的是 FLASH 芯片。输入设备是触摸屏(外屏)和按钮，输出设备是显示屏(内屏)和扬声器，再加上电池及各种供电元器件和外壳。

平板电脑外部由摄像头、麦克风与常见的耳机接口、音量调节键、电源接口、TF 卡插槽等组成，主流的平板电脑还配有 USB、HDMI 接口等。

平板电脑物理按键一般有：

(1) 电源键：作用是开关机与待机。

(2) 菜单键：作用是调出平板电脑与各软件的设置列表。

(3) 返回键：即按键后，返回到上一个操作步骤。

(4) 音量加减键：增加或者减少音量。

(5) 首页键：随时返回主屏幕。

3. 操作系统

平板电脑常见的操作系统主要有安卓系统、iOS 系统、Windows 系统、BlackBerry Tablet OS 系统和米狗系统。

1) 安卓(Android)系统

2005 年 8 月安卓系统由 Google 收购注资。

2007 年 11 月，Google 与 84 家硬件制造商、软件开发商及电信营运商组建开放手机联盟共同研发和改良 Android 系统。随后 Google 以 Apache 开源许可证的授权方式，发布了 Android 的源代码。

第一部 Android 智能手机发布于 2008 年 10 月。Android 的应用逐渐扩展到平板电脑及其他领域上，如电视、数码相机、游戏机等。

2011 年第一季度，Google 推出 Android 3.0 蜂巢(Honey Comb)操作系统，Android 在全球的市场份额首次超过塞班系统，跃居全球第一。

2013 年的第四季度，Android 平台手机的全球市场份额已经达到 78.1%。

2013 年 09 月 24 日谷歌开发的操作系统 Android 迎来了 5 岁生日，全世界采用这款系统的设备数量已经达到 10 亿台，2013 年已经发展到 Android 4.1.1。

2014 年的第一季度，Android 平台已占所有移动广告流量来源的 42.8%，首度超越 iOS。但运营收入不及 iOS。

2) iOS 系统

iOS 系统是由苹果公司为 iPhone 开发的操作系统，主要是给 iPhone、iPod touch 以及 iPad 使用。其系统架构分为四个层次：核心操作系统层(the Core OS layer)、核心服务层(the Core Services layer)、媒体层(the Media layer)和可轻触层(the Cocoa Touch layer)。系统操作占用大概 240MB 的存储器空间。基于此操作系统的 ipad 系列平板电脑早已家喻户晓，此系统为苹果一家采用，优点是现有的应用软件非常多，有几十万种之多，但缺点是好用好玩的软件，需要花钱购买，后期使用成本较高。

iOS 专门设计了低层级的硬件和固件功能，用以防止恶意软件和病毒；同时还设计有高层级的 OS 功能，有助于在访问个人信息和企业数据时确保安全性。为了保护你的隐私，从日历、通讯录、提醒事项和照片获取位置信息的 APP 必须先获得你的许可。你可以设置密码锁，以防止有人未经授权访问你的设备，并进行相关配置，允许设备在多次尝试输入密码失败后删除所有数据。该密码还会为你存储的邮件自动加密和提供保护，并能允许第三方 APP 为其存储的数据加密。iOS 支持加密网络通信，它可供 APP 用于保护传输过程中的敏感信息。如果设备丢失或失窃，可以利用"查找我的 iPhone"功能在地图上定位设备，并远程擦除所有数据。一旦 iPhone 失而复得，还能恢复上一次备份过的全部数据。

2007 年 1 月 9 日苹果公司在 Macworld 展览会上公布 iOS 系统，随后于同年的 6 月发布第一版 iOS 操作系统，最初的名称为 "iPhone Runs OS X"。

2007 年 10 月 17 日，苹果公司发布了第一个本地化 iPhone 应用程序开发包(SDK)，并且计划在 2 月发送到每个开发者以及开发商手中。

2008 年 3 月 6 日，苹果发布了第一个测试版开发包，并且将 "iPhone runs OS X" 改名为 "iPhone OS"。

2008 年 9 月，苹果公司将 iPod touch 的系统也换成了 "iPhone OS"。

2010 年 2 月 27 日，苹果公司发布 iPad，iPad 同样搭载了 "iPhone OS"。这年，苹果公司重新设计了 "iPhone OS" 的系统结构和自带程序。

2010 年 6 月，苹果公司将"iPhone OS"改名为"iOS"，同时还获得了思科 iOS 的名称授权。

2010 年的第四季度，苹果公司的 iOS 占据了全球智能手机操作系统 26% 的市场份额。

2011 年 10 月 4 日，苹果公司宣布 iOS 平台的应用程序已经突破 50 万个。

2012 年 2 月，应用程序总量达到 552 247 个，其中游戏应用最多，达到 95 324 个，比重为 17.26%；书籍类以 60 604 个排在第二，比重为 10.97%；娱乐应用排在第三，总量为 56 998 个，比重为 10.32%。

2012 年 6 月，苹果公司在 WWDC 2012 上宣布了 iOS 6，提供了超过 200 项新功能。

2013 年 6 月 10 日，苹果公司在 WWDC 2013 上发布了 iOS 7，几乎重绘了所有的系统 APP，去掉了所有的仿实物化，整体设计风格转为扁平化设计风格，于 2013 年秋正式开放下载更新。

2013 年 9 月 10 日，苹果公司在 2013 秋季新品发布会上正式提供 iOS 7 下载更新。

2014 年 6 月 3 日，苹果公司在 WWDC 2014 上发布了 iOS 8，并提供了开发者预览版更新。

3) Windows 系统

Windows 8 操作系统在电脑和平板上开发和运行的应用程序分为两个部分，一个是 Metro 风格的应用，这就是当下流行的场景化应用程序，方便用户进行触控，操作界面直观简洁。第二个部分叫做"桌面"应用，用户可以通过点击桌面图标来执行程序，跟传统的 Windows 应用类似。Metro 应用将成为 Windows 8 的主流。

2011 年 12 月，平板电脑厂商发布了两款搭载 Ubuntu 11.04 的平板电脑，分别用 PERL、Python 作为产品代号。

2012 年 10 月 23 日早上 10 点，微软在上海 1933 老场坊召开 Windows 8 亮相发布会，意在为 10 月 26 日在全球召开的 Windows 8 正式发布会做提前预热。微软 Surface 分为 Windows RT 与 Windows Pro 两个版本，于 10 月 26 日在苏宁易购首发。在本次发布会中，有多款 Windows 8 设备首次亮相，包括华硕、东芝、宏碁、KUPA 等厂商的众多平板产品。它们外观各具特色，大部分产品都配有一个全尺寸键盘底座，不仅可以为平板充电，方便文字录入，而且外形酷似超级本。

4) BlackBerry Tablet OS 系统

黑莓产品在欧美的受欢迎程度很高，而 BlackBerry Tablet OS 系统可以支持与黑莓手机的无缝连接，这很方便黑莓手机的使用平移到黑莓平板上。

5) 米狗(MeeGo)系统

米狗系统是诺基亚和英特尔推出的手机操作系统，MeeGo 囊括手机、平板、上网本、车载设备、联线电视等几乎所有需要网络连接的设备，目标在于创造完全统一的垂直化互联网设备体验。

4. 平板电脑的特点

平板电脑的最大特点是数字墨水和手写识别输入功能，以及强大的笔输入识别、语音识别、手势识别能力，且具有移动性。

1) 优点

平板电脑具有如下优点：

(1) 开放性。在优势方面，Android 平台首先就是其开发性，开发的平台允许任何移动终端厂商加入到 Android 联盟中来。显著的开放性可以使其拥有更多的开发者，随着用户和应用的日益丰富，一个崭新的平台也将很快走向成熟。

开发性对于 Android 的发展而言，有利于积累人气，这里的人气包括消费者和厂商，而对于消费者来讲，最大的受益正是丰富的软件资源。开放的平台也会带来更大竞争，如此一来，消费者将可以用更低的价位购得心仪的手机。

(2) 不受束缚。在过去很长的一段时间，特别是在欧美地区，手机应用往往受到运营商制约，使用什么功能、接入什么网络，几乎都受到运营商的控制。自从 2007 年 iPhone 上市后，用户可以更加方便地连接网络，运营商的制约减少。随着 EDGE、HSDPA 这些 2G 至 3G 移动网络的逐步过渡和提升，手机随意接入网络已不是运营商口中的笑谈。

(3) 丰富的硬件。这一点还是与 Android 平台的开放性相关，由于 Android 的开放性，众多的厂商会推出千奇百怪，各具功能特色的多种产品。功能上的差异和特色，却不会影响到数据同步、甚至软件的兼容，如同从诺基亚 Symbian 风格手机一下改用苹果 iPhone，同时还可将 Symbian 中优秀的软件带到 iPhone 上使用、联系人等资料更是可以方便地转移。

(4) 方便开发。Android 平台提供给第三方开发商一个十分宽泛、自由的环境，不会受到各种条条框框的阻挠，可想而知，会有多少新颖别致的软件诞生。但也有其两面性，如何控制血腥、暴力方面的程序和游戏正是留给 Android 的难题之一。

2) 缺点

平板电脑也具有如下缺点：

(1) 因为屏幕旋转装置需要空间，平板电脑的"性能体积比"和"性能重量比"就不如同规格的传统笔记本电脑。

(2) 打字：手写输入跟高达 30 至 60 个单词每分钟的打字速度相比太慢了。

(3) 键盘：一个没有键盘的平板电脑(纯平板型)不能代替传统笔记本电脑，并且会让用户(初学者和专家)觉得更难使用电脑科技。

(4) 电池易损坏：平板电脑已经越来越多地进入普通家庭。而平板电脑的电池是一个易损部件，如何对其进行保养，成了许多用户最头疼的问题。

5. 平板电脑的分类

平板电脑按使用可以分为商务型、学生型和工业型。

1) 商务型

平板电脑初期多用于娱乐，但随着平板电脑市场的不断拓宽及电子商务的普及，商务平板电脑凭其高性能、高配置迅速成为平板电脑业界中的高端产品代表。一般来说，商务平板用户在选择产品时看重的是处理器、电池、操作系统、内置应用等"常规项目"，特别是 Windows 之下的软件应用，对于商务用户来说更是选择标准的重点。

2) 学生型

平板电脑作为可移动的多用途平台，为移动教学也提供了多种可能性。比如 MINI 学习吧平板电脑就是专为莘莘学子精心打造的一款智能学习机。触摸式学习和娱乐型教学平台，可让孩子在轻松、愉悦的氛围中高效提高学习成绩。此类平板电脑一般集合了多种课程和系统学习功能两大学习版块。多种课程版块一般囊括了"幼儿、小学、初中、高中"多学科优质教学资源。系统学习功能则提供了全面、快捷的学习应用软件和益智游戏下载功能，实现了良好的可扩充性。

3) 工业型

工业平板电脑就是工业上常说的一体机，整机性能完善，具备市场常见的商用电脑的性能。平板电脑的区别在于内部的硬件，多数针对工业方面的产品选择都是工业主板，它与商用主板的区别在于非量产，产品型号比较稳定。由此也可以看到，工业主板的价格也较商用主板价格高。另外就是 RISC 架构，工业方面需求比较简单单一，性能要求也不高，但是性能非常稳定。优点是散热量小，无风扇散热。

由此可见，工业平板电脑的要求较商用高出很多。工业平板电脑的另一个特点就是多数都配合组态软件一起使用，实现工业控制。随着商用机的性能愈来愈好，很多工业现场已经开始采用成本更低廉的商用机，而商用机的市场也发生着巨大的变化，人们开始更倾向于比较人性化的触控平板电脑。

6. 平板电脑的选购

选购平板电脑可以从下面几方面入手：

1) 看尺寸

目前平板电脑一般分为 7 英寸和 10 英寸。10 英寸的平板电脑屏幕大，分辨率高，操作时使用键盘区域大，打字方便，看电影舒服。7 英寸的平板电脑重量轻，一般只有 10 英寸的一半重，多数在 300～400 克，携带更方便。

2) 看触摸屏

平板电脑的屏幕分为电阻屏和电容屏。电阻屏价格低，使用方便，任何触头都可使用，但只支持单点触摸，太用力或使用锐器都有可能划伤屏幕，中低端的平板电脑一般使用电阻屏。电容屏触控灵敏度高，能够实现多点触控，系统可以根据手指的动作产生反应，如浏览图片时放大缩小、浏览网页时缩放页面等。

3) 看操作系统

平板电脑操作系统基本上由 Windows、Android 和 iOS 三分天下。Windows 平板电脑代表最高档次的平板电脑，在配置、性能和兼容性上表现出色。Android 系统最大优势是资源下载全部免费，相较于苹果可以省下一笔开销，但它的很多软件不如苹果精细。

4) 看网络配置

目前平板电脑可以使用的网络包括 3G 和 Wi-Fi，如果需要随时随地接入互联网，可以选购 3G 版，但价格上会比 Wi-Fi 版贵 300 元左右。个人建议选择 Wi-Fi，一是因为目前我国 3G 网络的覆盖程度不够，3G 随时随地上网的特性可发挥空间不大；二是智能手机内置 3G 路由功能越来越多，完全可以通过智能手机的 3G 路由分享给 Wi-Fi 版平板电脑来实现。

5) 看扩展能力

是否支持 USB、miniUSB、TF 卡、U 盘接口，是否支持 VGA 接口，是否支持有线网络接口，是否支持 3G 畅游，是否支持 GPS 导航，是否支持 CMMB 移动电视功能等。目前双系统平板电脑都可以轻松实现上述功能。

6) 看外观和能耗

做工细腻、配件优良的平板电脑很有质感。至于纤薄时尚和品位，可以通过外观进行判断。一台好的平板电脑，使用时的节能效果比较出众，待机时间比较长。另外，噪音大小直接影响平板电脑的日常使用，这一要素也很重要。

7) 看配套服务

关注不同品牌的售后网点、品牌价值、说明书、三包凭证、国家 3C 认证等配套介绍，可以看出厂家售后服务的可靠程度，也是选购时需要关注的一大要点。

8) 代表产品

平板电脑的代表产品介绍 iPad 和联想乐 Pad 两个。

(1) iPad。iPad 是由美国苹果公司推出的一款触摸屏平板电脑。iPad 的功能包括浏览互联网、收发电子邮件、操作表单文件、玩视频游戏、收听音乐或者观看视频。

(2) 联想乐 Pad。2011 年 1 月，在美国拉斯维加斯的国际消费电子展(CES)上，联想集团向全球首次推出了平板电脑——乐 Pad，并于 3 月 16 日正式开始在各大官方网站上进行预售。作为联想的首款平板电脑，乐 Pad 除拥有一般平板电脑常见功能外，还能在平板电脑和笔记本电脑之间实现切换。硬件配置方面，乐 Pad 采用 10.1 英寸电容式触摸屏，搭载基于联想全新优化的 Android 操作系统，即 LeOS 2.0。处理器选用 1.3 GHz Qualcomm Snapdragon，机身配置 1 GB 内存，以及 16 GB 或 32 GB 存储空间。

7. 平板电脑的维护

平时使用平板电脑时，最需要注意的是防摔，防硬物损伤屏幕。一旦因为人为原因，造成屏幕、机器损坏，即使产品是在三包期之内，也不能享受免费的三包服务，一样要承担维修费用。

平板电脑属于高精密度的电子电路设计，除非是特殊设计的机种，否则大多数平板电脑对于灰尘与水气的抵抗力都很差。因此，使用者只有养成良好的使用习惯，才能延长平板电脑寿命。为此，专家建议在潮湿多雨的夏季使用平板电脑时，最好为其配上皮套。皮套等于是为平板多加一件外衣，在摔倒或遇水时，能减轻平板电脑所受的伤害，但并不表示平板电脑加了皮套后就会水火不侵。所以，在使用、摆放平板电脑时应当更加留心，以避免平板电脑受损。

如果平板电脑配有座充，平时应尽量用座充充电。座充在充电时有识别数据的能力，而且是用小电流进行充电，虽然耗时比旅充要长，但这样充电方式会使电池充得更足。同时，应尽量使用专用插座，不要将充电器与电视机等家电共用插座。

充电时最好首先把平板电脑关掉。因为在充电的过程中，平板电脑的电路板会发热，可能会使电流瞬时增长，对平板电脑内部的零件造成损坏。正确的充电时间应该是指示灯由红变绿后再充一个小时最佳，这样既能充足，又不会损坏电池。

8. 平板电脑的使用

下面给出使用平板电脑的一些技巧：

(1) 平板电脑是干什么的？与普通电脑有什么区别？

平板电脑就是超轻超薄，非常便携的电脑。电脑能实现的功能，除了玩大型网游还有编程制图外，平板电脑都能实现，甚至在可以使用的软件数量方面、娱乐方面，比普通电脑还要好。而且使用时间也比笔记本电脑要长得多。

普通电脑可以的上网浏览网页、打游戏、QQ、视频聊天、处理文档、炒股、微博、在线看电影、看小说、看电视等，平板电脑都能轻松做到。他们二者的原理是一样的，区别就是操作系统一个是用美国的微软，一个是大多数用美国的谷歌。

出差或者旅游的时候，可以用平板电脑来办公、QQ 与发邮件，晚上躺在床上的时候，可以在线看看电影、听听歌，无聊的时候，可以用它来打游戏，大型的 3D 游戏都没有问题。

(2) 平板电脑能实现哪些功能？

平板电脑可以上网浏览网页、打数不清的游戏、聊 QQ、视频聊天、处理文档、炒股、看电子书、发微博、收发邮件、收看一百多个网络电视台、在线听歌、办理网上银行业务、看图片等，还可以帮助小孩学习，可以拍照、摄像，可以查询机票、火车、公交等信息，可以出门在外查地图等。它有几十万种应用软件，可以说功能是非常多的。

(3) 平板电脑如何上网？

平板电脑在上网方面与普通电脑是完全一样的。它有三种上网方式：Wi-Fi 上网，就是接无线路由器上网；3G 上网有直接插 3G 卡上网的平板，也有通过外接 3G 上网卡上网的相对便宜的平板；另外，平板电脑也可以接网线上网，只要配一个网转转接头，接的网线必须是通过路由器或者交换机出来的，因为所有的平板电脑不带拨号上网功能，这是与普通电脑唯一的区别了。

(4) 如何用 Wi-Fi 上网？

利用 Wi-Fi 上网是非常简单的，只要你家里或者办公室能上网，不管是安装的电信还是联通或者铁通的宽带，只要配一个无线路由器，简单设置一下，就可以实现 Wi-Fi 无线上网了。而一台无线路由器才 100 多元，安装之后，除了平时交的宽带费，不需要再多花一分钱，就可以轻松愉快地上网了。

除了在家与办公室可以用 Wi-Fi 上网，现在很多地方也可以免费用 Wi-Fi 上网。比如一些好点的餐厅、咖啡厅、机场、乡村等地方，都有免费的 Wi-Fi 信号。

(5) 如何实现 3G 上网？

平板电脑分成两类，一种是像纽曼 P9-TD 这种移动 3G 平板电脑，只要将 3G 手机卡插进去，简单设置一下，就可以 3G 上网了。另外一种平板电脑用 3G 上网，需要配一个像 U 盘大小的 3G 上网卡，将 3G 手机卡插在 3G 上网卡中，然后将 3G 上网卡通过一根 OTG 线插在平板电脑上就行了。

(6) 平板电脑的软件从哪里下载安装啊？

下载安装非常简单与方便。第一，机器出厂时就已安装了操作系统，并且还带了一点常用的软件；第二，购机后商家会给机器安装一些常用的软件，并拷一些游戏之类的软件在你机器中，用的时候安装一下就行，安装非常简单；第三，在机器上安装了专门下载各种应用软件的软件，比如"N 多市场"，里面的软件分门别类，现在起码有几万个，而且全部都是免费的。里面的软件每天都在更新。除了"N 多市场"这个软件外，你还可以通过

"安智市场"、"电子市场"、"掌上应用汇"等类似软件进行下载。

当然，也可以通过电脑下载软件，然后拷贝至平板电脑中去。可以通过百度搜索的方式，找到需要下载的软件进行下载。

(7) 如何安装软件？

找到存储在平板电脑中需要安装的软件，直接点它，平板电脑会自动提示"是否要安装该应用程序"，然后直接点下面的"安装"即可。如不需要安装，点"取消"即可。注：对于一般刚出厂的新机，需要设置一下，才能安装自己下载的软件。方式是点/按平板电脑的菜单键(MENU)，选择"设置"，找到"应用程序"，点击后进入，能看到一个"未知来源"选项，将它打上勾就行了。

(8) 如何卸载软件？

在不想用某个软件如游戏时，为了节省平板电脑的内存与存储空间，可以轻松地将原来自己安装的软件卸掉。方式是：点/按平板电脑的菜单键(MENU)，选择"设置"，找到"应用程序"，点击后进入，再单击其中的"管理应用程序"，就会出现很多咱们已经安装的程序，找到想要卸载的程序，点击它，然后再点"卸载"，在出现提示"是否卸载应用程序"时，点击"确定"就行了。

(9) 如何升级平板电脑的操作系统？

现在平板电脑是支持操作系统、固件版本升级的。升级有两种方式，一种是可以由用户自行升级。这种是适合有一定经验的用户。另一种是直接由销售方负责升级，用户只需要将机器拿去即可。

(10) 平板电脑如何连接电脑拷贝数据？

通过 USB 线将平板电脑与电脑连接后，平板电脑会弹出"打开 USB 连接"之类的提示，点击即可。需要与电脑脱离连接时，在平板电脑上点击关闭即可。

(11) 平板电脑如何连接 U 盘？

平板电脑有两种 USB 接口，第一种是带标准 USB 口，直接将 U 盘插上平板电脑后，即可通过资源管理器，查阅、编辑 U 盘中的文件；另一种平板电脑是带迷你 USB 接口，连接 U 盘时，需要通过一根 OTG 线来转接。OTG 线的一头插平板电脑，另一头插上 U 盘，一样通过资源管理器来查阅、编辑 U 盘中的文件。

(12) 如何查找存储在平板电脑或者 U 盘中的文件？

通过平板电脑自带的资源管理器或文件管理器或文件浏览器来查阅、编辑 TF 卡、本机、U 盘中的文件。

(13) 平板电脑可以处理 Word、Excel 等 Office 文档吗？

平板电脑可以处理相关 Office 文件，而且电脑中的相关 Office 文件可以直接拷到平板电脑上，进行查询与编辑。

(14) 平板电脑能外接键盘与鼠标吗？

平板电脑可以外接键盘与鼠标，只要是 USB 接口的键盘与鼠标，基本都支持。

(15) 平板电脑能收看电视吗？

平板电脑上安装了网络电视或者手机电视软件后，在连上互联网的情况下，可以收看电视，并能收看 100 多个电视台，而且完全是免费的。

(16) 3G 版的平板电脑如何实现 3G 上网？

在 WiFi 关闭的情况下，只需要将 3G 卡插入平板电脑相应插槽，进入平板电脑设置菜单，在无线与网络中，点击移动网络，将"已启用数据"打上勾就行。平板电脑会自动扫描 3G 信号，并会在平板电脑的上方状态栏出现相应状态符号。

9. iPad 简介

iPad 是一款苹果公司于 2010 年发布的平板电脑，定位介于苹果的智能手机 iPhone 和笔记本电脑产品之间，与 iPhone 布局一样，通体只有四个按键，提供浏览互联网、收发电子邮件、观看电子书、播放音频或视频、玩游戏等功能。由英国出生的设计主管乔纳森·伊夫领导的团队设计，这个圆滑、超薄的产品反映出了伊夫对德国天才设计师 Dieter Ram 的崇敬之情。

iPad 在欧美称 Tablet PC。由于采用 ARM 架构，其不能兼容普通 PC 台式机和笔记本的程序，但可以通过安装由 Apple 官方提供的 iWork 套件进行办公，通过 iOS 第三方软件预览和编辑 Office 和 PDF 文件。

1) iPad 类型

iPad 有如下几种类型：

(1) iPad。2010 年 1 月 27 日，在美国旧金山欧巴布也那艺术中心(美国芳草地艺术中心)所举行的苹果公司发布会上。定位介于苹果的智能手机 iPhone 和笔记本电脑产品 MacBook 系列之间，通体只有五个按键(Home、Power、音量加和减，还有一个重力感应与静音模式开关)，音量键布局与 iPhone 相反，提供浏览互联网、收发电子邮件、观看电子书、播放音频或视频等功能。

(2) iPad 2。2011 年 9 月 22 日，苹果中国方面正式宣布，3G 版的 iPad 2 正式上市。

(3) The New iPad。2012 年 3 月 8 日，苹果公司在美国芳草地艺术中心发布第三代 iPad。苹果中国官网信息显示，苹果第三代 iPad 定名为"全新 iPad"。外形与 iPad 2 相似，但电池容量增大，有三块 4000mAh 锂电池，芯片使用 A5X 双核处理器速度更快，图形处理器配四核 GPU 功能增强，并且在美国的售价将与 iPad 2 一样。同时，第三代 iPad 支持 802.11a/b/g/n WiFi，兼容 LTE 网络连接。

(4) iPad 4。2012 年 10 月 24 日，苹果公司举行新品发布会发布第四代 iPad 平板电脑。iPad 4 拥有 9.7 英寸屏幕，配备了 A6X 芯片，有关性能达到上代 iPad 所用 A5X 芯片的两倍左右，500 万 iSight 摄像头，支持更多运营商的 LTE 网络，前置摄像头支持 720p 摄像，采用 Lightning 闪电接口。24 日发布的包括黑色和白色版本，Wi-Fi 版售价为 499 美元起，而 LTE 版本则是 629 美元起。2012 年 12 月 7 日，iPad 4 正式登陆中国内地市场，iPad4 128G 版在 2013 年 2 月 5 日已经发布。

(5) iPad Mini。iPad Mini 是苹果公司设计、开发及销售的平板电脑，2012 年 10 月 23 日于美国加州圣荷西发布，是 iPad 系列中首部设有 7.9 寸屏幕、并为体型最轻巧便携的型号。iPad Mini 采用 7.9 英寸、1024×768 分辨率显示屏，500 万像素后置 iSight 镜头，120 万像素前置 FaceTime HD 镜头，处理器等硬件规格大致与 iPad 2 相同，但采用与 iPhone 5 相同的 Lightning 连接线作充电线或数据线。此外，iPad Mini 有立体声扬声器。

(6) iPad Mini with Retina Display。2013 年 10 月 22 日，苹果公司发布配备 Retina 屏幕的 iPad Mini(iPad Mini with Retina Display)。原有的 iPad Mini 不再提供 32 GB 以上容量的

机型，但容量 16 GB 机型仍继续供售。

iPad Mini with Retina Display 拥有超过 310 万像素的 Retina 显示屏。其分辨率达到了 2048 × 1536 像素，是上一代 iPad Mini 的 4 倍。当像素密集程度高时，用户的肉眼已难以辨识单个像素。iPad Mini with Retina Display 将众多新功能融入 iPad Mini 之中。它集 Retina 显示屏、A7 芯片、先进的无线网络技术与更多重量级性能于一身。它薄至仅 7.5 毫米，轻达 331 克。

(7) iPad Air。2013 年 10 月 23 日发布会发布，屏幕尺寸为 9.7 英寸，更轻、更薄，最低售价为 499 美元的 iPad Air，于 2013 年 11 月 1 日开售。新款 iPad 继续采用视网膜显示屏，边框更窄；厚度为 7.5 毫米，比上一代薄了 20%；重量是 1 磅(约合 454 克)，上一代重量则是 1.4 磅，轻了近 30%。在内部元器件方面，iPad Air 平板电脑采用苹果 A7 处理器，并搭配了 M7 协处理器，CPU 处理性能是上代产品的 8 倍，图形处理能力更是提高了 72 倍。后置摄像头像素是 500 万，支持 1080p 高清视频 FaceTime。电池续航能力达到 10 小时。在颜色方面，iPad Air 平板电脑分为深空灰和银色两种颜色。

2) 使用 iPad

iPad 激活后屏幕有如下内容供使用：

(1) Safari。iPad 搭载的是 Safari 浏览器，大触摸屏可以方便冲浪，整个页面可以一次呈现，通过手指在屏幕上移动便可进行翻页、滚动操作，也可对相片进行放大缩小操作，支持网页缩略，体验更为直观。

(2) 邮件。通过触摸便可进行邮件操作，支持很多邮件附件格式，如：.doc、.docx、.pdf、.ppt 等。支持各大主流邮件服务商，包括 MobileMe、Yahoo!Mail、Gmail、Hotmail 和 AOL，且中国大陆特别加入 163、126、QQ 邮箱。实际上，iPad 进行邮件收发更为方便有趣，屏幕不管是在平放还是垂直模式下，邮件均可自动跟着旋转并铺满全屏，通过屏幕上的虚拟键盘，你便可进行邮件的查看回复。如果有人在邮件中发给了你图片，你可直接把图片保存到内置的 Photo 程序上。

(3) 图片。iPad 轻轻触碰，Photo 图集里的图片便可一一呈现，用手指可对图片进行缩小、放大或幻灯片观看等操作。iPad 在和底座连接或充电时，还可以当作一个数字相框来使用。载入图片的方式也非常多样，iPad 可以和电脑同步下载，也可下载邮件上的图片，或者和相机连接直接下载图片(需要使用相机连接套件)。

(4) 视频。视频是 iPad 的一项基本功能，高分辨率的屏幕可以用来观看任何视频，从高清电影到电视连续剧，或者是博客以及 MTV。可以在宽屏和全屏间轻松转换，只要双敲击便可。iPad 屏幕边上没有任何按键或接口设计。

(5) 游戏(需要通过 App Store 下载)。游戏包括 SEGA 游戏的多种选择、大屏幕高清触控屏结合重力感应器的支持，相比 iPhone 而言将会更加的紧张和刺激。

(6) 记事本。大大的屏幕以及屏幕上的虚拟键盘均方便了标注功能，在水平操作模式下，可以看到做了标注的页面，也可看到所有的标注列表，标注以红色线圈显示。

(7) iPod(iOS 5 及以上为音乐)。通过 iPad 上内置的 iPod(音乐)程序，可以浏览整张专辑，也可对歌曲、艺术家、歌曲种类进行单独查看。通过点触敲击便可播放歌曲，内置的强悍扬声器则可完美呈现音质，当然也可以通过蓝牙无线耳机进行收听。

(8) iTunes 商店。通过点触 iTunes Store 图标，可浏览并购买音乐、电视剧、短片等，或者进行影片租赁，这一切均通过无线完成。iTunes 商店上有成千上万部电影和电视剧选择，歌曲选择则多达数百万首。在购买前可以浏览个够，iPad 也可同步 Mac 或 PC 上已经有的 iTunes 内容。

(9) App Store。iPad 可以运行 App Store 近 40 万个应用程序，其中 iPad 专属应用程序数目已经突破 10 万大关，从游戏到商务应用，一应俱全。为 iPad 特别开发的新程序进行了特别标注，你一眼便可看到，如"xxx HD"。这一切只要点击 iPad 界面上的 App Store 图标便可完成，打开浏览完后便可选择你喜欢的程序进行下载。

(10) iBooks。iBooks 是一个用来阅读和购买电子书的全新程序，在 App Store 上可免费在线阅读。内置的 iBookstore 上有各种经典书籍和畅销书籍，一旦购买后，这些书籍便可在 iBookshelf 书架上显示，轻轻点触其中一本便可进行阅读。LED 背光屏幕和高分辨率保证了色彩的锐利、丰富，即使在光线暗淡的环境下也可轻松体验阅读的快乐。

(11) iWork。全新制作的 iWork 可以让 iPad 拥有良好的办公功能。这样加上无线网络和出色的 Office 功能，商业精英移动办公的愿望将不再是梦想。

(12) 地图。iPad 内置的地图软件可让你看到世界各地和街景，你也可以搜索附近的饭店旅馆，点触一下便可得到路线和方向。

(13) 日历。iPad 可以让你的日程安排更为简便，每周、每月或者是整个日程列表可轻松呈现。可以看到一个月里的整体安排，也可看到某一天的细节。iPad 也支持一次多个日历显示，可以把工作和家庭安排同时管理。

(14) 联系人。联系人程序可以方便查找姓名、数字以及其他重要信息。新的查看方式可支持联系人列表的整体和单个联系人同时呈现。只要点开地址，然后点击地图功能便可找到联系人。

(15) 主屏幕。iPad 的主屏幕上显示了各种应用图标，点击一下便可直接进入到相应应用。此外，主屏幕菜单也可支持定制，你可以把喜欢的程序或网页显示在上面，可以用自己的图片作为背景，也可进行各个图标的位置安排。

(16) Spotlight 搜索。这一功能可以搜索到 iPad 上的各种应用，包括内置的软件、邮件、联系人、日历、iPod 等程序，也可搜索到下载过来的程序，只要在 iPad 上的，便可轻松找到。

(17) 购买应用程序。iPad 购买应用程序主要通过 iTunes 到 App Store 苹果应用程序商店中购买，有些应用程序是免费的，而大多数都是有版权的，要通过付费才能够使用。注意：iPad 暂不搭载 iPhone 上的 VoiceControl 功能。

(18) 电池寿命。iPad 拥有超长的电池使用时长。满电情况下可以工作运行长达 10 小时(iPad 2)，当然指的是正常使用，不是待机带着 iPad 可以不用带电源。而 Macbook Air 根据使用情况电池使用时长可达 5~7 小时，当然这个表现也很出众了，却比 iPad 略逊一筹。

(19) 程序软件。iPad 的确是一款用于娱乐的、阅读的消费性产品了。AppStore 中成千上万的程序可以给 iPad 提供更多的应用方式和娱乐效果。iPad 上没有 PhotoShop 不奇怪，各种软件的应用在很多方面上让 iPad 的图形制作方式和效果比在真正的计算机系统上更方便和华丽。而很多相同的软件在 iPad 上应用会比在 Mac 上应用获得更好的使用效果，比如说 Omnifocus 任务管理程序。

(20) iPad 魔版。横着拿、竖着拿、用手指操控软件；在桌上、在床上、在车里，iPad 可以与你如影随形；超长电池使用时间，各种神奇的软件，iPad 就是你手中的魔版。

(21) Siri。Siri 让你能够利用语音来完成发送信息、安排会议、拨打电话等更多事务。只需用你习惯的讲话方式，就能让 Siri 帮你做事。Siri 可以听懂你说的话、知晓你的心意，甚至还能有所回应。

实验十六　笔记本电脑和平板电脑的使用

本实验要求掌握笔记本电脑和平板电脑的使用方法。

笔记本电脑的具体步骤如下：

(1) 设置笔记本电脑的 BIOS 参数。

(2) 分区和格式化笔记本电脑硬盘。

(3) 安装笔记本电脑的操作系统。

(4) 安装笔记本电脑的驱动程序。

(5) 测试笔记本电脑系统。

(6) 备份笔记本电脑系统。

(7) 优化笔记本电脑。

平板电脑的具体步骤如下：

(1) 启动平板电脑。

(2) 下载并安装应用到平板电脑。

(3) 熟悉删除应用程序的方法。

(4) 升级平板电脑的操作系统。

(5) 熟悉平板电脑的常用功能。

习　　题

1. 填空题

(1) 笔记本电脑和台式机的最大区别是_____。

(2) 笔记本电脑中的 CPU 一般使用专门为其设计的_____处理器。

(3) _____系统是由苹果公司为 iPhone 开发的操作系统，主要是给 iPhone、iPod touch 以及 iPad 使用。

2. 选择题

(1) 笔记本电脑硬盘的大小为_____。

    A. 5.5 in   B. 4.5 in

    C. 3.5 in   D. 2.5 in

(2) 笔记本电脑内置的常见鼠标设备有_____。

    A. 轨迹球   B. 触摸屏

　　C. 触摸板　　　　　　　　　D. 和指点杆

(3) 笔记本电脑外壳的材质主要有_____。

　　A. ABS 工程塑料　　　　　　B. 聚碳酸酯 PC

　　C. 铝镁合金　　　　　　　　D. 钛合金复合碳纤维

3. 判断题

(1) 笔记本电脑所使用的内存与台式机的内存是一样的。　　　　　　　（　　　　）

(2) 笔记本电脑的 CPU 一般都是焊接在主板上的，不可更换。　　　　（　　　　）

(3) 平板电脑从系统上说和电脑是一样的，都是由控制器、运算器、存储器、输入设备、输出设备五大要素组成的。　　　　　　　　　　　　　　　　　（　　　　）

4. 问答题

(1) 笔记本电脑有哪些组成部分？

(2) 笔记本电脑有哪些常用接口？

(3) 如何选购笔记本电脑？

(4) 简述平板电脑的组成。

5. 操作题

(1) 测试笔记本的软硬件信息。

(2) 给笔记本电脑安装软件。

(3) 在平板电脑上安装和删除应用程序。

参 考 文 献

[1]　蔡英，王曼韬. 计算机组装与维护. 北京：人民邮电出版社，2014.3.

[2]　江兆银，王刚. 计算机组装与维护. 北京：人民邮电出版社，2013.6.

[3]　袁云华，仲伟杨. 计算机组装与维护. 2 版. 北京：人民邮电出版社，2013.4.

[4]　刘瑞新. 计算机组装与维护教程. 5 版. 北京：机械工业出版社，2013.2.

[5]　王战伟. 计算机组成与维护. 北京：清华大学出版社，2012.1.

[6]　李晓东. 计算机组装与维护实用教程. 2 版. 北京：电子工业出版社，2010.8.

[7]　褚建立. 计算机组装与维护技能实用教程. 4 版. 北京：电子工业出版社，2010.6.

[8]　郑阿奇. 计算机组装与维护实用教程. 北京：电子工业出版社，2010.5.

[9]　唐学斌. 笔记本电脑维修高级教程(芯片级). 北京：电子工业出版社，2010.8.

[10]　张明. 计算机组装与维护教程. 北京：机械工业出版社，2010.8.

[11]　郑平. 计算机组装与维护应用教程(项目式). 北京：人民邮电出版社，2010.4.

[12]　秦杰. 计算机组装与系统维护技术. 北京：清华大学出版社，2010.3.

[13]　王战伟. 计算机组成与维护. 西安：西安电子科技大学出版社，2012.1.

[14]　黄富佳. 计算机组装与维护教程. 北京：清华大学出版社，2009.9.

[15]　张兴明. 计算机组装与维修. 北京：机械工业出版社，2009.1.

[16]　王战伟. 计算机组成与维护. 北京：电子工业版社，2007.9.

[17]　中关村在线：http://www.zol.com.cn/.

[18]　微软中国：http://www.microsoft.com/zh/cn/.

[19]　英特尔：http://www.intel.com/index.htm?zh_CN_01.

[20]　AMD：http://www.amd.com/cn/Pages/AMDHomePage.aspx.